Web 开发与设计

React Hooks 实战

[英] 约翰·拉森(John Larsen) 著

周 轶 张兆阳 颜 宇 译

U0378611

清华大学出版社

北 京

React Hooks in Action，With Suspense and Concurrent Mode

EISBN: 978-161729-763-2

Original English language edition published by Manning Publications, USA © 2021 by Manning Publications. Simplified Chinese-language edition copyright © 2022 by Tsinghua University Press Limited. All rights reserved.

北京市版权局著作权合同登记号　图字：01-2022-4301

图书在版编目(CIP)数据

React Hooks实战 / (英) 约翰·拉森(John Larsen) 著；周轶，张兆阳，颜宇译. —北京：清华大学出版社，2022.8（2023.11重印）

(Web 开发与设计)

书名原文：React Hooks in Action，With Suspense and Concurrent Mode

ISBN 978-7-302-61357-2

I. ①R… II. ①约… ②周… ③张… ④颜… III. ①移动终端－应用程序－程序设计
IV. ①TN929.53

中国版本图书馆 CIP 数据核字(2022)第 124199 号

责任编辑：王　军
封面设计：孔祥峰
版式设计：思创景点
责任校对：成凤进
责任印制：沈　露

出版发行：清华大学出版社
　　　　　网　　　址：https://www.tup.com.cn，https://www.wqxuetang.com
　　　　　地　　　址：北京清华大学学研大厦 A 座　　　　　邮　　编：100084
　　　　　社 总 机：010-83470000　　　　　邮　　购：010-62786544
　　　　　投稿与读者服务：010-62776969，c-service@tup.tsinghua.edu.cn
　　　　　质 量 反 馈：010-62772015，zhiliang@tup.tsinghua.edu.cn
印 装 者：小森印刷霸州有限公司
经　　销：全国新华书店
开　　本：170mm×240mm　　　印　　张：21　　　字　　数：412 千字
版　　次：2022 年 8 月第 1 版　　　印　　次：2023 年 11 月第 2 次印刷
定　　价：98.00 元

产品编号：094311-01

译者序

React 是一个专注于渲染的 UI 引擎，自 2013 年开源以来，受到众多开发者的青睐。它采用了数据驱动的思想，开发者可以将更多的注意力放在数据和状态的变化而非 DOM 操作上，同时它是组件化的，这使得它成为构建快速响应的大型 Web 应用程序的首选方式。随着 React 技术的发展和社区的壮大，开发者们也发现了一些问题。React 是以 UI 组件形式构建应用程序的，虽然组件可以复用，但其内部带有状态的逻辑并不能提取到函数或被其他组件复用，这导致项目中经常会出现巨大的单体组件，并且在不同的组件中可能留有相同且重复的代码逻辑。为此 React 也提出了一些特有的模式以解决此类问题，如 render prop 和高阶组件(higher-order component)，但是这些模式的引入提高了复杂性且不易理解。于是 React Hooks 应运而生，它使我们能够以可复用且独立的单元来组织组件内部的逻辑，我们称之为"逻辑关注点分离"。它不会像 render prop 和高阶组件那样引入不必要的、嵌套的组件树，我们也不必再承受 mixins 之苦。它是简单且独立的。

本书是一本介绍前端 React Hooks 的书籍，目前市面上介绍 React 的书不少，但是全面、完整地讲解 React Hooks 的中文书籍不多。作为 React 后续更新的重大特性，正确地使用 React Hooks 是每一位 React 开发者必备的技能。本书通过一个可运行的预订应用程序为示例，详细介绍了各种 hook 的使用场景和方法——这些 hook 包括 useState、useReducer、useEffect、useRef、useCallback、useMemo、useContext、自定义 hook 以及常用的第三方 hook，同时在进阶内容中介绍了 Suspense 组件和 Concurrent 模式下的实验性 API。本书为书中展示的代码示例都提供了相应的链接，并对关键代码添加了注释，以帮助你理解和练习。相较于官方的文档，本书偏向实践，着眼于使用 hook 解决实际开发中的问题，除了讲解 hook 如何使用，还解释了为何这样使用，能帮助你更容易地将这些理论知识应用到自身的项目中。

本书的翻译由周轶、张兆阳和颜宇共同完成。三位译者均就职于国内知名的互联网公司，在前端领域深耕多年，在技术深度和广度上都有着丰富的积淀。其中第 6~8 章和第 10 章由译者周轶完成，第 1~4 章由译者张兆阳完成，其余章节由译者颜宇完成。本书知识覆盖面广，专业性较强，翻译此书我们如履如临，唯恐不能准确地还原作者本意，阐明技术细节。在译文中难免出现一些疏漏，希望各位读者不吝指正。

在此由衷地感谢清华大学出版社的各位编辑老师，是他们的专业能力和不懈的付出保障了本书的顺利出版。

周轶　张兆阳　颜宇

序　言

作为一名高中教师和程序员，我有得天独厚的条件可以为学校开发内部的教学类、学习类以及管理类应用程序。我了解学生和教职员工的第一手情况，以及他们的日常需求，可以与他们合作开发易于使用的应用程序和工具，帮助他们更轻松地规划、沟通、理解以及娱乐。我从编写答题应用程序和生词配对游戏开始，随后使用 jQuery 和模板技术开发了课程管理应用程序和服务预约应用程序。接下来，科学部门提出了为课程订购设备的要求，管理层希望实现员工发布公告的功能，而 ICT 的工程师们则希望能让员工上报软件问题和硬件故障，并可以管理这些问题和故障。我们可以分别开发一个座位预订系统、一个网站信息管理系统、一个定制化的在线日历、一个可互动的排班表，或者一个体育比赛日志系统，并且这些系统都采用统一的外观和风格，这个主意怎么样？

每个项目的需求各不相同，而其中又有很多重复和类似的功能，这些功能是可以在多个应用程序之间复用的。为了加快开发速度，我改用 Node.js、Express、Handlebars、Backbone 和 Marionette，使用 JavaScript 做全栈开发。尽管有时需求变更引起的改动会很棘手，特别是模型、视图和控制器之间的数据流转并不是很理想，但我可以用这种开发模式应付大多数情况。用户反馈不错，但我意识到代码存在问题，必须要面对并解决这些问题。

当我遇到 React 后，这一切的问题都迎刃而解了。好吧，有一些夸张了。但是 React 中的组件、prop、状态以及自动重新渲染令我印象深刻，这是之前其他框架不具备的。我一个接一个地将应用程序迁移到 React。每完成一次迁移，都会令应用程序更容易理解和维护。通用组件可被重用，因此我可以毫不犹豫地、快速地修改应用程序，为其添加新的功能。虽然我并不是 React 的狂热粉丝(我支持框架多样性)，但可以算是一个 React 的追随者，享受其带来的优秀的开发体验和良好的用户反馈。

随着 React Hooks 的引入，我的代码更加简洁了。类组件生命周期方法中散落的代码被集中到函数式组件中，或者外部的自定义 hook 中。我们可以很容易地分割、维护以及共享特定功能的代码，包括设置文档标题、访问本地存储空间、管理上下文值、测量屏幕尺寸、订阅服务或者请求数据，并且可以更容易地使用第三方库的功能，例如 React Router、Redux、React Query 和 React Spring。React Hooks 为我们提供了一种新的理解 React 组件的方式，尽管在 React Hooks 刚推出时，你需要留心其中的一些问题，但是在我看来，这无疑是一个非常棒的功能。

Hooks 一定是 React 未来的发展方向之一。Concurrent 模式将会成为新的常态，时间切片 (time-slicing)也会被加入 React 中，时间切片能够令渲染不再阻塞主线程，甚至当一个组件的 UI 正在被构建时，另一个组件仍可以直接渲染诸如用户输入的高优先级更新。选择性的"注水"

能够令 React 只在用户使用时才加载相关组件的代码，而 Suspense API 将会支持开发者在加载代码和资源时更精细地控制加载状态。

  React 团队专注于提供更好的开发体验，从而帮助开发者开发出具有优秀用户体验的产品。React 仍然在持续迭代，最佳实践将会不断涌现，但我希望本书能够帮助你牢固地掌握现有功能，并为那些即将到来的令人兴奋的特性做好准备。

作 者 简 介

    John Larsen 从 20 世纪 80 年代开始从事编程工作，最开始是在 Commodore VIC-20 上编写 Basic，随后又涉猎了 Java、PHP、C#以及 JavaScript 等领域。他还编写了同样由曼宁出版社出版的 *Get Programming with JavaScript* 一书。他在英国当了 25 年的数学老师，为高中生讲授计算机知识，并为学校开发与教学类、学习类以及沟通有关的 Web 程序。

致　　谢

通常此时我会感谢我的朋友和家人，感谢他们对我的耐心。因为我一直将自己与世隔绝，一直在疯狂地敲打着打字机的键盘，不断创作着，而其他人则还要继续正常的生活。但在 2020 年，有一些这样或者那样的事情发生，让我们的生活偏离了正常的轨道。因此，我想感谢所有那些在困难时帮助他人的朋友，无论他们的付出是多是少，都令周围人的生活更加美好。

感谢我在曼宁出版社的编辑，Helen Stergius，感谢她对我的耐心和鼓励。编写一本书是一个漫长的过程，但有了像 Helen 这样优秀编辑的支持和建议，令写书这件事轻松了许多。还要感谢 John Guthrie 和 Clive Harber，他们格外关注细节，并给出了诚恳且具有建设性的反馈，令本书中的代码和解释更加清晰和一致。我还要感谢我的制作编辑 Deirdre Hiam、文字编辑 Sharon Wilkey、校对 Keri Hales 以及审稿编辑 Aleksandar Dragosavljević。

感谢所有的审稿人：Annie Taylor Chen、Arnaud Castelltort、Bruno Sonnino、Chunxu Tang、Clive Harber、Daniel Couper、Edin Kapic、Gustavo Filipe Ramos Gomes、Isaac Wong、James Liu、Joe Justesen、Konstantinos Leimonis、Krzysztof Kamyczek、Rob Lacey、Rohit Sharma、Ronald Borman、Ryan Burrows、Ryan Huber 和 Sairam Sai，你们的建议使本书更加出色。

关于封面插图

    本书封面插图的标题为 "Femme de la Carie"，也被称为 "来自卡里亚的女人"，选取自 Jacques Grasset de Saint-Sauveur(1757—1810)所著的 *Costumes de Différents Pays*，该书于 1797 年在法国出版，是一本关于各国服饰的合集。其中每一页插图都是手工绘制和着色的，做工非常精致。Grasset de Saint-Sauveur 的藏品种类丰富，生动地提醒我们，仅仅在 200 年前，世界上的城镇和地区在文化上是多么的不同。那时人们彼此之间的沟通很少，说着不同的方言和语言。站在街头或乡村，仅从他们的衣着就很容易辨别他们来自何处、从事哪种职业以及生活状况如何。

    从那时起，我们的着装已经发生了改变，如此丰富的多样性也逐渐消失了。现在很难区分不同大陆的居民，更不用说区分不同的城市、地区或国家的居民了。也许是我们用更多样化的个人生活，同样也是更加多变和快节奏的科技生活，取代了文化的多样性。

    在当前这个很难区分各种计算机书籍的时代，曼宁出版社以两个多世纪前世界各地的生活多样性为基础，在本书的封面中重现了 Grasset de Saint-Sauveur 的作品，以体现计算机科技的创造性和主动性。

关 于 本 书

本书面向的读者是有经验的 React 开发者。本书介绍了目前 React 内置的 hook 特性，并展示了在开发应用程序时，如何在 React 函数式组件中使用 hook 管理组件内部状态，跨多组件管理状态，以及经过外部 API 同步组件状态。本书还演示了 hook 方法在封装、重用、简化组件代码、扩展性等方面的优势。同时，还探讨了 React 团队仍在研发的、更具实验性的 Suspense 和 Concurrent 模式。

本书读者对象

如果你之前使用过 React，并且希望了解 hook 究竟能如何改进代码，怎样将代码从类组件迁移到函数式组件，如何在代码中整合 Suspense 和 Concurrent 模式以提升开发体验和用户体验，那么本书将会为你解答这些疑问。你应该具备使用 create-react-app 新建应用程序，并使用 npm(或者 Yarn)安装相关依赖的基础。本书的示例代码采用了现代 JavaScript 语法和模式，例如解构、默认参数、扩展运算符、可选链运算符。因此，虽然这些语法在第一次被使用时会有简短的介绍，但是还是希望你对它们越熟悉越好。

本书的结构：路线图

本书包括两部分，共 13 章。

第 I 部分介绍了 React Hooks 的语法和使用方法，这是 React 内置的，非实验且稳定的最新特性。为你展示了如何开发自己的 hook，以及如何使用现有 React 第三方库提供的 hook。

- 第 1 章会从 React 最近的一些更新以及即将进行的一些改动开始讲述，尤其会关注 React Hooks 如何帮助你组织、维护以及分享组件。
- 第 2 章介绍第一个 hook——useState。组件可以使用 useState 管理状态，并在状态值发生变化时触发重新渲染。
- 有时候，多个状态之间会产生关联关系，其中一个状态变化会引起其他状态随之改变。第 3 章讲解的 useReducer hook 为你提供一种集中管理多个状态的方法。
- React 旨在令应用程序的状态与 UI 保持同步。在有些情况下，应用程序需要从其他地方获取状态，或者在文档之外显示状态，例如浏览器的标题中。当应用程序在组件范围之外执行副作用操作时，应当将这部分代码用 useEffect hook 包装起来，以便同步所有的代码块。第 4 章详细讨论 useEffect。

- 第 5 章使用 useRef hook 在不引起重新渲染的情况下更新状态(如操作一个计时器的 ID)以及维持页面中元素的引用，例如表单中的文本框。

- 应用程序由多个组件组成，第 6 章会带你研究多个组件之间共享状态的策略，如何通过 prop 向下传递状态；会向你展示如何共享 useState 和 useReducer 的 updater(更新)函数，以及 useReducer 的 dispatch(分派)函数；并且还会展示如何利用 useCallback hook 为函数创建不会被改变的引用。

- 有时候，组件会依赖函数以某种方式生成或者转换数据。如果这些函数需要执行相对较长的时间才能结束，你就会希望只有在绝对必要时才调用它们。第 7 章将会展示如何利用 useMemo hook 限制大开销函数的执行。

- 同一个状态值有时候会在应用程序中为多个组件共用。第 8 章解释了如何避免在多级组件间自上而下传递 prop，使用 React Context API 以及 useContext hook 共享状态。

- React Hooks 仅仅是函数。你可以将调用这些 hook 的代码迁移到组件外的函数中。这类函数被称为自定义 hook，它们可以在组件之间共享，也可以跨项目共享。第 9 章解释了其中的原因，并通过大量的示例指导你创建自定义 hook，还将会重点阐述 hook 的规则。

- 主流的 React 库均已经升级到与 hook 协作的版本。第 10 章将会使用 React Router 的第三方 hook 管理 URL 中的状态，同时还使用 React Query 轻松地将 UI 与存储在服务器的状态保持同步。

本书的第 II 部分解释大型应用程序如何更加有效地加载组件，以及如何使用 Suspense 组件和错误边界将回退 UI 作为加载资源管理。随后，深入探讨一些要用于整合 Suspense 与数据加载的实验性 API，最后则是那些在 Concurrent 模式下运行的实验性 API。

- 第 11 章讨论代码分割。我们利用 React.lazy 懒加载组件，当组件被懒加载时使用 Suspense 组件展示回退 UI，当加载过程发生错误时利用错误边界展示回退 UI。

- 在第 12 章中，我们将涉及更多的实验领域，看看如何将数据获取以及图片加载与 Suspense 整合在一起。

- 最终，在第 13 章中，我们将会探索那些只能在 Concurrent 模式下运行的实验性 API，包括 useTransition 和 useDeferredValue 这两个 hook 以及 SuspenseList 组件，它们都可以改进应用程序中状态变更时的用户体验。确切地说，它们还尚未确定最终的工作方式，但是本章将会提前讲解它们试图解决的问题。

虽然，本书的主要示例是随着书中课程的深入逐步创建起来的，但是这并不妨碍你直接学习某一章或者某一个 hook。如果你想单独运行某个代码示例，可以从代码仓库的对应分支中下载代码，然后运行即可。

上述章节还包括一系列的练习，便于我们实践所学的知识。这些练习大多数会让你将示例应用程序中某一个页面的功能在另外一个页面重复实现。例如，书中的示例先演示如何更新Bookables 页面，然后再要求你在 Users 页面中执行同样的操作。实践是一种有效的学习策略，不过在必要的情况下，也可以直接查看代码仓库中已经写好的代码。

关于代码

在本书中，随着每一章的深入，我们将逐步创建一个可以运行的预订应用程序，并将其作为本书的示例。这个示例为我们讨论以及实践 React Hooks 提供了良好的依托。但请注意，本书的重点在于 hook，而非这个预订应用程序，因此本书列出了大部分的代码，然而仍然有一些代码更新后并没有同步在书中，你可以从示例应用程序在 GitHub 的代码仓库中找到最新的代码。

书中一些简单的示例并不属于预订应用程序的一部分。这些代码，如果是基于 React 的，就会保存在 CodeSandbox 中；如果是基于原生 JavaScript 的，则会被保存在 JS Bin 中。本书的代码清单中列出了指向 GitHub、CodeSandbox 或者 JS Bin 的对应链接。

本书的示例均已在 React 17.0.1 下经过了测试。除了第 13 章，因为其中的示例使用了实验版React，所以无法保证除所在分支使用的 React 版本之外的其他版本能够运行这部分的示例。

可扫描封底二维码获取本书网上资源。

目 录

第Ⅰ部分
React Hooks介绍及应用

　　本书的第Ⅰ部分将介绍 React Hooks 以及 React 17 第一个稳定版中的关键 hook。你可以从中学会如何在函数式组件中管理状态，如何与子组件和更深层级的子组件共享状态，如何将状态同步给外部服务、服务器和 API。还将学会如何创建自己的 hook(同时遵循规则)，并充分利用已建立的库中的第三方 hook，如 React Router、React Query 和 React Spring。

　　本部分将以一个预订应用程序作为示例进行讲解，从中你将学会如何加载和管理数据，如何编排组件间的交互，以及如何响应用户的操作。但首先，要弄清楚什么是 hook？为什么它们是迈向成功的一步？

第 *1* 章

逐渐演进的React

React 是一个用于构建漂亮用户界面的 JavaScript 库。React 团队期望为开发者提供尽可能完美的开发体验，以便激励开发者开发出受欢迎且高效的应用程序。本书针对 React 库中一些最新添加的内容提供了指南。这些最新内容能够简化代码，提高代码的复用性，并有助于使应用程序更灵活，响应速度更快，从而更好地造福开发者和用户。

本章将简要概述 React 及其最新特性，以期激发你对之后章节的兴趣。

1.1　什么是 React

假如你正在为 Web、桌面应用程序、智能手机，或虚拟现实(Virtual Reality，VR)创建用户界面(User Interface，UI)。你期望你的页面或者应用程序能够显示可随时间变化的各种数据，例如，经过认证的用户信息、可被筛选的商品列表、数据可视化，或用户详情。同时，你期望用户也可与应用程序进行交互，例如，选择过滤条件、数据集或用户，填写表单，或探索 VR 空间！此外，你的应用程序可能会消费来自网络或者互联网的数据，例如，社交媒体的更新、股票行情或产品的可用性。React 都将为你提供帮助。

React 使构建可组合且可复用的用户界面组件变得更简单，并且这些组件可以对数据变化和用户交互做出反应。以一个社交媒体网站的页面为例，该页面包含了按钮、帖子、评论、图像和视频，以及许多其他界面组件。当用户向下滚动页面、打开帖子、添加评论或切换到其他界面时，React 会帮助界面进行更新。此外，页面上的某些组件可能包含了重复的子组件，这些子组件包含了相同的元素结构，只是内容不同。而这些子组件也可以由组件构成！如缩略图、重复的按钮、可单击的文本和大量图标。总而言之，这个页面包含了上百个这类元素。但是，如果将如此丰富的界面拆分成多个可复用的组件，那么开发团队就可以更轻松地专注特定的功能领域，并将这些组件应用于多个页面。

React 的核心目标之一是简化组件的定义和复用，并将它们组合成复杂但易于理解且可用的接口。类似的还有其他的前端库(如 AngularJS、Vue.js 和 Ember.js)，但本书是一本关于 React

的书籍，因此我们将专注于 React 如何处理组件、数据流和代码复用。

在接下来的小节中，我们将深入了解 React 如何帮助开发者构建此类应用程序，重点介绍它的如下五个关键特性：

- 通过可复用和组合式的组件构建 UI。
- 使用 JSX 描述 UI——HTML 样式模板和 JavaScript 的混合。
- 在不引入太多惯用约束的情况下充分利用 JavaScript。
- 智能地同步状态和 UI。
- 帮助管理代码、资源和数据的加载。

1.1.1　用组件构建 UI

社交媒体网站丰富的、具有层级结构的多层级用户界面，均可借助 React 设计和编码完成。但是现在，我们先从一些相对简单的内容入手，感受一下 React 的特性。

假设你想构建一个答题应用程序，帮助学生检验学习情况。那么，你的组件应该能够控制提问的显示和隐藏，并且也可以控制答案的显示和隐藏。一套完整的提问与答案看上去应该如图 1.1 所示。

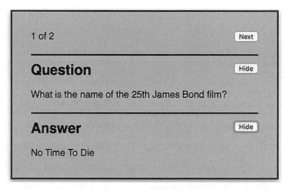

图 1.1　仅显示一个提问和一个答案的答题应用程序界面

你可以为提问区域和答案区域各创建一个组件。但两个组件的结构是一样的，每个组件都有一个标题、一些可显示或隐藏的文字，以及一个控制显示或隐藏的按钮。React 可以将其简化成一个组件的定义，例如 TextToggle 组件。你可以在提问和答案部分同时使用该组件，可将标题、文字和文字的显示与否传递给每个 TextToggle 组件。所传递的值将作为属性(或 prop)，如下面的代码所示：

```
TextToggle title="Question" text="Who created JavaScript?" show={true} />

<TextToggle title="Answer" text="Brendan Eich" show={false} />
```

等一下！这是什么代码？是 HTML？XML？JavaScript？其实，编写 React 代码就是编写 JavaScript 代码。但是 React 为 UI 描述提供了一个类似于 HTML 语句的方式——JSX。在运行应用程序之前，需要对 JSX 进行预处理，将其转换为创建用户界面元素的真实的 JavaScript。最初，你会觉得将 HTML 混入 JavaScript 似乎有一点奇怪，但事实证明，方便是一个很大的优势。一旦你的代码最终在浏览器(或其他环境)中运行，它就真的只是 JavaScript。Babel 包可以将编写的代码编译成要运行的代码。

本章仅提供 React 的简要概述，因此在这里不会深入探讨 JSX。不过，它还是值得一提的，因为它是 React 开发中广泛使用的一部分。实际上，在我看来，React 的 JavaScript 特性正是它的吸引力之一——虽然也有其他意见——但在大多数情况下，它并没有引入太多约束。尽管学无止境，但成为一名优秀的 JavaScript 程序员和成为一名优秀的 React 程序员所需要具备的技能是非常相似的。

如果你已经创建了 TextToggle 组件，那么下一步需要做什么呢？通过 React，你可以利用已有的组件定义一个新组件。可以将提问卡片封装成自己的 QuestionCard 组件，显示提问与答案。如果想一次显示多个提问，就可以将多个 QuestionCard 组件组成一个 Quiz 组件 UI。

图 1.2 显示了由两个 QuestionCard 组件组成的 Quiz 组件。Quiz 组件仅仅是 QuestionCard 的容器，除了它包含的卡片外没有其他用户可见的部分。

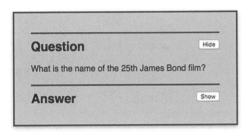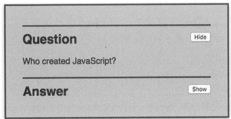

图 1.2　显示包含两个 QuestionCard 组件的 Quiz 组件

由此可见，该 Quiz 组件是由 QuestionCard 组件组成的，QuestionCard 组件是由 TextToggle 组件组成的，而 TextToggle 组件是由标准的 HTML 元素构成的——如 h2、p 和 Button。最终，Quiz 组件包含了全部的原生 UI 元素。图 1.3 显示了 Quiz 组件简单的层级结构。

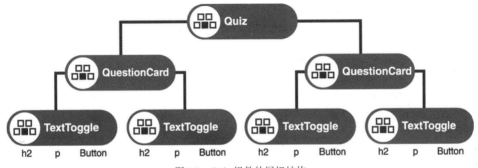

图 1.3　Quiz 组件的层级结构

React 使该组件的创建和组合变得更容易。而且，一旦你制作了自己的组件，就可以轻松地复用和共享该组件。你可以想象一个学习资源网站，其中包含不同的页面，每个页面都针对不同的话题。可以在每个页面上都应用你的Quiz 组件，再向各个主题传递答题应用程序的数据即可。

可以从诸如 npm 的包管理仓库下载许多 React 组件。当下拉菜单、日期选择器、富文本编辑器或者其他可能的答题应用程序所需的模板已经过良好的测试和实践，放置备用时，将不必重新创建符合常见场景的组件，无论这些组件是复杂还是简单。

React 为应用程序到组件间的数据传递提供了机制和模式。实际上，状态与 UI 的同步是 React 的核心，也是 React 的用武之地。

1.1.2　同步状态和 UI

React 保持着应用程序 UI 与数据的同步。应用程序在任何时候持有的数据，都被称为应用程序的状态，这些数据可能是当前的帖子、登录用户的详细信息、显示或隐藏评论，或者文本输入字段的内容。如果有新的数据通过网络到达应用程序，或用户通过按钮或文本输入框更新某个值，React 都会计算出需要进行哪些修改以用于显示，并有效地更新它。

React 会智能地编排更新的顺序和时机，以优化应用程序的感知性能，改善用户体验。图 1.4 显示了该想法，即 React 通过重新渲染 UI 来响应组件状态的变化。

但是更新状态和重新渲染并不是一次性的任务。应用程序的访客很可能引起大量的状态改变，而 React 为了呈现拥有最新状态值的 UI，需要反复请求组件。而组件的工作是将状态和prop(传到组件中的属性)转变为用户界面描述。然后后 React 将获取这些 UI 描述，并在必要时对浏览器的文档对象模型(Document Object Model，DOM)进行更新。

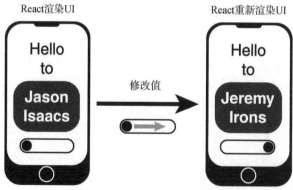

图 1.4　当组件的状态值改变时，React 会重新渲染 UI

循环图

为了表示状态变更和 UI 更新的持续循环，本书使用循环图说明组件和 React 之间的交互。图 1.5 是一个简单示例，显示了当组件第一次出现时，以及用户更新值时，React 是如何调用组件代码的。

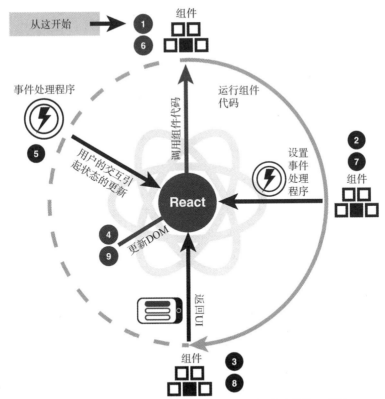

图 1.5 React 调用或重新调用组件，生成使用最新状态值的 UI 描述

循环图附有表格，如表 1.1 所示，其更详细地描述了图表的步骤。该图和表格并没有列出所有事件，但已列出所有关键步骤，以帮助你理解组件在不同场景中工作方式的相同点与不同点。

例如，图 1.5 并没有展示 React 中的事件处理程序是如何更新状态的；相关内容会在后面介绍相关 React Hooks 的图表中详细讲解。

表 1.1 React 调用和重新调用函数式组件时的关键步骤

步骤	发生了什么	讨论
1	React 调用组件	为了达到生成页面 UI 的目的，React 会遍历组件树，并调用每个组件。React 将向每个组件传递被设置为 JSX 属性的 prop
2	组件指定一个事件处理程序	例如，事件处理程序可以监听用户单击、计时器的触发或资源加载。处理程序会在后续运行时更改状态。当 React 在步骤 4 中更新 DOM 时，它会将处理程序 hook 到 DOM
3	组件返回它的 UI	组件使用当前状态值生成用户界面并返回该用户界面，即完成工作

(续表)

步骤	发生了什么	讨论
4	React 更新 DOM	React 将组件返回的 UI 描述与应用程序当前的 UI 描述进行比较。其将高效地对DOM 进行必要的更改，并根据需要，设置或更新事件处理程序
5	触发事件处理程序	一个事件的发生，将会触发处理程序的运行。处理程序将会更改状态
6	React 调用组件	React 得知状态值已经变更，因此必须重新计算 UI
7	组件指定一个事件处理程序	这是新版本的处理程序，并且使用了更新后的状态值
8	组件返回它的 UI	组件使用当前的状态值生成用户界面并返回用户界面，即完成工作
9	React 更新 DOM	React 将组件返回的 UI 描述与应用程序之前的 UI 描述进行比较。它将高效地对 DOM 进行必要的更改，并根据需要，设置或更新事件处理程序

插图将使用一致的图标来表示关键的对象和插图文本讨论的动作，如组件、状态值、事件处理程序和 UI。

答题应用程序中的状态

就像本章开头讨论的那样，社交媒体页面通常需要很多状态，例如，加载新的帖子、用户为喜欢的帖子点赞、添加评论，以及以各种方式与组件交互。部分上述状态(如当前用户)可能会在许多个组件之间共享，而其他状态(如评论)可能仅应用于帖子本身。

答题应用程序有一个提问与答案组件—— QuestionCard，如图 1.6 所示。用户可以显示或隐藏提问或者答案，并且可以选择进入下一个提问。

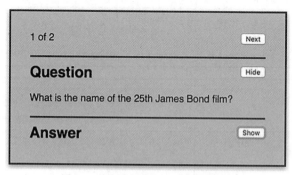

图 1.6　答案被隐藏的提问与答案组件

该 QuestionCard 组件的状态包括显示当前提问与答案所需的信息：

- 提问的序号。

- 提问的总数。
- 提问的文字。
- 答案的文字。
- 提问被隐藏还是被显示。
- 答案被隐藏还是被显示。

单击答案的 Show 按钮会改变组件的状态。可能会有一个 isAnswerShown 变量从 false 变为 true。React 将会注意到状态已发生变化，并更新被显示的组件，以显示答案文本，且将按钮的文本从 Show 切换到 Hide(见图 1.7)。

单击 Next 按钮将会改变提问的序号。它将从提问 1 切换到提问 2，如图 1.8 所示。如果整个答题应用程序的提问与答案都在内存中，那么 React 可以立即更新显示；如果需要从文件或者服务中加载它们，那么 React 可以在更新 UI 之前等待数据被获取；或者，如果网络很慢，则会显示一个加载的标识，如旋转标志。

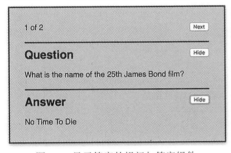
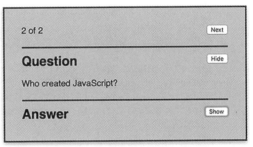

图 1.7　显示答案的提问与答案组件　　　图 1.8　显示第二个提问的提问与答案组件。
该答案被隐藏

这个简单的答题应用程序示例并不需要太多状态履行职责。大多数真实世界的应用程序都会更加复杂。决定状态应该保存在哪里——组件是否应该管理它自己的状态，组件是否应该共享状态，以及状态是否应该全局共享——这些决定是构建应用程序的重要组成部分。React 为这三种场景都提供了机制，并且已发布的包(如 Redux、MobX、React Query 和 Apollo Client)都提供了管理状态的方法，这些状态数据会被存储在组件之外。

以往，组件是否管理自己的某些状态决定了你将使用哪种组件创建方法；React 提供了两种主要方法：函数式组件和类组件，将在接下来的章节讨论这些内容。

1.1.3　理解组件的类型

React 允许使用以下两种"JavaScript 结构"定义组件：函数和类。在 React Hooks 之前，当组件不需要任何本地状态时，可以使用一个函数(在此通过 props 将其所有数据传递给该函数)：

```
function MyComponent (props) {
  // Maybe work with the props in some way.
  // Return the UI incorporating prop values.
}
```

当组件需要管理自己的状态、执行副作用(如加载其数据或体验 DOM)或直接响应事件时，
需要使用类组件：

```
class MyComponent extends React.Component {
  constructor (props) {
    super(props);

    this.state = {                              类组件在构造函数
      // Set up state here.          ◄────     中设置其状态
    };
  }

  componentDidMount () {                                 类组件可以包括其生命周
    // Perform a side effect like loading data. ◄───   期各个阶段的方法
  }
  render () {                                            类组件有一个 render
    // Return the UI using prop values and state. ◄───  方法，用于返回 UI
  }
}
```

添加 React Hooks 意味着现在可以使用函数式组件管理状态和副作用：

```
function MyComponent (props) {
  // Use local state.
  const [value, setValue] = useState(initialValue);          使用 hook
  const [state, dispatch] = useReducer(reducer, initialState); 管理状态

  useEffect(() => {
    // Perform side effect.    ◄────   使用 hook 管理
  });                                   副作用

  return (
    <p>{value} and {state.message}</p>  ◄──  从函数中直接
  );                                         返回 UI
}
```

React 团队推荐在新项目中使用函数式组件(它们还没有计划移除类组件，因此并不需要大
范围地重写已有项目)。表 1.2 列举了组件类型和说明。

表 1.2　组件类型和说明

组件类型	说明
无状态函数式组件	传递属性并返回 UI 的 JavaScript 函数
函数式组件	传递属性，并使用 hook 管理状态和执行副作用，以及返回 UI 的 JavaScript 函数
类组件	包含一个用于返回 UI 的 render 方法的 JavaScript 类。它可以在其构造函数中设置状态，并在其生命周期方法中管理状态和执行副作用

函数式组件仅返回用户界面的 JavaScript 函数。在编写组件时，开发者通常使用 JSX 详述
UI。而 UI 可能取决于传递给函数的属性。有了无状态的函数式组件，故事就结束了；它们将

属性转换为 UI。更通俗地讲，函数式组件可以包含状态和副作用。

类组件是使用 JavaScript 类语法构建的，并从 React.Component 或 React.PureComponent 基类扩展而来。它们拥有一个可初始化状态的构造函数，以及一些可以作为组件部分生命周期的方法。例如，当 DOM 被更新为最新的组件 UI 时，或传递给组件的属性发生更改时，React 可以调用这些生命周期。类组件也拥有一个返回组件 UI 描述的 render 方法。类组件是构建有状态组件的一种方式，这种方式可以引发副作用。

我们将在 1.3 节学习，相比于类组件，应用了 hook 的函数式组件如何更好地提供一种方式，来构建有状态组件和管理副作用。首先，让我们更全面地了解 React 中的新功能，以及这些新功能如何与 React 一起更好地协同工作。

> **组件的副作用**
>
> 通常 React 组件会将状态转换为 UI。当组件代码在主要关注点以外执行操作时——可能是从网络中获取博客文章或股票价格，设置在线服务的订阅，或通过直接与 DOM 交互来关注表单字段，或测量元素的尺寸——我们描述的这些动作是组件的副作用。
>
> 我们希望应用程序及其组件的行为是可预测的，因此应确保任何必要的副作用都是经过深思熟虑，并且是明显可见的。如第 4 章所述，React 提供 useEffect hook 来帮助我们在函数式组件中设置和管理副作用。

1.2 React 中的新增功能

React 16 包括对核心功能的重写，以此为稳定推出新功能和新方法铺平道路。我们将在接下来的章节中探索几个最新的功能，其中包括：

- 有状态的函数式组件(useState，useReducer)
- 上下文的 API(useContext)
- 更清晰简洁的副作用管理(useEffect)
- 简单有效的代码复用模式(自定义 hook)
- 代码分割(lazy)
- 更快的初始化加载和智能渲染(Concurrent 模式——实验阶段)
- 更好的状态加载反馈(Suspense，useTransition)
- 更强大的调试、检查和剖析(开发工具和 Profiler)
- 有针对性的错误处理(错误边界)

以 use 开头的词——useState、useReducer、useContext、useEffect 和 useTransition——这些都是 React Hooks 的例子。可以在 React 函数式组件中调用这些函数，这些函数 hook 了关键的 React 功能点：状态、生命周期和上下文。React Hooks 允许向函数式组件、简洁封装的副作用添加状态，并在整个项目中复用代码。使用 hook 后将不再需要类，这可以使代码更精简、更健壮，从而更优雅。1.3 节将更详细地讨论 React 组件和 hook。

Concurrent 模式和 Suspense 提供了一种方法，可以帮助你更加慎重地考虑何时加载代码、数据和资源，并以更协调的方式处理状态的加载和内容的回退，例如在加载时展示一个旋转标志。目的是在应用程序状态的加载变化时改善用户体验，同时也改善开发者体验，使开发者更容易 hook 这些新行为。React 可以暂停那些开销很大但不紧急的组件渲染工作，并切换到其他紧急的任务，例如对用户交互做出反应，以此保持应用程序可及时作出响应，为用户提供平滑的体验。

https://reactjs.org 上的 React 文档是一个很好的资源，它对 React 哲学、API 和推荐使用的库提供了清晰的解释，并且结构良好。该文档也包含来自团队的博客文章和在线代码示例的链接，关于新特性的会议讨论，以及其他与 React 相关的资源。本书将专注 hook、Suspense 和 Concurrent 模式，你可查看官方文档了解更多有关 React 其他附加功能的信息。

1.3　可以为函数式组件添加状态的 React Hooks

正如 1.1.2 节所述，React 的核心优势之一是其如何将应用程序和组件的状态同步到 UI。例如，基于用户交互或系统和网络的数据更新而引起的状态变化，React 将智能高效地计算出应该对浏览器中(或其他环境中)的 DOM 或 UI 进行哪些更改。

组件本地的状态可以提升到树中更高的组件中，并通过属性在兄弟组件之间共享，或通过 React 的上下文机制或者高阶组件(一些组件作为参数，并返回一个包含被传入组件及额外功能的新组件的函数)在全局共享。对于一个包含状态的组件，过去使用继承自 React.Component 的 JavaScript 类的类组件。而现在，通过 React Hooks 即可为函数式组件添加状态。

1.3.1　有状态的函数式组件：更少的代码，更好的组织结构

与类组件相比，采用 hook 的函数式组件鼓励更简洁、更精炼的代码，这更有助于测试、维护和复用。函数式组件是返回了用户界面描述的 JavaScript 函数。该用户界面取决于传入的属性以及由组件管理的状态或通过组件访问的状态。图 1.9 是一个描绘函数式组件的图解。

该图显示了一个执行多个副作用的 Quiz 函数式组件：

- 加载提问数据——当用户选择新的提问集时的初始数据和新的提问数据。
- 订阅用户服务——该服务提供了当前在线的其他用户的最新信息，以便用户可以加入团队或挑战竞争对手。

在 JavaScript 中，函数可以包含其他函数，因此组件可以包含用于响应用户与 UI 交互的事件处理程序。例如，显示、隐藏或者提交答案，或是下一题。在组件内可以轻松封装副作用，例如获取提问数据或订阅用户服务。还可以在组件内涵盖用于清理这些副作用的代码，例如，取消任何未完成的数据获取和从用户服务中取消订阅。可以使用hook 将这些功能提取到组件之外，放入它们自己的函数中，以备重用或共享。以下是使用新的函数式组件方式的优点，而不是基于旧的类的方式。

- 更少的代码。
- 更好的代码组织——将与之相关的清理代码组织在一起。
- 可将功能提取到有利于重用和共享的外部函数。
- 更易于测试的组件。
- 不再需要像在类组件的构造函数中一样调用 super()。
- 不再需要 this 和 bind 函数。
- 更简单的生命周期模型。
- 本地状态处于处理程序、副作用函数和返回 UI 的作用域内。

列表中的所有项都有助于编写更易于理解、更易于使用和维护的代码。这并不是说细微的差别不会让第一次使用新方式的开发者陷入困境。本书将在更深入地研究每个概念及其新旧方式的关联时强调这些细微差别。

本书概述了构建组件的函数式方法,而不是使用类的方式。但为了激励使用新方法,有

图 1.9　带有状态并且封装了数据加载和管理服务订阅的 Quiz 函数式组件

时值得将新方法与旧方法进行比较,因为发掘差异是很有趣的(对于 hook 来说,有点酷!)。即使你是 React 的新用户,并且从未见过类组件的代码也不必担心。因为本书后部使用的函数式组件是未来的首选方法。接下来的讨论仍有助于你理解这种新方法是如何简化和组织创建 React 组件所需的代码的。

本节的标题是"有状态的函数式组件:更少的代码,更好的组织结构"。然而,比什么更好?对于类组件而言,状态是在构造函数中设置的,事件处理程序被绑定到 this 变量上,副作用代码被拆分到多个生命周期方法中(componentDidMount、componentWillUnmount、componentWillUpdate 等)。因此,不同副作用和功能的相关代码在生命周期方法中并排放置很常见。在图 1.10 中可看到,用于加载提问数据和订阅用户服务的 Quiz 类组件代码是如何被拆分到多个方法之中,以及一些方法是如何混合用于这两个任务的代码的。

而采用了 hook 的函数式组件不再需要所有的生命周期方法,因为副作用可以被封装进 hook 中。这个改变使得代码更整洁,拥有更好的组织结构,正如图 1.10 中的 Quiz 函数式组件。将两个副作用分开,并将每个副作用的代码合并到一个地方,使代码的组织更加合理。改进后的组织结构可以更轻松地找到特定效果的代码、查看组件的工作方式,将来也更容易对其进行维护。事实上,将相同功能或相同副作用的代码放置于同一个地方更易于将它提取到外部函数中,这就是接下来要讨论的内容。

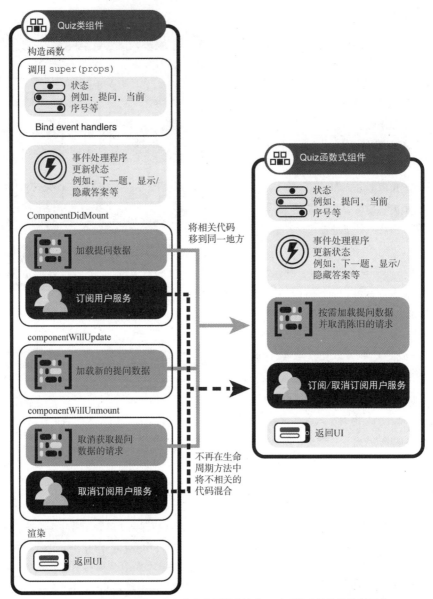

图 1.10   类组件的代码分布在各个生命周期方法中，而函数式组件的代码更少，
组织结构更好但功能相同

1.3.2   自定义 hook：更易于代码复用

应用了 hook 的函数式组件鼓励将相关联的副作用逻辑放置于相同位置。如果某个副作用
是许多组件都需要的功能，则可以进一步改善组织结构，将代码提取到属于该副作用的外部函
数中，这时就可以创建所谓的自定义 hook。

图 1.11 显示了 Quiz 函数式组件的提问加载和用户服务的订阅任务是如何迁移到它们的自

定义 hook 中的。任何单独用于这些任务的状态都可以迁移到相应的 hook 中。

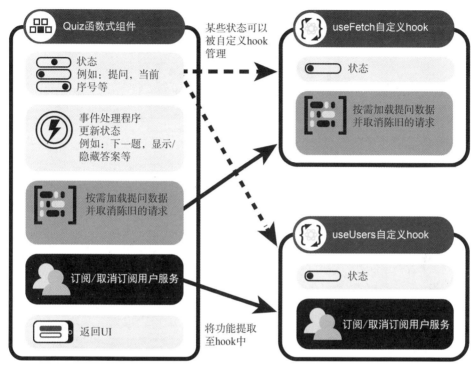

图 1.11　用于获取提问数据和订阅用户服务的代码可以提取到自定义 hook 中。伴随的状态
也可以由 hook 管理

这并不是魔法。这就是函数通常在 JavaScript 中的工作方式：从组件中提取函数，然后在组件中调用。一旦有了自定义 hook，就不会被限制于仅在原始组件中调用它。可以在许多组件中使用它，与团队共享它，或将其发布供他人使用。

图 1.12 显示了一个新的、经过瘦身的，并使用 useUsers 和 useFetch 自定义 hook 分别执行用户服务订阅和提问获取任务的 Quiz 函数式组件，这些任务以前由组件自己执行。现在，第二个组件 Chat，也使用了 useUsers 自定义 hook。hook 使得这类功能在 React 中的共享变得更容易；可以在应用程序中的任何有需要的地方导入和使用自定义 hook。

每个自定义 hook 都可以维护自己的状态，无论该自定义 hook 需要执行怎样的职责。并且，因为 hook 仅仅是函数，所以，不论组件需要访问 hook 的任何状态，hook 都可以在其返回值中包含该状态。例如，为指定 ID 获取用户信息的自定义 hook 可以将获取的用户数据存储在本地，并将其返回给调用该 hook 的任何组件。每次的 hook 调用都将封装其自己的状态，就像其他函数一样。

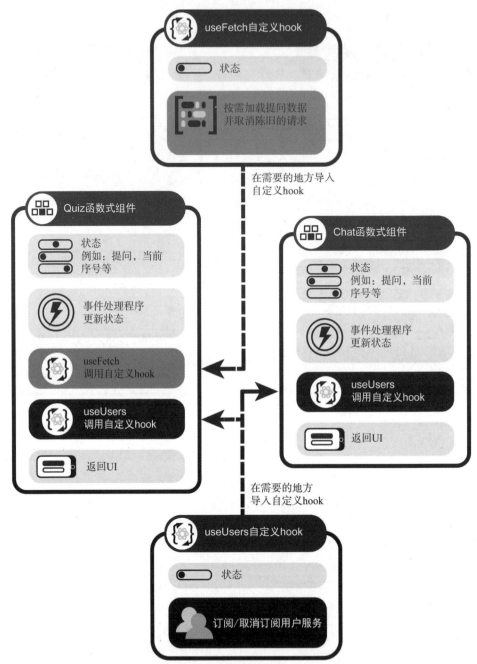

图 1.12　可以将代码提取到自定义 hook 中以供复用和共享。Quiz 组件同时调用 useUsers hook 和 useFetch hook。Chat 组件调用 useUsers hook

　　要了解更多已经被程序员抽象为自定义 hook 的各种常见功能，请访问 https://usehooks.com 的 useHooks 网站(见图 1.13)。

图 1.13　useHooks 网站有许多自定义 hook 的案例

该图显示了一些易于使用的自定义 hook：

- useRouter ——包装 React Router 提供的新 hook。
- useAuth——能够使任何组件获得当前的 auth 状态，并在当前 auth 状态改变时进行重新渲染。
- useEventListener——抽象了向组件添加和移除事件监听器的过程。
- useMedia——简化组件逻辑中进行的媒体查询。

在创建自己的 hook 之前，有必要搜索是否已存在满足场景的 hook，例如在 useHooks 网站或包管理仓库 npm 进行搜索。如果已为一些常见场景使用了库或框架，例如数据获取或状态管理，就请检查最新版本，查阅它们是否引入了 hook，以便更轻松地使用它们。

1.3.3　第三方的 hook 提供了完备的、经过良好测试的功能

跨组件共享功能并不新鲜；一段时间以来，它一直是 React 开发的重要组成部分。与旧的高阶组件和渲染 prop 相比，hook 提供了一种更清晰的代码共享方式和 hook 相关功能的方式，而高阶组件和渲染 prop 往往会导致代码的频繁嵌套("封装地狱")和错误层次结构的代码。

为了充分利用 hook 中更简单的 API 和更直截了当的集成方法，与 React 配合使用的第三方库已快速发布了新版本。本节将简要介绍以下三个示例：

- 用于页面导航的 React Router。

- 用于应用程序数据存储的 Redux。
- 用于动画的 React Spring。

React Router

React Router 提供了组件,该组件帮助开发者管理在应用程序页面间的导航。它的自定义 hook 可以轻松访问导航中涉及的常见对象: useHistory、useLocation、useParams 和 useRouteMatch。例如, useParams 允许访问页面 URL 中任何匹配的参数:

```
URL: /quiz/: title/: qnum
code: const {title, qnum} = useParams();
```

Redux

对于某些应用程序,单独的状态存储(store)可能才是合适的。Redux 是一个流行的、用于创建此类状态存储的库,它通常通过 React Redux 库与 React 结合使用。从 7.1 版本开始,React Redux 提供了 hook, 例如 useSelector、useDispatch 和 useStore, 这些自定义 hook 使得 React 与 store 的交互更容易。例如, useDispatch 支持通过 dispatch action 更新 store 中的状态。假设已构建一个答题应用程序, 该应用程序包含一个提问集, 而你想添加一个提问:

```
const dispatch = useDispatch();
dispatch({type: "add question", payload: /* question data */});
```

新的自定义 hook 删除了一些用于连接 React 应用程序和 Redux store 的样板代码。React 也有一个内置的 hook——useReducer, 它可为 dispatch action 提供一个更简单的模型, 用于更新状态, 并在某些情况下消除感官上对 Redux 的需求。

React Spring

React Spring 是一个基于 Spring 的动画库, 目前提供五个 hook 来访问其功能: useSpring、useSprings、useTrail、useTransition 和 useChain。例如, 要在两个值之间设置动画, 可以选择 useSpring:

```
const props = useSpring({opacity: 1, from: {opacity: 0}});
```

React Hooks 使库作者可以更轻松地为开发者提供更简单的 API, 这些 API 不会因组件层次结构潜在的深层嵌套的错误而使代码混乱。同样, 一些其他的新 React 特性, 例如 Concurrent 模式和 Suspense, 可帮助库作者和应用程序开发者更好地管理其代码中的异步流程, 并提供更流畅、响应更快的用户体验。

1.4 通过 Concurrent 模式和 Suspense 获得更好的 UX

我们希望为用户提供优秀的体验, 帮助他们顺利并愉快地与应用程序交互。这可能意味着他们可以在应用程序中高效地完成工作，在社交平台上与朋友联系，或在游戏中捕捉水晶。无论他们的目标是什么，我们设计和编码的接口应该是达到目的的手段，而不是绊脚石。他们在使用应用程序时，会在页面之间快速切换、滚动和点击，应用程序可能需要加载大量的代码，获取大量的数据，并尝试操作数据来提供用户需要的信息。

在版本 16 和 17 中重写 React 的很大一部分动机是为了构建可应对用户界面上的多重诉求的架构，如在用户持续与应用程序交互时加载和操作数据。Concurrent 模式是新架构的核心模式，Suspense 组件自然也满足了新的模式。但是它们解决了什么问题呢？

假设有一个应用程序，该应用程序可在一个长列表中显示产品，并且有一个供用户输入条件过滤列表的文本框。该应用程序会根据用户的输入更新列表。每次的按键输入都会触发代码对列表重新过滤，并需要 React 将更新后的列表组件绘制在屏幕上。大开销的过滤过程以及 UI 的重新计算和更新会占用处理时间，从而降低文本框的响应能力。而用户体验到的则是一种滞后的、缓慢的文本框，无法在键入时即时显示文本。显然是浏览器的代码运行编排导致了这种不完美的呈现，图 1.14 描述了这个问题，即长时间运行的操作会减慢屏幕的更新速度，从而导致较差的用户体验。

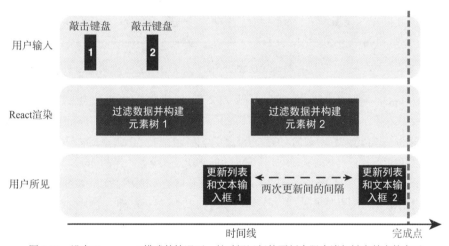

图 1.14　没有 Concurrent 模式的情况下，长时间运行的更新会阻塞诸如键盘敲击的交互

如果应用程序可以暂停和重新开始这些由键入引起的过滤任务，优先处理文本框的更新，以保证用户体验的流畅，那么这不是很好吗？向 Concurrent 模式问好！

1.4.1　Concurrent 模式

使用 Concurrent 模式后，React 能够以更细粒度的方式编排任务，暂停其构建元素的工作，检查差异，并为先前全部的状态变更更新 DOM，以确保对用户交互的响应。在之前的过滤应用程序示例中，React 可以暂停被过滤后的列表的渲染，以确保用户输入的文本出现在文本框中。

Concurrent 模式如何实现这种魔法？新的 React 架构将其任务拆分为更小的工作单元，并为浏览器或操作系统提供规则的介入点，以通知应用程序用户正在尝试与其交互。React 的调度器可以根据每个任务的优先级决定要做什么。可以暂停或放弃那些对组件树的部分协调和更改，以确保首先更新拥有更高优先级的组件，如图 1.15 所示。

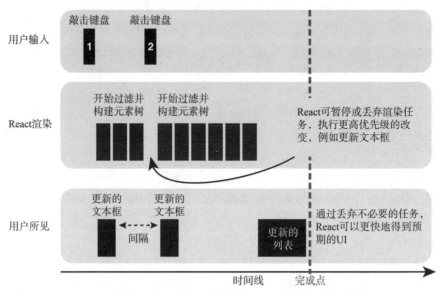

图 1.15　在 Concurrent 模式中，React 可以暂停长时间运行的更新，从而快速地响应用户交互

　　能够从这种智能调度中受益的不仅仅是用户交互。那些对传入数据的响应、延迟加载的组件或媒体，或其他异步进程也可以拥有更流畅的用户界面改善。当 React 在内存中为更新后的状态渲染 UI 时，可以持续显示目前的 UI，并保证用户与目前的 UI 交互(而不是加载中的旋转标志)。然后在其准备就绪时，再切换到新 UI。Concurrent 模式启用了几个新的 hook——useTransition 和 useDeferredValue，这些 hook 改善了用户体验，使得从一种视图到另一种视图，或从一种状态到另一种状态的改变变得平滑。它还可以与 Suspense 协同使用，即一个用于渲染回退内容的组件，一个用于明确某组件正在处于等待状态的机制，例如数据加载。

1.4.2　Suspense

　　如你所见，React 应用程序是由树状层级结构的组件构成的。为了在屏幕上显示应用程序的当前状态(如利用 DOM 来显示)，React 会遍历组件，并在内存中创建元素树和预期的 UI 描述。接着，React 会将最新的树与之前的树进行比较，并智能地决定需要进行哪些 DOM 更新以实现预期的 UI。Concurrent 模式会让 React 暂停处理部分元素树，其原因可能是为了处理更高优先级的任务，或是因为当前组件还没有准备好进行处理。

　　现在，采用了 Suspense 构建的组件可以在未准备好返回 UI 时挂起(注意，组件要么是函数，要么具有 render 方法并将属性和状态转换为 UI)。它们可能是正在等待组件代码、资源或数据的加载，还没有完整获取其描述 UI 所需的信息。React 可以暂停处理被挂起的组件，并继续遍历元素树。但这在屏幕上看起来会是怎样？你的用户界面有漏洞吗？

除了挂起指定组件的机制，React 还提供了一个 Suspense 组件，可以使用它堵住挂起组件在用户界面中留下的漏洞。将 UI 包装在 Suspense 组件中，并利用该组件的 fallback(回退)属性告知 React，在一个或多个被包装的组件被挂起时要显示什么内容。

```
<Suspense fallback={<MySpinner />}>
  <MyFirstComponent />
  <MySecondComponent />
</Suspense>
```

Suspense 允许开发者有意识地管理多个组件的加载状态，或为单个组件、多个组件或整个应用程序进行回退显示。它为库作者提供了一种机制，将他们的 API 更新为支持使用 Suspense 组件的 API，这样他们的异步功能就可以充分利用 Suspense 提供的加载状态管理。

1.5　全新的 React 发布渠道

为了使应用程序的开发者和库作者能够在产出中充分利用稳定的功能，同时仍为即将推出的功能做好准备，React 团队已开始在不同的渠道发布代码：

- Latest(最新版)——稳定的 semver 版本发布。
- Next(下一版)——追踪 React 开发的 main 分支。
- Experimental(实验版)——包含实验阶段的 API 与功能。

对于生产环境，开发者应该紧跟最新发布的版本。最新发布的版本正是你从 npm(或其他包管理器)安装 React 时使用的版本。在撰写本书时，许多用于数据获取的 Concurrent 模式和 Suspense 都还在实验阶段。两个技术还在筹备中，API 可能会发生变化。React 和 Relay(用于数据获取)团队已经在新的 Facebook 网站上使用一些实验性功能，并已持续了一段时间。这种主动的使用有助于他们在上下文和一定范围内深入了解新方法。通过尽早开放对新功能的讨论，并在实验版中提供它们，React 团队可以帮助库作者对新的 API 进行集成和测试，并帮助应用程序开发者着手适应新的思维方式和细微差别。

1.6　本书读者对象

本书适合希望学习 React 最新功能且具有一定经验的 JavaScript 开发者。本书侧重于 React Hooks、Concurrent 模式和 Suspense，并使用大量代码示例加快读者的理解，使读者能在自己的项目中充分使用这些功能(尽管并不是必须在生产中使用那些目前仍属于 React 实验版的功能)。除了提供简单实用的示例外，本书还深入探讨了一些功能背后的原理，以及开发者应该注意的细微差别。

总之，本书不是 React 的入门指南，因此不会详细介绍 React 的生态系统、构建工具、样式和测试。读者应具备基本的 React 概念知识，并能够创建、构建和运行 React 应用程序。本书偶尔也会使用类组件的实例与新的函数式组件方法做比较，但不会重点介绍基于类的方法、高阶组件和渲染prop(不了解这些专业术语也不要担心，因为不必了解它们也可学习新概念)。

　　读者应该适应一些较新的 JavaScript 语法(如 const 和 let)，对象和数组解构，默认参数，扩展运算符，数组的方法(如 map、filter 和 reduce)。与类组件的比较，将会用到 JavaScript 的类语法，因此熟悉类语法是很有用的，但不是必须的。

1.7　开始吧

　　本书主要的代码示例为一个预订应用程序，可访问 GitHub 的 https://github.com/jrlarsen/react-hooks-in-action 网址下载，也可以在 Manning 网站的本书页面进行下载(www.manning.com/books/react-hooks-inaction)。示例应用程序开发中的每一步都位于一个单独的 Git 分支上，本书的代码清单包含了相关分支的名称。也可扫描封底二维码下载本书的代码清单。

1.8　本章小结

- 可使用 React 创建可复用的组件来组成应用程序，该组件可将状态转换为 UI。
- 可使用 JSX 和 prop 通过类似 HTML 的语法描述 UI。
- 可创建函数式组件，并搭配与组件相关的代码和功能。
- 可使用 React Hooks 为组件封装和共享功能，执行副作用，并 hook 到组件生命周期的各个阶段。
- 可创建自己的自定义 hook，并使用第三方库提供的自定义 hook。
- 可使用 Suspense 组件，为需要花费时间才能返回 UI 的组件提供回退方案。
- 可探索利用实验阶段的 Concurrent 模式处理内存中多个版本的 UI，从而在界面相应状态变化时，能够更轻松地从一个界面平滑过渡到另一个界面。
- 注意 React 的三个发布渠道：最新版、下一版和实验版。
- 可在 https://reactjs.org 上查阅 React 文档。

本书代码仓库的地址是 https://github.com/jrlarsen/react-hooks-in-action。

第 *2* 章

使用useState hook管理组件的状态

本章内容
- 要求 React 通过调用 useState 来管理组件的状态值
- 通过 updater 函数修改状态值并触发重新渲染
- 使用先前的状态值辅助生成新的状态值
- 管理多个状态
- 思考 React 和组件是如何交互以持续保存和更新状态，并同步状态和 UI 的

如果你正在构建 React 应用程序，就可能期望应用程序使用的数据能随着时间的推移而改变。无论它是一个完全由服务器渲染的移动应用程序，还是浏览器中的应用程序，应用程序的用户界面都应在渲染时呈现当前的数据或状态。有时整个应用程序中的多个组件都会使用这些数据，而有时一个组件并不需要共享它的隐私数据，并且可以在没有那么庞大的、覆盖整个应用程序范围的、负责状态存储的庞然大物的帮助下，管理自己的状态。本章将专注于那些私密的、可自理的组件，而不考虑周围的其他组件。

图 2.1 是一个有关 React 工作过程的基本说明：它需要使用当前的状态渲染 UI。如果状态改变，那么 React 需要重新渲染 UI。

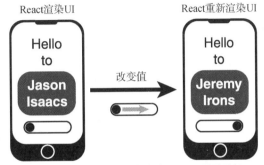

图 2.1　当在组件中改变某个值时，React 需要更新 UI

该图显示了一个包含姓名的问候信息。当该姓名的值改变时，React 会更新 UI，显示对新姓名的问候信息。我们通常希望状态和 UI 是同步的(尽管可以选择在状态转变期间延迟同步——如获取最新的信息时)。

React 提供了一些函数和 hook，使其能够追踪组件中的值，并保持状态和 UI 同步。对于单个值，React 提供了 useState hook，这就是我们将在本章中探索的 hook。

我们将关注如何调用该 hook，它会返回什么，如何使用它更新状态并触发 React 更新 UI。并且，组件通常需要多个状态来完成它们的工作，因此我们还将关注如何多次调用 useState 用于处理多个值。这不仅仅与 useState API 归档相关(可参阅 React 官方文档)。我们将利用对 useState hook 的讨论来帮助你更好地理解什么是函数式组件，以及函数式组件是如何工作的。最后，通过回顾代码清单中涉及的关键概念结束本章。

我们将从本章开始以代码清单的形式构建本书主要示例的应用程序。该示例将贯穿全书，作为使用 React Hooks 解决常见代码问题的参考。设置应用程序有一点麻烦，但是一旦完成这些工作，便能够专注于这个组件。

2.1　搭建预订管理应用程序

你那有趣但又专业的公司拥有大量可供员工预订的资源：会议室、AV 设备、兼职技术员、桌式足球，甚至一些聚会用品。有一天，老板让你为公司网络搭建一个应用程序的框架，供员工预订资源。该应用程序应该包含三个页面：Bookings、Bookables 和 Users，如图 2.2 所示(从技术角度而言，这是一个单页面应用，而这些页面实际上是组件。但从用户的角度而言，我们仍称之为页面，例如从一个页面切换到另一个页面)。

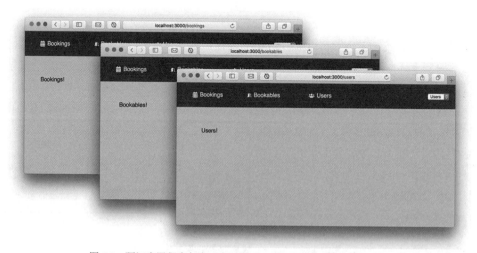

图 2.2　预订应用程序包含三个页面：Bookings、Bookables 和 Users

在本章结束时，你将能够显示每个页面，并使用链接在它们之间导航。本章末尾的项目文件夹中将包括 public 和 src 文件夹，如图 2.3 所示。

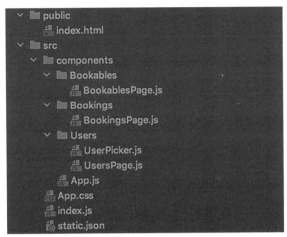

图 2.3　初始搭建后的 public 和 src 文件夹

可以看出 components 文件夹中的子文件夹如何与三个页面相对应。为了使应用程序能够如图 2.3 所示，需要完成以下六项工作：

(1) 使用 create-react-app 生成预订应用程序的框架。

(2) 移除由 create-react-app 生成的但是并不需要使用的文件。

(3) 编辑 public 和 src 文件夹中的四个文件。

(4) 从 npm 中安装一些包。

(5) 添加一个数据库文件，为应用程序提供可显示的数据。

(6) 为每个页面创建子文件夹，并将页面组件放入其中。

或者，可以在 GitHub 上找到持续更新的预订应用程序的代码示例，网址为 https://github.com/jrlarsen/react-hooks-in-action，并为每次代码迭代都设置分支。示例应用程序的每个代码清单都包含了分支名称，可以切换到相应的分支，也可以链接到 GitHub 仓库。例如，克隆仓库后，要获取第一个分支的代码，可输入以下命令：

```
git checkout 0201-pages
```

通过以下命令安装项目依赖：

```
npm i
```

通过以下命令运行项目：

```
npm start
```

可以跳过 2.2 节。

对于那些想从头开始构建应用程序绝大部分功能的人来说，首先需要的是 React 应用程序。

2.1.1　通过 create-react-app 生成应用程序的框架

React 的 create-react-app 工具生成的项目预设了 linting 和编译工作流。同时，create-react-app 生成的项目也附带了一个开发服务器，非常适合在不断迭代的应用程序中使用。接下来使用 create-react-app 生成一个新的 React 项目，并称其为 react-hooks-in-action。在运行之前，不需要通过 npm 安装 create-react-app。可以通过 npx 命令从它的仓库运行它：

```
npx create-react-app react-hooks-in-action
```

该命令的运行需要花一点时间，结束运行后，react-hooks-in-action 文件夹中应该会生成一大堆文件。当我运行 create-react-app 命令时，我的计算机会使用 npm 安装文件。如果你已经安装了 Yarn，create-react-app 就会使用 Yarn 代替 npm，并且你将获得一个 yarn.lock 文件，该文件取代了 package-lock.json(npx 是一个方便的命令，在安装 npm 时会被一同安装。其作者 Kat Marchán 在 Medium 文章"Introducing npx"中解释了其背后的思想，网址为 http://mng.bz/RX2j)。

我们的应用程序不需要安装所有文件，因此可快速删除其中的一些文件。在 react-hooks-in-action 文件夹下的 public 文件夹中，仅留下 index.html 文件，删除其他所有文件。在 src 文件夹中，仅留下 App.css、App.js 和 index.js 文件，删除其他所有文件。图 2.4 高亮显示了所有被删除的文件。

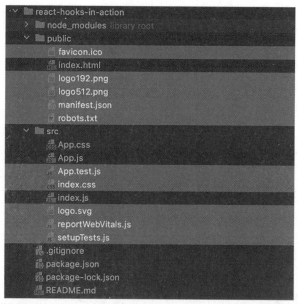

图 2.4　我们的项目并不需要由 create-react-app 默认生成的许多文件

图 2.5 显示了保留在 public 和 src 文件夹中的四个主要文件。使用它们运行应用程序，并导入本书构建的组件。

这四个文件是为 React 的演示页面而不是为预订应用程序设置的。接下来要做一些简单的调整。

2.1.2　编辑四个关键文件

下面这些小而干练的文件将用来启动和运行应用程序，以下是对这些文件的介绍：

- /public/index.html——包含应用程序的 Web 页面。
- /src/App.css——组织页面元素的样式。
- /src/components/App.js——根组件，包含了全部其他内容的根组件。
- /src/index.js——导入 App 组件并将组件渲染到 index.html 页面的文件。

图 2.5　需要在 public 和 src 文件夹中设置的四个文件

index.html

编辑 public 文件夹中的 index.html 文件。可以删除由 create-react-app 生成的模板内容。但必须保留以 root 为 id 的 div 元素；这是应用程序的容器元素。React 将在 div 元素内渲染 App 组件。可以设置该页面的标题，如代码清单 2.1 所示。

分支：0201-pages，文件：/public/index.html

代码清单 2.1　预订应用程序的 HTML 框架

```
<!DOCTYPE html>
<html lang="en">
  <head>
    <meta charset="utf-8" />
    <meta name="viewport" content="width=device-width, initial-scale=1" />
    <title>Bookings App</title>          ← 为页面设置标题
  </head>
  <body>
    <div id="root"></div>          ← 确保有一个以 root
  </body>                               为 id 的 div 元素
</html>
```

这是 Web 页面的全部所需。App 组件将会呈现在 div 元素中，其他组件——可预订对象、预订信息、用户以及三者对应的独立页面——将由 App 组件管理。

App.css

本书并不会对 CSS(Cascading Style Sheets)样式进行教学，因此没有关注样式列表。有时，CSS 可以与组件中的事件结合使用(如在加载数据时)。在使用时，相关样式将会被突出显示。样式表的开发需要花费一些时间，因此，如果你对其感兴趣，请查阅代码仓库。初始样式可以在"分支：0201-pages，文件：/src/App.css"中找到(如果对整个项目中 CSS 的迭代并不是特别感兴趣，只是想编写 JavaScript 代码，那么只需从完成的项目中获取 App.css 文件)。

该样式使用 CSS 网格属性定位每个页面上的主要组件，并使用 CSS 变量定义常用颜色，应用于文本和背景。

App.js

App 组件是应用程序的根组件。该 App 组件显示了涵盖链接的标题和用户下拉列表，如图 2.6 所示。

图 2.6　三个涵盖链接的标题和一个下拉列表

App 组件也搭建了路由设置，用于链接到三个主要页面，如代码清单 2.2 所示。路由器通过将 URL 与页面组件进行匹配，将匹配的页面呈现给用户。App.js 文件已经被移到一个新的 components 文件夹。该文件导入了多个将在本章后部创建的组件。

分支：0201-pages，文件：/src/components/App.js

代码清单 2.2　App 组件

```
import {
  BrowserRouter as Router,      从 react-router-dom 中
  Routes,                        导入路由元素
  Route,
  Link
} from "react-router-dom";
                                                        为导航链接
import "../App.css";                                     导入图标

import {FaCalendarAlt, FaDoorOpen, FaUsers} from "react-icons/fa";

import BookablesPage from "./Bookables/BookablesPage";
import BookingsPage from "./Bookings/BookingsPage";     导入独立的页面组件
import UsersPage from "./Users/UsersPage";              和 UserPicker
import UserPicker from "./Users/UserPicker";

export default function App () {
  return (
    <Router>                          将 app 包装到 Router 组件，使
      <div className="App">            其能够进行导航
        <header>
          <nav>
            <ul>
              <li>
    将 Link 组件与    <Link to="/bookings" className="btn btn-header">
    Router 一同使用      <FaCalendarAlt/>
                        <span>Bookings</span>
                      </Link>
              </li>
              <li>
```

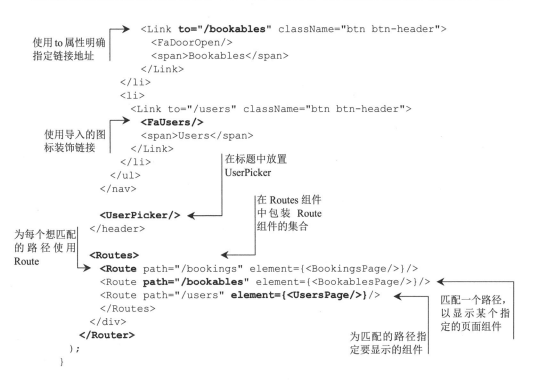

使用 to 属性明确
指定链接地址

使用导入的图
标装饰链接

在标题中放置
UserPicker

在 Routes 组件
中包装 Route
组件的集合

为每个想匹配
的路径使用
Route

匹配一个路径，
以显示某个指
定的页面组件

为匹配的路径指
定要显示的组件

注意，代码清单的最上方没有 import React from"react"。React 组件过去需要这行代码，以便将组件中的 JSX 转换为常规 JavaScript 时能够正常工作。但编译 React 的工具，如 create-react-app，已经可以在最新版本的 React 中转换 JSX，而不需要 import 语句。可以在 React 博客上查阅此更改(http://mng.bz/2ew8)。

该应用程序使用 React Router 6 管理三个页面的显示。在撰写本书时，React Router 6 是通过 React Router 的下一版提供的测试版。按如下方式安装：

```
npm i history react-router-dom@next
```

可在 GitHub 上了解更多有关 React Router 的信息(https://github.com/ReactTraining/react-router)。为了在标题中显示页面链接，我们使用了 Link 组件，而 Route 元素会通过匹配 URL 来显示页面组件。例如，用户访问/bookings 路径时，BookingsPage 组件将会显示：

```
<Route path="/bookings" element={<BookingsPage/>}/>
```

现在，不必考虑 React Router，因为它只管理页面组件的链接和显示。我们将在第 10 章更多地使用它，那时会开始使用它提供的一些自定义 hook 访问匹配的 URL 和查询字符串参数。

如图 2.7 所示，我们用来自 Font Awesome(https://fontawesome.com)的图标装饰标题链接。

图 2.7　标题包含每个链接旁的 Font Awesome 图标

这些图标是 react-icons 包提供的，因此需要安装该包：

```
npm i react-icons
```

react-icons 的 GitHub 页面(https://github.com/react-icons/react-icons)包含了包中可用的图标集的详细信息，以及相关许可信息的链接。

App 组件也导入了三个页面组件——BookablesPage、BookingsPage 和 UsersPage——以及 UserPicker 组件。我们将在 2.1.4 节创建这些组件。

index.js

React 需要一个 JavaScript 文件作为应用程序的入口。在 src 文件夹中，参照代码清单2.3 编辑 index.js 文件。该文件导入了 App 组件，并将其渲染到代码清单 2.1 的 index.html 文件中以 root 为 id 的 div 标签内。

分支：0201-pages，文件：/src/index.js

代码清单 2.3　最顶层的 JavaScript 文件

```
import ReactDOM from "react-dom";
import App from "./components/App";        ← 导入 App 组件

ReactDOM.render(                           将App指定为一个
  <App />,                                 组件进行渲染
  document.getElementById("root")    ←
);                                         指定在哪里渲染 App 组件
```

这就是调整后的四个文件！接下来需要创建页面组件，这些组件将被导入 App 组件，并创建一个用于标题的 UserPicker 下拉列表。首先，该应用程序需要显示一些可预订对象和用户。接下来提供这些数据。

2.1.3　为应用程序添加数据库文件

我们的应用程序需要几种类型的数据：users(用户)、bookables(可预订对象)和 bookings(预订信息)。首先，从 JSON(JavaScript Object Notation)文件 static.json 导入所有数据。我们仅需要在列表中显示一些可预订对象和用户，因此初始的数据文件不需要太复杂，就像代码清单 2.4 中显示的一样即可(可以在 GitHub 上访问指定文件，从代码清单中的分支复制数据)。

分支：0201-pages，文件：/src/static.json

代码清单 2.4　预订应用程序的数据结构

```
{
                                                          将一个可预订对象
  "bookables": [ /* array of bookable objects */ ],  ←   的数组数据赋值给
                                                          bookables 属性
  "users": [ /* array of user objects */ ],  ←
                                                   指定使用该应
                                                   用程序的用户
```

```
"bookings": [],        ←── 暂时将一个空数
                            组赋值给 bookings
"sessions": [        ←──
  "Breakfast",
  "Morning",               配置有效的时段
  "Lunch",
  "Afternoon",
  "Evening"
],

"days": [        ←──
  "Sunday",               配置星期几
  "Monday",
  "Tuesday",
  "Wednesday",
  "Thursday",
  "Friday",
  "Saturday"
]
}
```

bookables 数组中的每个元素都是一个对象，如下所示：

```
{
  "id": 3,
  "group": "Rooms",
  "title": "Games Room",
  "notes": "Table tennis, table football, pinball! Please tidy up!",
  "sessions": [0, 2, 4],
  "days": [0, 2, 3, 4, 5, 6]
}
```

这些可预订对象被保存在一个 bookable 对象数组中，并赋值给 bookables 属性。每个可预订对象都有 id、group、title 和 notes 属性。在本书代码仓库的数据里，notes 属性的值会稍长一些，但结构是一样的。每个可预订对象还可指定星期几可预订以及哪个时段可预订。

用户也作为对象存储，结构如下：

```
{
  "id": 1,
  "name": "Mark",
  "img": "user1.png",
  "title": "Envisioning Sculptor",
  "notes": "With the company for 15 years, Mark has consistently…"
}
```

这些可预订对象会被 BookablesPage 组件列出，而用户会被 UsersPage 组件显示。最好的方式是先构建这些页面！

2.1.4　创建页面组件和 UserPicker.js 文件

接下来，当我们向应用程序添加功能时，会使用组件封装功能，并演示 hook 提供的技术。

我们会将组件放在与其所在页面相关的文件夹中。在 components 文件夹中创建三个新文件夹，并将它们分别命名为 Bookables、Bookings 和 Users。对于框架应用程序而言，创建三个结构相同的占位符页面即可，如代码清单 2.5 所示。将它们命名为 BookablesPage、BookingsPage 和 UsersPage。

分支：0201-pages，文件：/src/components/Bookables/BookablesPages.js

代码清单 2.5　BookablesPage 组件

```
export default function BookablesPage () {
  return (
    <main className="bookables-page">   ◄──────  为每个页面赋一个类名，以便 CSS
      <p>Bookables!</p>                           文件可以正确地设置页面
    </main>
  );
}
```

代码清单 2.6 中的 UserPicker 组件将帮助我们完成应用程序的搭建。现在，该组件只在下拉列表中显示了 Users 这个词。在本章后部，将为该组件填充数据。

分支：0201-pages，文件：/src/components/Users/UserPicker.js

代码清单 2.6　UserPicker 组件

```
export default function UserPicker () {
  return (
    <select>
      <option>Users</option>
    </select>
  );
}
```

到目前为止，在预订应用程序的上下文中，所有为了探索 hook 的准备工作都已就绪。可以通过启动 create-react-app 开发服务器测试应用程序是否能正常工作：

```
npm start
```

如果一切正常，可在三个页面之间进行导航，那么每个页面都会亮明其身份：Bookables！Bookings！Users！接下来，将使 Bookables 页面显示数据库中的可预订对象。

2.2　通过 useState 存储、使用和设置值

你的 React 应用程序会关注某一个状态：状态的值会显示在用户界面中，或用于帮助管理显示的内容。这些状态可能是论坛上的帖子，也可能是帖子的评论以及评论显示与否。当用户与应用程序进行交互时，他们可能会修改应用程序的状态。例如，他们可能加载更多的帖子、切换评论是否可见，或添加自己的评论。在这里，React 确保状态与 UI 的同步。当状态改变时，

React 需要运行使用了该状态的组件。组件会返回使用最新状态值的 UI。React 将返回的 UI 与现有 UI 进行比较，并根据需要高效地更新 DOM。

一些状态在整个应用程序中共享，一些状态由少数组件共享，还有一些则由组件自身管理。组件是纯函数时，它们如何在渲染中保持状态呢？它们的变量在执行完后没有丢失吗？React 如何知道变量何时发生变化？如果 React 规矩地尝试匹配状态和 UI，那么它肯定需要知道变化，对吗？

在调用组件时保持状态，并在组件状态被修改时保持 React 仍在循环之中的最简单方法是使用 useState hook。useState hook 是一个函数，它借助 React 管理状态的值。当调用 useState hook 时，它会返回最新的状态值和一个用于更新值的函数：updater 函数。使用 updater 函数可保持 React 在循环之中，并让它做同步工作。

本节介绍 useState hook，包括为什么需要它和如何使用它。我们将重点关注下面几个方面：

- 为什么仅给变量赋值并不能让 React 完成它的工作。
- useState 如何返回一个值和一个用于更新值的函数。
- 为状态设置初始值，并将其直接作为值和惰性函数。
- 使用 updater 函数让 React 知晓你想改变状态。
- 确保在调用 updater 函数时和需要使用现有值生成新的值时，具有最新的状态。

这个列表看起来可能有点吓人，但 useState hook 非常易用(你将经常使用它！)，因此不必担心，我们只是涵盖了所有的基础。在第一次调用 useState 之前，先看一看尝试自己管理状态会发生什么。

2.2.1　给变量赋新值并不会更新 UI

图 2.8 展示了我们对 BookablesList 组件的基本期望：一个包含了四个可预订房间的列表，其中包含一个被选中的 Lecture Hall。

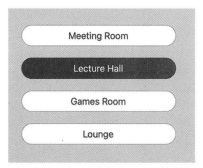

图 2.8　BookablesList 组件显示了一个房间列表，其中高亮显示了被选择的房间

为了显示房间列表，BookablesList 组件需要先获取列表的数据。我们将从数据库文件 static.json 中导入数据。该组件还需要对当前所选的可预订对象进行追踪。代码清单 2.7 展示了该组件的代码，通过将 bookableIndex 设置为 1 来硬编码所选的房间(注意，该清单处于一个新

的 Git 分支上，可以使用命令 git checkout 0202-hard-coded 切换到该分支)。

分支：0202-hard-coded，文件：/src/components/Bookables/BookablesList.js

代码清单 2.7   带硬编码选择功能的 BookablesList 组件

```
import {bookables} from "../../static.json";        ←── 使用对象解构将可预订对
                                                          象的数据赋值给局部变量
export default function BookablesList () {

  const group = "Rooms";        ←── 设置用于显示的可预订对象分组

  const bookablesInGroup = bookables.filter(b => b.group === group);

  const bookableIndex = 1;        ←── 对被选中的可预订对象
                                        索引进行硬编码
  return (
    <ul className="bookables items-list-nav">
      {bookablesInGroup.map((b, i) => (        ←── 将每个可预订对象映射
        <li                                          为列表项
          key={b.id}
          className={i === bookableIndex ? "selected" : null}  ←──
        >
          <button                                      通过比较当前的索引与所选
            className="btn"                              中的索引设置类名
          >
            {b.title}
          </button>
        </li>
      ))}
    </ul>
  );
}
```

过滤可预
订对象，
仅保留在
指定分组
中的可预
订对象

这段代码将 static.json 文件中的可预订对象数组赋值给局部变量 bookables，除了代码中的
方式，也可以采用其他办法：

```
import data from "../../static.json";

const {bookables} = data;
```

但是我们不需要任何其他数据，因此直接在 import 内给 bookables 赋值即可：

```
import {bookables} from "../../static.json";
```

这种解构方法是本书中常用的方法。

有了可预订对象的数组后，可以通过分组进行过滤，仅获取那些指定分组中的可预订对象：

```
const group = "Rooms";

const bookablesInGroup = bookables.filter(b => b.group === group);
```

filter 方法返回了一个新数组,我们将其赋值给 bookablesInGroup 变量。然后通过 bookablesInGroup 数组进行映射,生成用于显示的可预订对象列表。我在 map 函数中使用了短变量名,b 表示可预订对象,i 表示索引,这是因为它们可被立即使用,且与它们的赋值操作非常接近。我认为这些短变量名的含义已足够清楚,但你可能更喜欢更具描述性的变量名称。

为了显示新组件,需要将它与 BookablesPage 组件连接。代码清单 2.8 展示了两处需要的改动。

分支:0202-hard-coded,文件:/src/components/Bookables/BookablesPage.js

代码清单 2.8　显示 BookablesList 的 BookablesPage 组件

```
import BookablesList from "./BookablesList";    ◀──── 导入新组件

export default function BookablesPage () {
  return (
    <main className="bookables-page">
      <BookablesList/>    ◀── 用组件替换占
    </main>                   位符文本
  );
}
```

更改 BookablesList 中的硬编码的索引值。该组件将始终高亮显示指定索引下的可预订对象——到目前为止,一切都很顺利。虽然通过修改代码更改高亮显示的房间没有问题,但我们真正想要的是让用户通过单击可预订对象来更改索引。因此,接下来会为每个列表项的按钮添加一个事件处理程序。单击一个可预订对象,将其选中,并且更新 UI,高亮显示选中的选项。代码清单 2.9 包含了一个 changeBookable 函数和一个调用它的 onClick 事件处理程序。

分支:0203-direct-change,文件:/src/components/Bookables/BookablesList.js

代码清单 2.9　给 BookablesList 组件添加事件处理程序

```
import {bookables} from "../../static.json";

export default function BookablesList () {
  const group = "Rooms";
  const bookablesInGroup = bookables.filter(b => b.group === group);

  let bookableIndex = 1;    ◀── 因为会对该变量进行重新赋
                                 值,所以使用 let 声明变量

  function changeBookable (selectedIndex) {
    bookableIndex = selectedIndex;      声明一个函数,将被单击的可预订对
    console.log(selectedIndex);         象的索引赋值给 bookableIndex 变量
  }

  return (
    <ul className="bookables items-list-nav">
      {bookablesInGroup.map((b, i) => (
        <li
          key={b.id}
```

```
          className={i === bookableIndex ? "selected" : null}
      >
        <button
          className="btn"
          onClick={() => changeBookable(i)}    ←   添加一个 onClick 处理程序,该处
        >                                           理程序将被单击的可预订对象的
          {b.title}                                 索引传递给 changeBookable 函数
        </button>
      </li>
    ))}
  </ul>
);
}
```

现在单击其中一个房间,就会将该房间的索引赋值给 bookableIndex 变量。在你运行代码
清单 2.9 中的代码,并尝试单击不同的房间后,会看到高亮显示的选项并没有发生改变。但是,
代码确实更新了 bookableIndex 的值!可以在控制台中查看被打印出来的索引值。为什么新的
选中项没有在屏幕上显示?为什么 React 没有更新 UI?为什么人们总是忽略我?

没关系,深呼吸。记住,组件是返回 UI 的函数。React 调用该函数获取 UI 描述。React
如何知道何时调用函数并更新 UI 呢?仅仅因为你在组件函数中改变了一个变量的值并不意味
着 React 会注意到。如果想引起注意,就不能只在大脑中对人们说“你好,世界!”,必须大声
说出来。图 2.9 展示了当直接更改组件中的值时会发生什么:React 并不会注意到。UI 还坚如
磐石,保持不变。

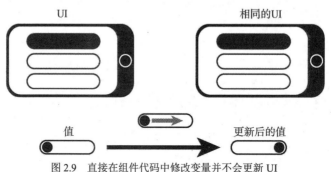

图 2.9   直接在组件代码中修改变量并不会更新 UI

如何引起 React 的注意,让 React 知道有工作要做呢?答案是调用 useState hook。

2.2.2   调用 useState 返回一个值和一个 updater 函数

我们想提醒 React,组件中使用的值已修改,它可以重新运行组件并更新 UI。但是,直接
修改变量不可行。需要一种修改值的方法,即 updater 函数,它会触发 React 调用使用新值的组
件,并获取更新后的 UI,如图 2.10 所示。

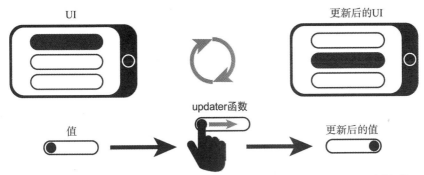

图 2.10　不直接修改值，而是调用 updater 函数。updater 函数修改值，React 通过组件
重新计算的 UI 更新显示

为了避免组件状态值在组件代码运行完毕后消失，可以让 React 管理这些值。这就是 useState hook 的用途。每次 React 调用组件获取 UI 时，组件都可以向 React 请求最新的状态值和更新该值的函数。该组件可以在生成其 UI 时使用该值，并在修改该值时使用 updater 函数，例如，响应用户单击列表中的项目。

调用 useState 会返回一个包含两个元素的数组：状态值和该值的 updater 函数，如图 2.11 所示。

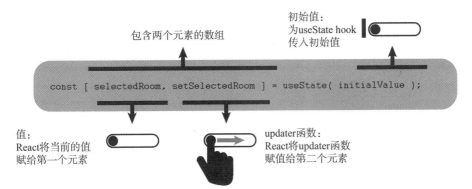

图 2.11　useState 函数返回一个包含两个元素的数组：一个状态值和一个 updater 函数

可以将返回的值赋给一个变量，再通过索引分别获得这两个元素，如下所示。

```
const selectedRoomArray = useState();        ← useState 函数返回一个数组
const selectedRoom = selectedRoomArray[0];   ← 第一个元素是状态值
const setSelectedRoom = selectedRoomArray[1]; ← 第二个元素是一个
                                                用于更新值的函数
```

但是，使用数组解构并将返回的元素一次性地赋值给变量是更常见的方式：

```
const [selectedRoom, setSelectedRoom] = useState();
```

数组解构支持将数组中的元素赋值给所选择的变量。尽管变量名称 selectedRoom 和

setSelectedRoom 可以是任意的，可以任由我们选择，但使用以 set 开头的名称为第二个元素
(updater 函数)命名仍是一种常见的方式。以下方式也同样奏效：

```
const [myRoom, updateMyRoom] = useState();
```

为变量设置初始值时，可以将初始值作为参数传递给 useState 函数。当 React 第一次运行
组件时，useState 会像往常一样返回一个二元素数组，但会将初始值赋给数组的第一个元素，
如图 2.12 所示。

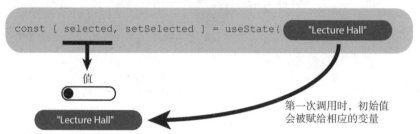

图 2.12   当组件第一次运行时，React 会将传给 useState 的初始值赋给变量 selected

在组件中第一次执行以下代码时，React 返回作为数组第一个元素的值 Lecture Hall。代码
会将该值赋给 selected 变量：

```
const [selected, setSelected] = useState("Lecture Hall");
```

接下来更新 BookablesList 组件，让该组件使用 useState hook 请求 React 管理选中的索引
值。为 useState 传递 1 作为初始索引。当 BookablesList 组件首次出现在屏幕上时，应该能够看
到 Lecture Hall 被高亮显示，如图 2.13 所示。

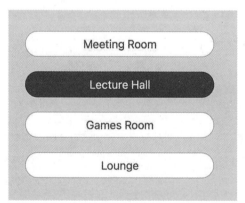

图 2.13   BookablesList 组件中的 Lecture Hall 被选中

代码清单 2.10 显示了组件更新后的代码。其包含一个 onClick 事件处理程序，当用户单击
可预订对象时，该事件处理程序使用 updater 函数 setBookableIndex 修改选中的索引。

分支：0204-set-index，文件：/src/components/Bookables/BookablesList.js

代码清单 2.10　当修改选中的房间时，触发 UI 的更新

```
import {useState} from "react";          ← 导入 useState hook
import {bookables} from "../../static.json";

export default function BookablesList () {
  const group = "Rooms";
  const bookablesInGroup = bookables.filter(b => b.group === group);
  const [bookableIndex, setBookableIndex] = useState(1);
                                                        ← 调用 useState 并将返
  return (                                                回的状态值和 updater
    <ul className="bookables items-list-nav">             函数赋给变量
      {bookablesInGroup.map((b, i) => (
        <li
          key={b.id}
          className={i === bookableIndex ? "selected" : null}   ← 使用状态值
        >                                                          生成 UI
          <button
            className="btn"
            onClick={() => setBookableIndex(i)}   ← 使用 updater 函数修改状态值
          >
            {b.title}
          </button>
        </li>
      ))}
    </ul>
  );
}
```

React 运行 BookablesList 组件的代码，并通过调用 useState，得到其返回的 bookableIndex 的值。组件在生成 UI 时，使用该值为每个 li 元素设置正确的 className 属性。当用户单击可被选择的对象时，onClick 事件处理程序将使用 updater 函数——setBookableIndex 通知 React 更新它管理的值。如果值发生了变化，那么 React 将知道它需要一个新版本的 UI。React 会再次运行 BookablesList 组件的代码，将更新后的状态值赋给 bookableIndex，让组件生成更新后的 UI。然后 React 会将新生成的 UI 与旧版本进行比较，并决定如何有效地更新显示。

通过使用 useState，React 可以监听状态。它兑现了将状态与 UI 保持同步的承诺。BookablesList 组件描述了特定状态的 UI，并为用户提供了一种更改状态的方法。然后 React 会发挥它的魔力，检查新 UI 是否与旧 UI 不同(diffing)，进行批量处理并安排更新计划，再决定高效更新 DOM 元素的方法，然后执行此操作，并代表我们交付 DOM。我们专注状态；而 React 进行 diffing 并更新 DOM。

练习 2.1

创建一个 UsersList 组件，令其显示来自数据库的 users 列表，并实现可对用户进行选择的功能，再将组件连接到 UsersPage 中(注意，若还没有完成这一步练习，可以从应用程序的 GitHub 仓库中复制完整的数据库文件)。

练习 2.2

更新 UserPicker 下拉列表组件，将 users 显示为列表中的选项。现在不必担心如何连接事件处理程序。该练习任务将在 0205-user-lists 分支中实现。

在代码清单 2.10 中，我们将初始值 1 传递给 useState。用户单击不同的可预订对象时，该初始值会被另一个数字替换。如果想存储一些更复杂的东西作为状态，那么该怎么办呢？例如存储一个对象。在这种情况下，在更新状态时，需要更加小心。下面介绍其中的原因。

2.2.3 调用 updater 函数替换之前的状态值

如果你曾使用 React 中基于类的组件构建方法，那么可能习惯于将状态作为一个对象，该对象具有不同的属性，每个属性对应不同的状态值。下面转向介绍函数式组件，你可以尝试效仿 state-as-an-object 方法。拥有一个对象类型的状态后，再将更新后的新状态与现有状态合并，这种方式可能会让人感觉更自然。

但 useState hook 是易于使用且易于多次调用的，可以一劳永逸地完成你希望的工作，即 React 对每个状态值进行监视。正如 2.4 节中要深度讨论的那样，要习惯为每个状态属性单独调用 useState。如果需要将对象作为状态值处理，或希望将一些相关值组合在一起(例如，可能是长度和宽度)，那么应该关注作为函数式组件的 updater 函数——setState，以及曾经与类组件协同使用的 this.setState 之间的区别。本节将简要介绍在两种不同类型的组件中，如何更新对象形式的状态。

类组件方式

通过类，可以在构造函数中将状态设置为对象(或作为类的静态属性)：

```
class BookablesList extends React.Component {
  constructor (props) {
    super(props);

    this.state = {
      bookableIndex: 1,
      group: "Rooms"
    };
  }
}
```

想要更新状态(如在事件处理程序中)，可以调用 this.setState，传递一个对象，其中包含你想要更改的内容：

```
handleClick (index) {
  this.setState({
    bookableIndex: index
  });
}
```

React 会将传递给 setState 的对象与现有状态合并。在前面的示例中，它更新了 bookableIndex

属性，但保留了 group 属性，如图 2.14 所示。

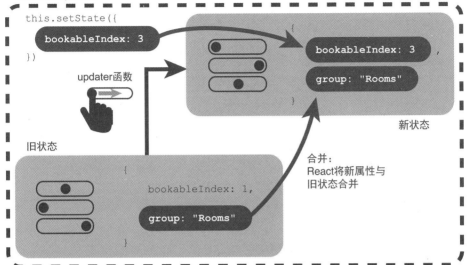

图 2.14　在类组件中，调用 updater 函数(this.setState)，将新属性合并到现有状态对象中

函数式组件方式

与之相反，对于新的 hook 方法，updater 函数会用传递给函数的值替换先前的状态值。现在，状态值不复杂，这将更简单，如下所示：

```
const [bookableIndex, setBookableIndex] = useState(1);

setBookableIndex(3); // React 用 3 替换了 1
```

但若决定将 JavaScript 对象存储在状态中，则需要谨慎行事。因为 updater 函数将完全替换旧对象。假设用如下方法初始化状态：

```
function BookablesList () {
  const [state, setState] = useState({
    bookableIndex: 1,\
    group: "Rooms"
  });
}
```

如果使用更改后仅包含 bookableIndex 属性的对象调用 updater 函数——setState，则会丢失 group 属性：

```
function handleClick (index) {
  setState({
    bookableIndex: index
  });
}
```

旧的状态对象将被新的状态对象替换，如图 2.15 所示。

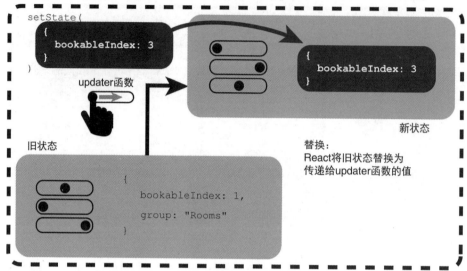

图 2.15   在函数式组件中，调用 updater 函数(由 useState 返回的函数)会将旧的状态值替换
　　　　　为传给 updater 函数的值

因此，如果真的需要在 useState hook 中使用对象，那么请在设置新属性值时，复制旧对象
的所有属性：

```
function handleClick (index) {
  setState({
    ...state,
    bookableIndex: index
  });
}
```

注意，前面的代码片段如何使用扩展运算符(...state)将所有属性从旧的状态复制到新的状态
中。事实上，为了确保基于旧值设置新值时拥有最新的状态，可以将一个函数作为参数传递给
updater 函数，如下所示：

```
function handleClick (index) {
  setState(state => {        ◄────┤ 将一个函数传递给 setState
    return {
      ...state,              ◄────┤ 当设置新的值时，也使用了旧的值
      bookableIndex: index
    };
  });
}
```

React 会将最新状态传入函数作为第一个参数。该版本的 updater 函数将在 2.2.5 节进行详述。
在对处理对象形式的状态进行了简短告诫后，并在放弃多次调用 useState 之前，需要讨论

useState hook API 的另一个功能。例如，有时，可能需要将开销巨大的初始值计算推迟。下面介绍如何实现这一功能。

2.2.4　将函数传递给 useState 作为初始值

有时，组件可能需要通过计算生成状态的初始值。例如，组件被传入来自 legacy 存储系统中的一个错综复杂的数据串，并且需要从错综复杂的数据中提取有用的信息。解析该数据串可能需要一段时间，而你想一次性地完成该工作。以下代码描述了一种比较耗费资源的方法：

```
function untangle (aFrayedKnot) {
  // perform expensive untangling manoeuvers
  return nugget;
}

function ShinyComponent ({tangledWeb}) {
  const [shiny, setShiny] = useState(untangle(tangledWeb));

  // use shiny value and allow new shiny values to be set
}
```

当 ShinyComponent 运行时，可能是为了响应另一个状态值的设置，高开销的 untangle 函数也会运行。但是 useState 仅在第一次调用时使用其初始值参数。在第一次调用之后，它不会再使用 untangle 返回的值。反复运行高开销的 untangle 函数比较费时。

幸运的是，useState hook 可以接收一个函数作为它的参数，该参数是一个惰性的初始状态，如图 2.16 所示。

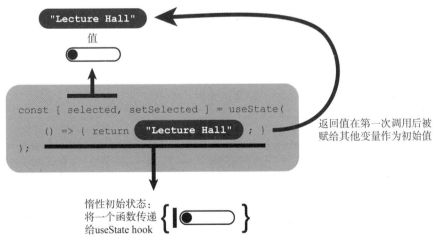

图 2.16　可以将一个函数传递给 useState，并作为后者的初始值。React 会使用函数的返回值作为初始值

React 仅在组件第一次被渲染时执行该函数，它将使用该函数的返回值作为初始值：

```
function ShinyString ({tangledWeb}) {
  const [shiny, setShiny] = useState(() => untangle(tangledWeb));
```

```
// use shiny value and allow new shiny values to be set
}
```

如果需要执行高开销的工作来生成状态的初始值，则请使用惰性初始状态。

2.2.5　设置新状态时需要使用之前的状态

如果用户能够更轻松地在 BookablesList 组件中循环选择可预订对象，那就太好了。让我们添加一个执行循环的 Next 按钮，如图 2.17 所示。可以通过键盘激活 Next 按钮。

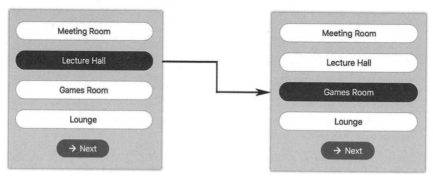

图 2.17　单击 Next 按钮，在列表中选择下一个可预订对象

Next 按钮需要递增 bookableIndex 的状态值，当它大于最后一个可预订对象的索引值时，返回到 0。代码清单 2.11 显示了 Next 按钮的实现。

分支：0206-next-button，文件：/src/components/Bookables/BookablesList.js

代码清单 2.11　将一个函数传递给 setBookableIndex

```
import {useState} from "react";                          导入 Font Awesome
import {bookables} from "../../static.json";             图标
import {FaArrowRight} from "react-icons/fa";

export default function BookablesList () {
  const group = "Rooms";
  const bookablesInGroup = bookables.filter(b => b.group === group);
  const [bookableIndex, setBookableIndex] = useState(1);
                                                         创建 Next 按钮的
  function nextBookable () {                             事件处理程序
    setBookableIndex(i => (i + 1) % bookablesInGroup.length);
  }
                                                         将一个用于递增索引的函
  return (                                               数传递给 updater 函数
    <div>
      <ul className="bookables items-list-nav">
        {bookablesInGroup.map((b, i) => (
          <li
            key={b.id}
            className={i === bookableIndex ? "selected" : null}
```

```
    >
      <button
        className="btn"
        onClick={() => setBookableIndex(i)}
      >
        {b.title}
      </button>
    </li>
  ))}
  </ul>
  <p>
    <button
      className="btn"                    ← 包含一个调用 nextBookable
      onClick={nextBookable}  ←           函数的按钮
      autoFocus
    >
      <FaArrowRight/>
      <span>Next</span>
    </button>
  </p>
</div>
);
}
```

在 Next 按钮的事件处理程序 nextBookable 中调用了 updater 函数 setBookableIndex，并为它传入一个函数：

```
setBookableIndex(i => (i + 1) % bookablesInGroup.length);
```

该函数使用了%运算符，即在除法运算时给出余数。当 i+1 与可预订数量 bookablesInGroup.length 相同时，余数为 0，索引的循环回到起点。但是为什么不直接使用已有的索引状态值呢？

```
setBookableIndex((bookableIndex + 1) % bookablesInGroup.length);
```

通过使用 hook 将状态值的管理移交给 React，不仅可以要求 React 更新值并触发重新渲染，还允许其在更新发生时安排有效的计划。React 可以进行智能的批更新处理，并忽略冗余的更新。

当我们想要基于状态的前一个值更新状态值时，就像在 Next 按钮示例中一样，可以传递一个函数，而不是将一个要设置的值传递给 updater 函数。React 将向该函数传递当前状态值，并将该函数的返回值用作新的状态值，如图 2.18 所示。

通过传入一个函数，可确保任何基于旧值的新值都具有最新的工作信息。

代码清单 2.11 使用一个单独的函数——nextBookable 响应 Next 按钮的单击，而不是将响应可预订对象被单击的处理程序放入 onClick 内联属性中。这只是个人的选择。当处理程序不仅仅调用一个简单的 updater 函数时，我倾向于将它放在它自己的函数中，而不是内联属性中。在代码清单 2.11 中，可以很容易地将 Next 按钮的处理程序或可预订对象的单击事件处理程序放入一个自己命名的函数中。

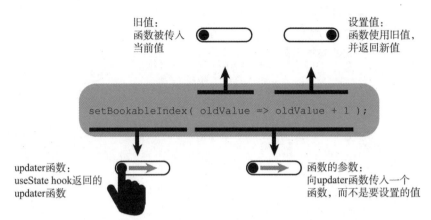

图 2.18   向 updater 函数传递一个函数，该函数使用旧的状态值返回一个新的状态值

因此，可以调用 useState 要求 React 管理值。但毫无疑问，我们的组件需要的不仅仅是一个状态值。接下来，看看如何处理多个状态值，因为还需要让用户能够在 BookablesList 组件中选择分组。

2.3   多次调用 useState 以处理多个状态值

在详细了解 useState 的工作方式后，是时候让付出有所收获了。接下来，将不再局限于一条孤立的信息，也不再局限于一个具有许多属性的独立对象。如果打算使用多个值驱动组件 UI，就可以持续调用 hook：为第一个变量调用 useState，为第二个变量调用 useState，为其他变量也调用 useState。

本节将添加 BookablesList 组件。首先，允许用户在可预订的分组之间进行切换，然后显示所选的可预订分组的详细信息。牢记，我们的工作是关注状态，因此需要如下一些值：

- 选择的分组。
- 选中的可预订对象。
- 该组件是否有可预订的空闲时段能够被显示(星期几和时段)。

在本节结束时，将能够为所有三个状态值调用 useState。将返回的值嵌入 UI，并使用 updater 函数更改用户选择的分组或可预订的对象，或切换详细信息的显示。

2.3.1   使用下拉菜单设置状态

接下来，首先更新 BookablesList 组件，以便用户可以选择要预订的资源类型：房间(Rooms)或工具(Kit)。该组件的两个实例如图 2.19 所示，第一个显示房间分组中的可预订对象，第二个显示工具分组中的可预订对象。

我们希望用户做出两个选择：要显示房间(Rooms)还是工具(Kit)分组，以及分组内的可预订对象。改变任何一个变量都会更新显示，因此我们希望 React 可以追踪这两个变量。应该创建某种对象形式的状态，并通过 useState hook 传递给 React 吗？答案是否定的。最简单的方法是调用 useState 两次：

```
const [group, setGroup] = useState("Kit");
const [bookableIndex, setBookableIndex] = useState(0);
```

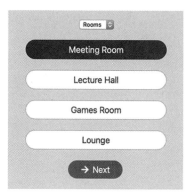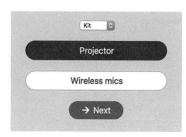

图 2.19　BookablesList 组件的两个视图，带有用于选择可预订对象类型的下拉列表：第一个视图

选择了 Rooms，第二个视图选择了 Kit

React 通过调用顺序确定被追踪的变量。在前面的代码片段中，每次 React 都会调用组件代码：第一次调用 useState 时，将第一个追踪到的值赋给 group 变量；第二次调用 useState 时，将第二个追踪到的值赋给 bookableIndex 变量。setBookableIndex 用于更新第二个追踪到的值，setGroup 用于更新第一个追踪到的值。

你的老板一直在督促你，因此让我们先在 BookablesList 组件中实现选择分组的功能。代码清单 2.12 显示了最新的代码。

分支：0207-groups，文件：/src/components/Bookables/BooablesList.js

代码清单 2.12　两次调用 useState 的 BookablesList 组件

将一个包含不同分组名称的
数组赋给 groups 变量

```
import {useState} from "react";
import {bookables} from "../../static.json";
import {FaArrowRight} from "react-icons/fa";

export default function BookablesList () {
  const [group, setGroup] = useState("Kit");
  const bookablesInGroup = bookables.filter(b => b.group === group);
  const [bookableIndex, setBookableIndex] = useState(0);
  const groups = [...new Set(bookables.map(b => b.group))];

  function nextBookable () {
    setBookableIndex(i => (i + 1) % bookablesInGroup.length);
  }
```

使用第一个被追踪的状态值控制被选中的分组

使用第二个被追踪的状态值控制被选中的可预订对象的索引

```
return (
  <div>
    <select
      value={group}
      onChange={(e) => setGroup(e.target.value)}
    >
      {groups.map(g => <option value={g} key={g}>{g}</option>)}
    </select>

    <ul className="bookables items-list-nav">
      {bookablesInGroup.map((b, i) => (
      <li
        key={b.id}
        className={i === bookableIndex ? "selected" : null}
      >
        <button
          className="btn"
          onClick={() => setBookableIndex(i)}
        >
          {b.title}
        </button>
      </li>
      ))}
    </ul>
    <p>
      <button
        className="btn"
        onClick={nextBookable}
        autoFocus
      >
        <FaArrowRight/>
        <span>Next</span>
      </button>
    </p>
  </div>
);
}
```

包含一个事件处理程序,用于更新被选中的分组

创建一个下拉列表,显示可预订对象数据中的每个分组

代码将初始值 Kit 赋给 group 变量,因此组件最初会显示 Kit 分组下的可预订对象列表。当用户从下拉列表中选择一个新的分组时,updater 函数 setGroup 会让 React 知晓该值已经变化。为了让下拉列表能够获取分组的名称,可将经过转换的可预订对象数据放入其中。首先,创建一个只包含分组名称的数组:

```
bookables.map(b => b.group) // 分组名称的数组
```

接下来,根据分组名称的数组创建一个 Set。Set 只包含唯一的值,因此,任何重复的值都将被丢弃。

```
new Set(bookables.map(b => b.group)) //唯一分组名称的集合
```

最后,创建一个新数组,并将 Set 内的元素通过扩展运算符放入其中。该新数组仅包含分组名称,且这些分组名称保持唯一,这正是我们想要的!

```
[...new Set(bookables.map(b => b.group))] //唯一分组名称的数组
```

JS-FU 有一点难懂，可以创建一个工具函数 getUniqueValues，使其更具有可读性：

```
function getUniqueValues (array, property) {
  const propValues = array.map(element => element[property]);
  const uniqueValues = new Set(propValues);
  const uniqueValuesArray = [...uniqueValues];

  return uniqueValuesArray;
}

const groups = getUniqueValues(bookables, "group");
```

我们将坚持使用简洁的版本，因为它永远不会改变。

处理两种状态相当容易——希望你认同该观点——只需要调用 useState 两次。为了更新状态，应调用正确的 updater 函数。用户进行选择时，事件处理程序会更新状态，然后进行 diffing，并触发 DOM 更新。让我们再做一次同样的事！

2.3.2　使用复选框设置状态

下一个任务是为组件添加详细信息说明，为办公室的同事提供更多关于每个可预订对象的信息。我们将实现可被预订的空闲时段的选择和展示功能。图 2.20 显示了包含 Show Details 复选框的 BookablesList 组件，该复选框已被选中；可预订对象空闲的星期和时段也是可见的。

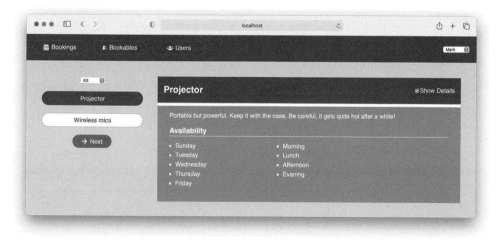

图 2.20　包含显示空闲时段的 BookablesList 组件。标题右侧的 Show Details 复选框已被选中

图 2.21 同样显示了包含复选框的 BookablesList 组件；该复选框未被选中，星期和时段被隐藏。

图 2.21   空闲时段被隐藏的 BookablesList 组件。标题右侧的 Show Details 复选框未被选中

除了所选分组和已选中的可预订对象的索引，现在，还将有第三个状态：需要追踪已选中的可预订对象的详细信息是否显示。代码清单 2.13 显示了 BookablesList 组件的代码，其通过调用 useState hook 追踪三个变量。

> 分支：0208-bookable-details，文件：/src/components/Bookables/BookablesList.js
>
> 代码清单 2.13   追踪三个变量的 Bookables 组件

```
import {useState, Fragment} from "react";          ◄──  导入 React.Fragment，
import {bookables, sessions, days} from "../../static.json";      以包装多个元素
import {FaArrowRight} from "react-icons/fa";

export default function BookablesList () {
  const [group, setGroup] = useState("Kit");
  const bookablesInGroup = bookables.filter(b => b.group === group);
  const [bookableIndex, setBookableIndex] = useState(0);      ◄──  将当前选择的可
  const groups = [...new Set(bookables.map(b => b.group))];        预订对象赋给组
                                                                   件自己的变量
  const bookable = bookablesInGroup[bookableIndex];  ◄──

  const [hasDetails, setHasDetails] = useState(false);  ◄──
                                                              使用第三个
  function nextBookable () {                                  被追踪的状
    setBookableIndex(i => (i + 1) % bookablesInGroup.length);  态值控制详
  }                                                           细信息显示
  return (                                                    与否
    <Fragment>
      <div>
      /* unchanged UI for list of bookables */

      </div>                        当仅有一个可预订对象        为已选中的可预
                                     被选中时，显示详细信息      订对象的详细信
      {bookable && (  ◄──                                     息添加新的 UI
        <div className="bookable-details">  ◄──
          <div className="item">
            <div className="item-header">
              <h2>
```

```
          {bookable.title}
        </h2>
        <span className="controls">
          <label>
            <input
              type="checkbox"
              checked={hasDetails}
              onChange={() => setHasDetails(has => !has)}
            />
            Show Details
          </label>
        </span>
      </div>

      <p>{bookablc.notes}</p>

      {hasDetails && (
        <div className="item-details">
          <h3>Availability</h3>
          <div className="bookable-availability">
            <ul>
              {bookable.days
                .sort()
                .map(d => <li key={d}>{days[d]}</li>)
              }
            </ul>
            <ul>
              {bookable.sessions
                .map(s => <li key={s}>{sessions[s]}</li>)
              }
            </ul>
          </div>
        </div>
      )}
    </div>
  </div>
      )}
    </div>
  </div>
      )}
    </Fragment>
  );
}
```

包含一个事件处理程序，用来更新详细信息显示与否

让用户通过复选框切换详细信息显示与否

如果 hasDetails 为 true，显示详细信息

显示有效星期的列表

显示有效时段的列表

组件使用最新的 bookableIndex 从 bookablesInGroup 数组读取选中的可预订对象：

```
const bookable = bookablesInGroup[bookablesIndex];
```

因为可以通过已存在于状态中的索引值获取可预订对象，所以不需要调用 useState 存储可预订对象。UI 包含一个显示已选预订对象详细信息的部分。但是，当且仅当 bookable 有值时，该组件才会显示：

```
{bookable && (
  <div className="bookable-details">
    // details UI
  </div>
)}
```

同样，当且仅当 hasDetails 状态值为 true 时，已选预订对象的相关信息才可见；换句话说，也就是复选框被选中时。

```
{hasDetails && (
  <div className="item-details">
    // Bookable availability
  </div>
)}
```

看上去，BookablesList 组件的工作已经完成。现在，可以根据当前所选分组显示可预订对象列表，并切换已选预订对象详细信息显示与否。但在你表扬自己并预订游戏室和聚会用品之前，请遵循以下三个步骤：

(1) 选择游戏室(Games Room)，其详细信息就会被显示。

(2) 切换到工具分组(Kit)。可预订工具列表就会被显示，但没有可预订对象被选择，并且详细信息消失。(哪一个可预订对象被选中了？)

(3) 单击 Next 按钮。第二个工具项目(Wireless mics)被选中，并且会显示详细信息。

这里还有一些陈旧的数据。能想出发生了什么吗？我们希望用户的交互能够引起可预测的状态变化。有时，一次交互会引起多个状态的改变。下一章将对这个问题进行研究，并介绍 reducer，这是一种协调更复杂状态变化和消除陈旧数据的机制。但是在切换 hook 之前，先大致回顾在构建 BookablesList 组件时与函数式组件有关的内容。在此之前，请先完成练习 2.3！

练习 2.3

更新 UsersList 组件，使该组件能够显示所选用户的详细信息。需要显示用户的姓名、标题和备注。图 2.22 展示了一种可能的成果，代码位于本书的 GitHub 仓库的 0209-user-details 分支。

图 2.22　显示所选用户的详细信息

2.4　复习函数式组件概念

此时的 BookablesList 组件非常简单。但一些基本概念已经开始发挥作用，这些概念巩固了我们对函数式组件和 React Hooks 的理解。熟练掌握这些概念将有助于对本书后部内容的讨论，并增强 hook 使用的熟练程度。特别是以下五个关键概念：

- 函数式组件可接受 prop，并返回其 UI 描述。
- React 调用组件。作为函数，组件可运行其代码，然后结束。
- 某些变量可能会在事件处理程序创建的闭包中保持不变。当函数结束时，其将被销毁。
- 可以利用 hook 要求 React 帮助管理状态值。React 能够向组件传递最新的状态值和 updater 函数。
- 通过使用 updater 函数，可让 React 知晓状态值的变化。React 能够重新运行组件，获得最新的 UI 描述。

图 2.23 中的组件周期图显示了当运行 BookablesList 组件并且用户单击可预订对象时涉及的一些步骤。表 2.1 讨论了每个步骤。

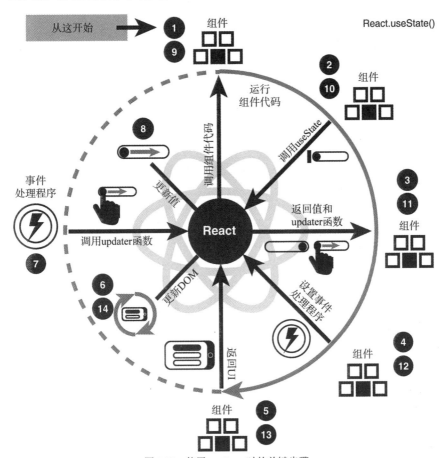

图 2.23　使用 useState 时的关键步骤

表 2.1　使用 useState 的关键步骤

步骤	发生了什么	讨论
1	React 调用组件	生成页面的 UI，React 遍历组件树，调用每个组件。React 将向每个组件传递 JSX 中设置为属性的 prop
2	组件第一次调用 useState	组件向 useState 函数传递初始值。React 为组件中 useState 的调用设置最新的值
3	React 通过数组返回最新的值和 updater 函数	组件的代码将值和 updater 函数赋给变量，以备后续使用。第二个变量名通常以 set 为始(如 value 和 setValue)
4	组件设置事件处理程序	事件处理程序可以监听用户的单击，如若单击，处理程序将会修改状态。当 React 在步骤 6 中更新 DOM 时，其将会 hook 处理程序与 DOM
5	组件返回其 UI	组件使用当前状态值生成用户界面并返回，到此工作完成
6	React 更新 DOM	React 更新需要改变的 DOM
7	事件处理程序调用 updater 函数	某个事件触发时运行处理程序。处理程序使用 updater 函数修改状态值
8	React 更新状态值	React 用传入 updater 函数的值替换原有状态值
9	React 调用组件	React 知晓某状态值更改，因此必须重新计算 UI
10	组件第二次调用 useState	这一次，React 将会忽略初始值参数
11	React 返回最新的值和 updater 函数	React 已经更新状态值。组件需要最新的值
12	组件设置事件处理程序	这是新版本的事件处理程序，可以使用更新后的全新状态值
13	组件返回其 UI	组件使用当前状态值生成用户界面并返回，到此工作完成
14	React 更新 DOM	React 将新返回的 UI 与旧的 UI 做比较，高效更新需要修改的 DOM

为了清晰准确地讨论概念，我们会不时地对迄今为止遇到的关键词和对象进行盘点。表 2.2 列出了前面遇到过的一些术语。

表 2.2　部分术语

图标	术语	描述
	组件	一个接受 prop 并返回其 UI 描述的函数
	初始值	组件将值传给 useState，当组件第一次渲染时，React 将状态值设置为初始值
	updater 函数	组件调用该函数更新状态值

(续表)

图标	术语	描述
(图标)	事件处理程序	为响应某种事件而运行的函数，例如，用户单击一个可预订对象。事件处理程序通常会调用 updater 函数更改状态
(图标)	UI	对组成用户界面元素的描述。状态值通常包含在 UI 的某个位置

2.5　本章小结

- 若希望 React 帮助组件管理某个值，则可调用 useState hook。其会返回一个包含以下两个元素的数组：状态值和 updater 函数。需要的话，可以传入一个初始值：

```
const [value, setValue] = useState(initialValue);
```

- 如果要执行一个开销巨大的计算以生成初始值，就可以将其以函数的形式传给 useState。React 仅在第一次调用组件时运行该函数，以获得该惰性初始状态值：

```
const [value, setValue] = useState(() => { return initialState; });
```

- 可使用 useState 返回的 updater 函数设置新值。新值将替换旧值。如果这个值被改变，那么 React 将安排重新渲染：

```
setValue(newValue);
```

- 如果状态值是一个对象，那么当 updater 函数仅更新其中某个子属性时，应确保从之前的状态中复制未更改的属性：

```
setValue({
  ...state,
  property: newValue
});
```

- 为了确保在调用 updater 函数时使用的是最新状态值，并基于旧值设置新值，应将函数作为其参数传递给 updater 函数。React 会将当前状态值赋给函数的参数：

```
setValue(value => { return newValue; });

setValue(state => {
  return {
    ...state,
    property: newValue
  };
});
```

- 如果有多个状态，就可以多次调用 useState。React 将一直按顺序调用，将值和 updater

函数赋给正确的变量：

```
const [index, setIndex] = useState(0);                    // call 1
const [name, setName] = useState("Jamal");                // call 2
const [isPresenting, setIsPresenting] = useState(false);  // call 3
```

● 只需要关注状态和用于更新状态的事件。**React** 将完成状态和 UI 的同步工作：

```
function Counter () {
  const [count, setCount] = useState(0); ←     考虑组件需要的状态

  return (                 显示状态
    <p>{count} ←
      <button onClick={() => setCount(c => c + 1)}> + </button> ←
    </p>                                          在响应事件时更新状态
  );
}
```

第 *3* 章

使用useReducer hook管理
组件的状态

本章内容

- 通过调用 useReducer 让 React 管理多个相关联的状态值
- 将组件状态管理逻辑置于一个统一的位置
- 通过将 action 分派给 reducer 来更新状态，并触发重新渲染
- 通过初始参数和初始函数对状态进行初始化

随着应用程序的发展，自然而然的，一些组件就需要处理更多的状态，尤其是当它们向多个子组件传递同一个状态下的不同部分时。当发现总是需要同时更新多个状态值，或者状态更新逻辑过于分散以至难以遵循时，就可能需要定义一个函数来管理状态更新，这个函数就是reducer。

一个常见的简单示例是数据加载。假设一个组件需要为博客加载关于在大流行疾病期间被困在家里时要做的事情的帖子。你希望在请求新帖子时显示加载中的 UI，出现问题时显示错误提示 UI，以及在加载完成时显示帖子本身，那么组件的状态应包括以下值：

- 加载状态——你正处于加载新帖子的过程中吗？
- 错误——服务器返回了一个错误？或者网络宕机？
- 帖子——被检索的帖子列表。

当组件请求帖子时，可以将加载状态设置为 true，错误状态设置为 null，并将帖子状态设置为空数组。一个事件导致了三个状态的变化。当帖子请求返回时，可以将加载状态设置为 false，并将帖子状态设置为返回的帖子。一个事件导致两个状态的变化。你绝对可以通过调用

useState hook 管理这些状态值，当你一直在通过调用多个 updater 函数(如 setIsLoading、setError 和 setPosts)响应事件时，React 提供了一种更简洁的替代方法：useReducer hook。

本章将首先解决预订应用程序中 BookablesList 组件存在的一个问题：状态管理存在瑕疵。然后引入 reducer 和 useReducer hook 作为管理状态的一种方式。接下来，3.3 节将展示在一个全新的组件 WeekPicker 中，如何使用函数初始化 reducer 的状态。最后在本章结束时，将回顾 useReducer hook 是如何契合我们对函数式组件的理解的。

你能从空气中嗅到一丝奇怪的味道么？一些本应该被梳理的东西却被遗漏了。这是一些陈旧的东西。让我们清除那些分散注意力的气味！

3.1　在响应一个事件时更新多个状态值

你可以根据需要多次调用 useState，对每个需要 React 管理的状态都调用一次。但是组件可能需要在一个状态中保存多个值，而且这些状态通常是相关的；你可能希望在响应某次用户操作时更新多个状态。而你并不想在整理状态时，让状态中的一部分无人问津。

目前，当用户从一个分组切换到另一个分组时，BookablesList 组件存在一个问题。这并不是什么大问题，本节将讨论这个问题是什么，为什么会出现该问题，以及如何使用 useState hook 解决这个问题。这将为 3.2 节中的 useReducer hook 做好铺垫。

3.1.1　不可预测的状态变化会将用户带离焦点

我们不希望笨拙的、不可预测的界面阻碍用户的任务操作。如果 UI 不断地将用户的注意力从期盼的焦点上移开，或者让他们在没有任何反馈的情况下等待或走入死胡同，那么他们的思维就会被打断，他们的工作就会变得更加艰难，甚至，这一天都被毁了。

让我们看一个例子。在第 2 章的 2.3 节的末尾，我们诊断出在 BookablesList 组件的 UI 中有轻微的卡顿的现象。用户可以选择一个分组，然后从该分组中选择一个可预订的对象并显示可预订对象的详细信息。但是某些可预订对象和分组选择的组合会导致 UI 的更新有些偏差。如果按照如下三个步骤进行操作，就会看到图 3.1 所示的 UI 更新。

(1) 选择 Games Room。它的详细信息会被显示。

(2) 切换至 Kit 分组。Kit 分组下的可预订对象列表会被显示，但是没有可预订对象被选中，并且详细信息也消失了。

(3) 单击 Next 按钮。Kit 分组中的第二个选项 Wireless mics 被选中，并且它的详细信息被显示。

从 Rooms 分组切换至 Kit 分组，看上去像是组件丢掉了对选中的可预订对象的追踪。单击 Next 按钮，第二个选项被选中，跳过了第一个选项。这并不是什么大问题——用户仍然可以选择可预订对象——但这可能足以让用户从他们专注的流程中抽离出来。那该怎么办呢？

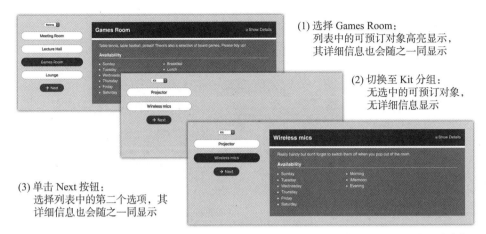

(1) 选择 Games Room：
　　列表中的可预订对象高亮显示，
　　其详细信息也会随之一同显示

(2) 切换至 Kit 分组：
　　无选中的可预订对象，
　　无详细信息显示

(3) 单击 Next 按钮：
　　选择列表中的第二个选项，其
　　详细信息也会随之一同显示

图 3.1　选择一个可预订对象，再切换分组，接下来单击 Next 按钮，将会导致不可预测的状态变化

事实证明，在此状态中，所选的可预订对象和所选的分组并不是完全独立的值。当用户选择 Games Room 时，状态值 bookableIndex 被设为 2；它是列表中的第三项。随后切换到 Kit 分组时，该组只有两个项目，索引值为 0 和 1，bookableIndex 的值不再与可预订对象匹配。因此，UI 最终并没有选择任何可预订对象，也没有显示详细信息。需要仔细考虑当用户选择一个分组后，希望 UI 处于怎样的状态。那么如何解决失效的索引问题，并为用户铺平道路呢？

3.1.2　通过可预测的状态变化让用户沉浸在电影中

下面为同事构建一个预订应用程序，希望它的使用尽可能流畅。假设同事 Akiko 在下星期有客户来访。她正在安排访问日程，需要预订下午的 Meeting Room，然后再预订工作后的 Games Room。Akiko 一直聚焦在她的任务上：梳理日程安排，为这次客户拜访做好准备。预订应用程序应该让她持续专注任务，思考"我需要先预订好房间，然后再点餐食"，而不是"嗯，等一下，哪个按钮？我单击了吗？卡住了吗？啊，我讨厌计算机！"

这就像你在看电影时，完全沉浸到角色的困境之中。你不会注意到摄像机的移动和剪辑，因为它们都在帮助你顺利地沉浸到故事中。你不再是在电影院里，你遨游在电影的世界里。所有的技巧都消失了，故事就是一切。或者当你在读一本书时，书里那些古怪但又息息相关的人物和剧情推动将你拖入故事情节。这就像是这本书消失了，而你却沉浸在角色的思想、感情、地点和行动中。最终，你会恢复意识，并发现自己已经不知不觉阅读了 100 页，而天已经黑了……。

抱歉。回到正题。让我们回到示例上。在用户选择一个分组之后，我们希望 UI 处于可预测的状态。我们不希望突然取消选择，或是跳过可预订对象。一个简单且明智的方法是，当用户选择一个新的分组时，总是选择列表中的第一个可预订对象，如图 3.2 所示。

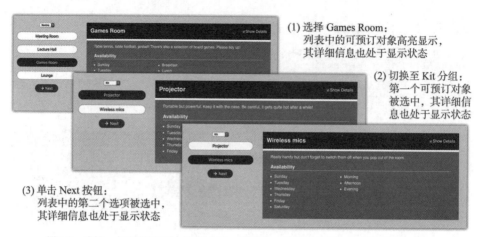

(1) 选择 Games Room：
    列表中的可预订对象高亮显示，
    其详细信息也处于显示状态

(2) 切换至 Kit 分组：
    第一个可预订对象
    被选中，其详细信
    息也处于显示状态

(3) 单击 Next 按钮：
    列表中的第二个选项被选中，
    其详细信息也处于显示状态

图 3.2   选择一个可预订对象，切换分组，单击 Next 按钮，引发一个可预测的状态变化

group 和 bookableIndex 的状态值是关联的；当更改分组时，也需要更改索引。注意，在图 3.2 的步骤(2)中，列表中的第一项 Projector，在切换分组时会被自动选中。代码清单 3.1 显示每当设置新的分组时，changeGroup 函数会将 bookableIndex 设置为 0。

分支：0301-related-状态，文件：/src/components/Bookables/BookablesList.js

代码清单 3.1   当改变分组时，自动选择一个可预订对象

```
import {useState, Fragment} from "react";
import {bookables, sessions, days} from "../../static.json";
import {FaArrowRight} from "react-icons/fa";

export default function BookablesList () {
  const [group, setGroup] = useState("Kit");
  const bookablesInGroup = bookables.filter(b => b.group === group);
  const [bookableIndex, setBookableIndex] = useState(0);
  const groups = [...new Set(bookables.map(b => b.group))];
  const bookable = bookablesInGroup[bookableIndex];
  const [hasDetails, setHasDetails] = useState(false);

  function changeGroup (event) {             创建一个响应分组
    setGroup(event.target.value);            选择的处理程序
    setBookableIndex(0);
  }                                          选择新分组中的第
                                             一个可预订对象
  function nextBookable () {
    setBookableIndex(i => (i + 1) % bookablesInGroup.length);
  }

  return (
    <Fragment>
      <div>
        <select                              指定作为 onChange
          value={group}                      处理程序的新函数
          onChange={changeGroup}
```

更新分组

```
      >
        {groups.map(g => <option value={g} key={g}>{g}</option>)}
      </select>

      <ul className="bookables items-list-nav">
        /* unchanged list UI */
      </ul>
      <p>
        /* unchanged button UI */
      </p>
    </div>

    {bookable && (
      <div className="bookable-details">
        /* unchanged bookable details UI */
      </div>
    )}
  </Fragment>
);
}
```

无论分组在何时发生改变，都将可预订对象的索引设置为 0；当调用 setGroup 时，总是紧随其后调用 setBookableIndex。

```
setGroup(newGroup);
setBookableIndex(0);
```

这是一个有关联关系的状态的简单示例。当组件开始变得更加复杂，多个事件导致多个状态的变化时，跟踪这些变化，并确保所有相关的状态值一起更新就会变得越来越困难。

当状态值以上述方式关联时，要么相互影响，要么经常一起更改，这有助于将状态更新逻辑迁移到同一个地方，而不是将执行更改的代码分散到各个事件处理程序中——处理程序是内联的方式还是单独定义的函数将不再重要。React 使用 useReducer hook 帮助管理这种组合式状态更新逻辑，接下来看看这个 hook。

3.2　通过 useReducer 管理更复杂的状态

就目前而言，BookablesList 组件示例非常简单，可以继续使用 useState，在 changeGroup 事件处理程序中为每个状态分别调用 updater 函数。但是当有多个相关联的状态时，使用 reducer 可以更容易地修改状态和理解状态的变化。本节将讨论以下内容：

- reducer 通过一种集中的、定义明确的、仅针对状态的 action 帮助管理状态变化。
- reducer 使用 action 并根据先前的状态，生成新的状态，使得涉及多个相关联状态的复杂更新更容易。
- React 使用 useReducer hook 帮助组件明确初始状态，访问当前的状态，并可通过 dispatch action 更新状态，触发重新渲染。

● 分派明确定义的 action，以便更易于跟踪状态的变化和理解组件如何在不同的事件中与状态交互。

3.2.1 节开始阐述 reducer，并讲解一个用于管理递增和递减计数器的 reducer 的简单示例。3.2.2 节为 BookablesList 组件构建一个 reducer，用于执行必要的状态变更，例如切换分组、选择可预订对象和设置可预订对象的详细信息显示与否。3.2.3 节通过使用 React 的 useReducer hook 将新建的 reducer 合并到 BookablesList 组件中。

3.2.1 使用 reducer 及一个预定义的 action 集更新状态

reducer 是一个函数，可以接收一个状态值和一个 action 值。它会根据传入的两个值生成一个新的状态值，并将新的状态值返回，如图 3.3 所示。

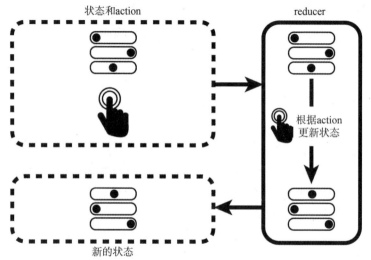

图 3.3 reducer 接收一个状态和一个 action，并返回一个新的状态

状态和 action 可以是简单的、基本类型的值，如数字或字符串，或者更复杂的对象。使用 reducer，可以将所有状态更新的方法存放在同一个地方，这样可以更轻松地管理状态的变化，尤其是在某个单一操作会影响多个状态的情况下。

在完成一个超级简单的例子之后，回到 BookablesList 组件中。假设状态只是一个计数器，并且只能采取两种操作：使计数器递增或递减。代码清单 3.2 显示了管理此类计数器的 reducer。count 变量的值从 0 开始，然后变为 1，变为 2，最后又变为 1。

代码在 JS Bin：https://jsbin.com/capogug/edit?js,console

代码清单 3.2 一个简单的 reducer——计数器

```
let count = 0;

function reducer (state, action) {
```

创建一个接受已存在的状态和 action 作为参数的 reducer 函数

```
if (action === "inc") {          ◀──────  检查 action 指定的动作,
  return state + 1;                         并相应地更新状态
}
if (action === "dec") {          ◀──────
  return state - 1;                    处理未被覆盖到的或
}                                       未被识别的 action
return state;                    ◀──────
}

                                         使用 reducer 递增计数器
count = reducer(count, "inc");   ◀──────
count = reducer(count, "inc");
count = reducer(count, "dec");   ◀──────  使用 reducer 递减计数器
```

reducer 处理了递增和递减的 action,并为指定 action 以外的情况返回未更改的计数(可以根据应用程序的需要和 reducer 扮演的角色抛出异常,而不是默默地忽略无法识别的 action)。

对于两个小的 action 来说,这种处理方式似乎有点过头了,但是拥有 reducer 使它很容易扩展。让我们再添加三种 action,用于向计数器添加或减少任意数值,或将计数器设置为指定值。为了能够在 action 中指定额外的值,需要对 action 进行一些增强,下面将 action 变成一个具有 type 和 payload 属性的对象。假设想为计数器加 3,action 如下:

```
{
  type: "add",
  payload: 3
}
```

代码清单 3.3 展示了拥有额外能力的 reducer,并调用 reducer 传入增强后的 action。count 变量的值开始从 0 变为 3,再变为-7,又变为 41,最后变为 42。

代码在 JS Bin:https://jsbin.com/kokumux/edit?js,console

代码清单 3.3　添加更多的 action,并指定额外的值

```
let count = 0;

function reducer (state, action) {
  if (action.type === "inc") {     ┐
    return state + 1;.                │
  }                                  │  现在,为两个原有 action
                                     │  检查 action 的类型
  if (action.type === "dec") {      │
    return state - 1;                │
  }                                  ┘

  if (action.type === "add") {      ┐
    return state + action.payload;   │
  }                                  │
                                     │  使用 action 的 payload
  if (action.type === "sub") {       │  执行新的行为
    return state - action.payload;   │
  }                                  ┘
```

```
  if (action.type === "set") {          ←──  使用 action 的 payload
    return action.payload;                    执行新的行为
  }

  return state;
}
count = reducer(count, { type: "add", payload: 3 });
count = reducer(count, { type: "sub", payload: 10 });    传递一个对象, 指定
count = reducer(count, { type: "set", payload: 41 });    每个 action
count = reducer(count, { type: "inc" });
```

在代码清单 3.3 末尾, 对 reducer 的最后一次调用指定了递增的 action。递增 action 不需要任何额外信息。它总是将 count 加 1, 因此该 action 并不包括有效的 payload 属性。

将上述想法, 即这些状态和拥有 type 和 payload 两个属性的 action 对象, 带入预订应用程序中, 为 BookablesList 组件构建一个 reducer, 然后便可以领略如何借助 React, 使用该 reducer 管理组件的状态。

3.2.2　为 BookablesList 组件构建 reducer

BookablesList 组件已经有四个状态: group、bookableIndex、hasDetails 和 bookables(从 static.json 引入)。该组件还有四个 action 要在这些状态下执行: 设置分组、设置索引、切换 hasDetails 和移到下一个可预订对象。为了管理这四种状态, 可以使用一个包含四个属性的对象。通过一个对象表示状态和 action 是很常见的方式, 如图 3.4 所示。

BookablesList 组件从 static.json 引入了可预订对象的数据。在 BookablesList 组件被加载时, 数据不会改变, 可将这些数据放在 reducer 的初始状态中, 使用它计算每个分组中可预订对象的数量。

代码清单 3.4 显示了 BookablesList 组件中的 reducer, 其使用了包含状态和 action 的多个对象。可从其所在的/src/components/Bookables 文件夹的 reducer.js 文件中导出它。

分支: 0302-reducer, 文件: /src/components/Bookables/reducer.js

代码清单 3.4　BookablesList 组件的 reducer

```
使用一个 switch 语句组织不
同 action 类型的代码
    export default function reducer (state, action) {    指定用于对照每个场景的
└──▶ switch (action.type) {                        ←──  action 类型

      case "SET_GROUP":    ←──  为每个 action 类型创
        return {                建一个场景模块
          ...state,
          group: action.payload,    ←──  更新分组并将 bookableIndex
          bookableIndex: 0               设置为 0
        };

      case "SET_BOOKABLE":
```

```
  return {
    ...state,
    bookableIndex: action.payload
  };

case "TOGGLE_HAS_DETAILS":
  return {
    ...state,
    hasDetails: !state.hasDetails
  };

case "NEXT_BOOKABLE":
  const count = state.bookables.filter(
    b => b.group === state.group
  ).length;
  return {
    ...state,
    bookableIndex: (state.bookableIndex + 1) % count
  };


  default:
    return state;
  }
}
```

使用扩展运算符复制
已存在的状态属性

覆盖更改的已有状态属性

计算当前分组中的
可预订对象数量

利用 count 变量包装索引
值，使其能够从最后一个
索引值变为第一个索引值

总是包含一个
默认的场景

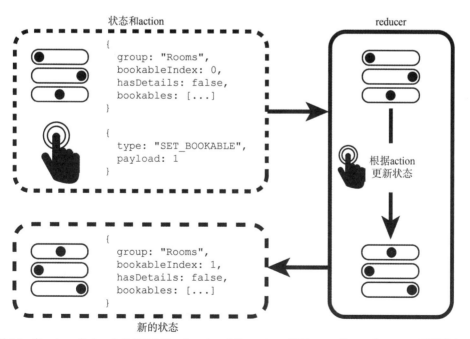

图 3.4 　向 reducer 传入一个状态对象和一个 action 对象。reducer 根据 action 的 type 和 payload 更新状态。
reducer 返回新的更新后的状态

每个 case(场景)模块返回一个新的 JavaScript 对象；之前的状态不会发生变化。对象扩展运算符用于将旧的状态复制到新的状态。然后在对象上设置需要更新的属性值，覆盖之前状态中的属性值，如下所示：

```
return {                    将旧的状态对象的属性
  ...state,    ◄──────      扩展至新的状态对象中
 group: action.payload,
  bookableIndex: 0          重写需要更新的属性
};
```

在状态中总共只有四个属性，可以显式地设置它们：

```
return {
  group: action.payload,
  bookableIndex: 0,
  hasDetails: state.hasDetails,
  bookables: state.bookables    复制先前值中未更改的属性
};
```

使用扩展运算符在代码演化时对代码进行保护；因为在将来，这些状态可能会获得新的属性，这些属性都需要从一边复制到另一边。

注意，SET_GROUP action 会更新两个属性。除了更新要显示的分组外，它还将代表被选中的可预订对象索引值设置为 0。切换到新的分组时，该 action 将自动选择第一个可预订对象，只要该分组至少有一个可预订对象，且 Show Details 被选中，则该组件将显示第一个可预订对象的详细信息。

该 reducer 也处理了 NEXT_BOOKABLE action，从一个可预订对象移动到下一个可预订对象时，NEXT_BOOKABLE action 从 Bookables 组件中移除计算索引的责任。这就是为什么 reducer 的状态中包含可预订对象的数据是有帮助的；递增 bookableIndex 时，使用每个分组中的可预订对象的数量对 bookableIndex 进行包装，使其能够从最后一个可预订对象的索引值变为第一个可预订对象的索引值：

```
case "NEXT_BOOKABLE":                       使用可预订对象的数据计算当前分
  const count = state.bookables.filter( ◄── 组中可预订对象的数量
 b => b.group === state.group
).length;
                                            使用求余运算符计算
                                            索引值，使其能够从
return {                                     最后一个索引值变为
  ...state,                                  第一个索引值
  bookableIndex: (state.bookableIndex + 1) % count ◄──
};
```

已设置好 reducer，如何将其包装到组件中呢？如何访问状态对象，并用 action 调用 reducer 呢？需要使用 useReducer hook。

3.2.3　使用 useReducer 访问组件状态并分派 action

useState hook 允许我们要求 React 为组件管理单一的状态值。通过 useReducer hook，可以向 useReducer hook 传入一个 reducer 和组件的初始值，帮助 React 管理多个状态值。当应用程序中有事件发生时，不需要为 React 设置新值，仅需触发一次 dispatch action。在调用组件以获取最新的 UI 之前，React 会利用 reducer 中的相应代码生成一个新状态。

调用 useReducer hook 时，可将 reducer 和初始状态传递给它。该 hook 通过一个包含两个元素的数组返回当前的状态和用于分派 action 的函数，如图 3.5 所示。

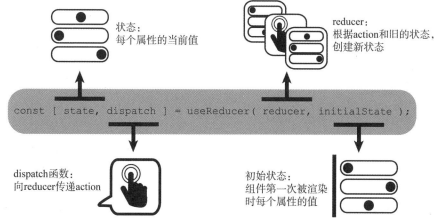

图 3.5　调用 useReducer 并传入一个 reducer 和一个初始状态。其将返回最新的状态和一个 dispatch 函数。
使用该 dispatch 函数可触发 reducer 中的分派 action 操作

正如在 useState 中所做的那样，useReducer 也使用了数组解构，将返回的两个数组元素赋给两个变量，这两个变量的名称可自行设置。第一个元素是当前的状态，可将其赋给一个称为 "state" 的变量，第二个元素是 dispatch 函数，可将其赋给一个称为 "dispatch" 的变量。

```
const [state, dispatch] = useReducer(reducer, initialState);
```

React 只在第一次调用组件时关注传递给 useReducer 的参数(在本示例中是 reducer 和 initialState)。在之后的调用中，它会忽略参数，但仍会返回最新的状态和 reducer 的 dispatch 函数。

下面在 BookablesList 组件中应用 useReducer hook，并运行该组件，接下来开始分派 action！代码清单 3.5 列出了修改内容。

> **分支：0302-reducer，文件：/src/components/Bookables/BookablesList.js**
>
> **代码清单 3.5　使用 reducer 的 BookablesList 组件**

导入 useReducer hook

```
import {useReducer, Fragment} from "react";
import {bookables, sessions, days} from "../../static.json";
import {FaArrowRight} from "react-icons/fa";
```

```
import reducer from "./reducer";
```
从代码清单 3.4 中导入 reducer

```
const initialState = {
  group: "Rooms",
  bookableIndex: 0,
  hasDetails: true,
  bookables
};
```
指定初始状态

调用 useReducer，传入
reducer 和初始状态

```
export default function BookablesList () {
  const [state, dispatch] = useReducer(reducer, initialState);

  const {group, bookableIndex, bookables, hasDetails} = state;
```
将状态值
赋给局部
变量

```
  const bookablesInGroup = bookables.filter(b => b.group === group);
  const bookable = bookablesInGroup[bookableIndex];
  const groups = [...new Set(bookables.map(b => b.group))];

  function changeGroup (e) {
    dispatch({
      type: "SET_GROUP",
      payload: e.target.value
    });
  }
```
分派 action，并传入 type
和 payload

```
  function changeBookable (selectedIndex) {
    dispatch({
      type: "SET_BOOKABLE",
      payload: selectedIndex
    });
  }

  function nextBookable () {
    dispatch({ type: "NEXT_BOOKABLE" });
  }
```
分派 action，该 action
不需要 payload

```
  function toggleDetails () {
    dispatch({ type: "TOGGLE_HAS_DETAILS" });
  }

  return (
    <Fragment>
      <div>
        // group picker

        <ul className="bookables items-list-nav">
          {bookablesInGroup.map((b, i) => (
            <li
              key={b.id}
              className={i === bookableIndex ? "selected" : null}
            >
              <button
                className="btn"
                onClick={() => changeBookable(i)}
              >
                {b.title}
```
调用新的 changeBookable
函数

```
          </button>
        </li>
      ))}
    </ul>

    // Next button
  </div>

  {bookable && (
    <div className="bookable-details">
      <div className="item">
        <div className="item-header">
          <h2>
            {bookable.title}
          </h2>
          <span className="controls">
            <label>
              <input
                type="checkbox"
                checked={hasDetails}
                onChange={toggleDetails}   ◄——— 调用新的 toggleDetails 函数
              />
              Show Details
            </label>
          </span>
        </div>
        <p>{bookable.notes}</p>
        {hasDetails && (
          <div className="item-details">
            // details
          </div>
        )}
      </div>
    </div>
  )}
</Fragment>
);
}
```

代码清单 3.5 导入了代码清单 3.4 创建的 reducer，并设置了初始的状态对象。接下来，在组件的代码中，向 useReducer 传入 reducer 和初始状态。useReducer 会返回最新的状态和 dispatch 函数，可通过数组解构的方式将它们赋值给 "state" 和 "dispatch" 两个变量。代码清单使用了一个中间变量 state，并对该状态对象进行解构，将属性赋值给独立的变量——group、bookableIndex、bookables 和 hasDetails——但是你可以直接在数组解构中进行对象解构：

```
const [
  {group, bookableIndex, bookables, hasDetails},
  dispatch
] = useReducer(reducer, initialState);
```

在事件处理程序中，BookablesList 组件已经不再通过 useState 更新独立的状态值，而是通过分派 action。我们使用了单独的事件处理程序(changeGroup、changeBookable、nextBookable、 toggleDetails)，但是你可以使用在 UI 中内联的方式，更轻松地分派 action。例如，可以对 Show Details 复选框进行如下设置：

```
<label>
  <input
    type="checkbox"
    checked={hasDetails}
    onChange={() => dispatch({ type: "TOGGLE_HAS_DETAILS" })}
  />
  Show Details
</label>
```

每一种方法都是可行的，只要你(或是你的团队)认为这便于代码的阅读与理解即可。

尽管这个示例很简单，但是已经充分说明了reducer是如何组织代码，管理状态变化以及提升认知的，特别是当组件的状态变得越来越复杂的时候。如果状态很复杂，或者设置初始状态时会有很大的开销，又或初始状态是通过函数生成的，而你又期望复用或导入该函数，那么此时，useReducer hook 有第三个参数可供使用，让我们一探究竟。

3.3　通过函数生成初始状态

正如在第 2 章所见，可以通过向 useState 传入一个函数来生成初始状态。同样，在 useReducer 中，也可以传入初始化参数作为第二个参数，传入一个初始化函数作为第三个参数。初始化函数会使用初始参数生成初始状态，如图 3.6 所示。

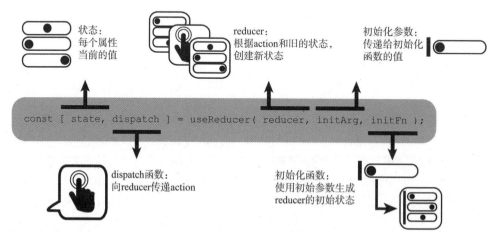

图 3.6　useReducer 的初始化函数使用初始参数生成 reducer 的初始状态

如往常一样，useReducer 返回一个包含两个元素的数组：状态和 dispatch 函数。在第一次调用时，状态是初始化函数的返回值。在后续的调用中，则是在本次调用时的状态：

```
const [state, dispatch] = useReducer(reducer, initArgument, initFunction);
```

使用 dispatch 函数可以触发 reducer 中的 action。对于特定的 useReducer 调用，React 将一直返回相同的 dispatch 函数(当重新渲染可能依赖于改变后的 prop 或项目依赖时，拥有不变的函数非常重要，后面的章节将讲解相关内容)。

本节将使用 useReducer 参数中的初始化函数处理预订应用程序的第二个组件，即 WeekPicker 组件。我们将工作分为五个部分：

- 引入 WeekPicker 组件。
- 创建日期和星期的工具函数。
- 构建 reducer，帮助组件管理日期。
- 创建 WeekPicker，向 useReducer hook 传递一个初始化函数。
- 更新 BookingsPage，让其使用 WeekPicker 组件。

3.3.1　引入 WeekPicker 组件

至此，预订应用程序一直专注于 BookablesList 组件，显示可预订对象列表。为了给真实的资源预订奠定基础，还需要考虑日历因素；在完成的应用程序中，用户将从预订网格日历中选择一个日期和时段，如图 3.7 所示。

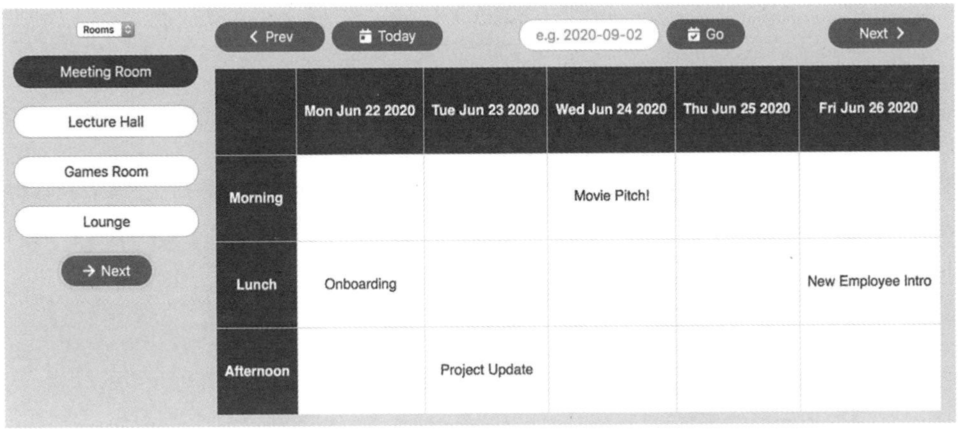
Rooms
Meeting Room
Lecture Hall
Games Room
Lounge
Next
Prev
Today
e.g. 2020-09-02
Go
Next
Mon Jun 22 2020
Tue Jun 23 2020
Wed Jun 24 2020
Thu Jun 25 2020
Fri Jun 26 2020
Morning
Movie Pitch!
Lunch
Onboarding
New Employee Intro
Afternoon
Project Update

图 3.7　预订应用程序将包含可预订对象列表、预订网格和星期选择器

让我们从小事着手，先仅考虑在一个星期和下一星期之间切换的界面。图 3.8 显示了一个预期的界面，用于选择星期，并在预订网格中显示所做的选择。其包括以下内容：

- 所选星期的开始日期和结束日期。
- 切换到下一星期或上一星期的按钮。
- 一个用于切换到当日所在星期的按钮。

Prev
Today
Next
Sun Jun 07 2020 - Sat Jun 13 2020

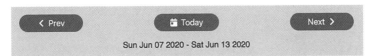

图 3.8　WeekPicker 组件显示了所选星期的开始日期和结束日期，并包含了在星期间切换的按钮

稍后，将添加一个可直接跳转到指定日期的输入框。现在，仍将使用三个切换星期的按钮和日期文本。为了获得指定星期的开始日期和结束日期，需要几个工具函数来处理 JavaScript 的日期对象。下面先创建这些工具函数。

3.3.2　创建用以处理日期和星期的工具函数

我们的预订网格一次仅显示一个星期，并按照从星期日到星期六的顺序排列。在指定了任何特定日期的情况下，都会显示包含该日期的那一星期。接下来，将创建代表一个星期的对象，在这一个星期中有一个特定的日期以及该星期的开始日期和结束日期：

```
week = {            特定日期的 JavaScript Date
  date,  ◀━━━━━━━━  对象
  start,  ◀━━━━━━━━━━━━━━━━━━━━━━━━  本星期开始日期
  end  ◀━━━                          的 Date 对象
};             本星期结束日期
              的 Date 对象
```

例如，选择 2020 年 4 月 1 日，星期三。这一星期的开始日期是 2020 年 3 月 29 日，星期日，这一星期的结束日期是 2020 年 4 月 4 日，星期六。

```
week = {
  date,      // 2020-04-01
  start,     // 2020-03-29    将每个属性赋值为某一具体日期
  end        // 2020-04-04    的 JavaScript Date 对象
};
```

代码清单 3.6 显示了几个工具函数：第一个工具函数将对指定日期偏移指定天数，从而根据旧日期创建新日期。第二个工具函数可生成指定日期对应星期的对象。该文件名为 date-wrangler.js，位于新的/src/utils 文件夹中。

分支：0303-week-picker，文件：/src/utils/date-wrangler.js

代码清单 3.6　Date-wrangling 工具函数

```
export function addDays (date, daysToAdd) {
  const clone = new Date(date.getTime());          通过指定天
  clone.setDate(clone.getDate() + daysToAdd);  ◀━  数偏移日期
  return clone;
}

export function getWeek (forDate, daysOffset = 0) {      立即偏移日期
  const date = addDays(forDate, daysOffset);  ◀━━━━━━
  const day = date.getDay();  ◀━━━━━━━━━━━━━━
                                          获取新日期的索引，例如，
  return {                                星期二的索引为 2
    date,
    start: addDays(date, -day),  ◀━━      例如，如果是星期二，向后偏
    end: addDays(date, 6 - day)  ◀━━      移 2 天
  };
}                                         例如，如果是星期二，
                                          向前偏移 4 天
```

getWeek 函数使用 JavaScript Date 对象的 getDay 方法，并通过该方法获得指定日期在一个星期内的索引：星期日是 0，星期一是 1，……星期六是 6。为了获得这一星期的开始日期，该函数减去了一个指定天数，该天数为这一天在一个星期内的索引值：如果是星期日，则减去 0 天；如果是星期一，则减去 1 天；……如果是星期六，则减去 6 天。这一星期的结束日期是这一星期开始日期后的 6 天，因此为了获得这一星期的结束日期，该函数执行与获取这一星期开始日期相同的减法，但还加上了 6。可以使用 getWeek 函数为指定的日期生成星期对象：

```
const today = new Date();
const week = getWeek(today);
```
获取包含了今天日期的星期对象

如果想要获得相对于第一个参数日期偏移指定天数后的星期对象，那么还可以指定一个偏移天数作为第二个参数：

```
const today = new Date();
const week = getWeek(today, 7);
```
获取从今天开始的星期对象

在预订应用程序中按照星期逐个导航时，getWeek 函数可生成星期对象。接下来在 reducer 中使用该函数，实现该功能。

3.3.3　构建帮助组件管理日期的 reducer

reducer 可帮助集中 WeekPicker 组件的状态管理逻辑。可以在一个地方看到所有可能的 action，以及它们更新状态的方式：

- 通过在当前日期上增加 7 天移到下星期。
- 通过在当前日期上减去 7 天移到上星期。
- 通过将当前日期设置为今天的日期移到今天。
- 根据 action 中的 payload 设置当前日期。

如上节所述，对于每个 action，reducer 都会返回一个星期对象。尽管只需要追踪一个日期，但需要在某些时刻生成星期对象，并且将星期对象的生成抽象到 reducer 中，这看上去似乎是很明智的办法。可以在代码清单 3.7 中看到如何将更改状态的逻辑迁移到 reducer 中。weekReducer.js 文件位于 Bookings 文件夹中。

分支：0303-week-picker，文件：/src/components/Bookings/weekReducer.js

代码清单 3.7　WeekPicker 的 reducer

```
import {getWeek} from "../../utils/date-wrangler";
```
导入 getWeek 函数

```
export default function reducer (state, action) {
  switch (action.type) {
    case "NEXT_WEEK":
      return getWeek(state.date, 7);
    case "PREV_WEEK":
      return getWeek(state.date, -7);
```
返回今天的星期对象

返回未来 7 天的星期对象

返回过去 7 天的星期对象

```
    case "TODAY":
      return getWeek(new Date());
    case "SET_DATE":
      return getWeek(new Date(action.payload));    ← 返回指定日期
    default:                                           的星期对象
      throw new Error(`Unknown action type: ${action.type}`)
  }
}
```

该 reducer 导入 getWeek 函数为每次状态变更生成星期对象。getWeek 函数的可导入，意味着在 weekPicker 组件中调用 useReducer hook 时，也可以将 getWeek 作为初始化函数使用。

3.3.4　向 useReducer hook 传递初始化函数

WeekPicker 组件允许用户在预订公司资源时从一个星期导航到另一个星期。上节构建了 reducer，现在是时候使用它了。reducer 需要一个初始状态，即一个星期对象。代码清单3.8 显示了如何将 getWeek 函数作为 prop 传递给 WeekPicker，并生成初始星期对象。WeekPicker.js 文件也位于 Bookings 文件夹中。

分支：0303-week-picker，文件：/src/components/Bookings/WeekPicker.js

代码清单 3.8　WeekPicker 组件

接收初始日期作为 prop
```
import {useReducer} from "react";
import reducer from "./weekReducer";          ← 导入 date-wrangler 中
import {getWeek} from "../../utils/date-wrangler";    的 getWeek 函数
import {FaChevronLeft, FaCalendarDay, FaChevronRight} from "react-icons/fa";

export default function WeekPicker ({date}) {

  const [week, dispatch] = useReducer(reducer, date, getWeek);  ←
                                                    生成初始状态，并把
  return (                                           日期传给 getWeek
    <div>
      <p className="date-picker">
        <button
          className="btn"
          onClick={() => dispatch({type: "PREV_WEEK"})}  ←
        >
          <FaChevronLeft/>
          <span>Prev</span>
        </button>

        <button
          className="btn"
          onClick={() => dispatch({type: "TODAY"})}  ←
        >                                              对 reducer 中的 action
          <FaCalendarDay/>                             执行 dispatch 操作，
          <span>Today</span>                           以此来切换星期
        </button>
```

```
    <button
      className="btn"
      onClick={() => dispatch({type: "NEXT_WEEK"})}
    >
      <span>Next</span>
      <FaChevronRight/>
    </button>
  </p>
  <p>
    {week.start.toDateString()} - {week.end.toDateString()}
  </p>
</div>
);
}
```

对 reducer 中的 action 执行 dispatch 操作，以此来切换星期

使用当前状态显示日期信息

调用 useReducer 把准确的日期传给 getWeek 函数。getWeek 函数返回一个作为初始状态的星期对象。再把 useReducer 返回的状态赋给一个名为 week 的变量：

```
const [week, dispatch] = useReducer(reducer, date, getWeek);
```

除了能够(在 reducer 和 WeekPicker 组件中)复用 getWeek 函数生成状态外，初始化函数 (useReducer 的第三个参数)也允许在初始调用 useReducer 时运行一次高开销的状态生成函数。

到此，一个新组件已创建完毕! 让我们将该组件放在 BookingsPage 页面中。

3.3.5　使用 WeekPicker 更新 BookingsPage

代码清单 3.9 显示了更新后的 BookingsPage 组件，该组件导入并渲染了 WeekPicker 组件。最终呈现的页面如图 3.9 所示。

图 3.9　在适当位置应用 WeekPicker 组件的 BookingsPage 组件

分支: 0303-week-picker，文件: /src/components/Bookings/BookingsPage.js

代码清单 3.9　应用 WeekPicker 的 BookingsPage 组件

```
import WeekPicker from "./WeekPicker";

export default function BookingsPage () {
```

导入 WeekPicker 组件

```
return (
  <main className="bookings-page">
    <p>Bookings!</p>
    <WeekPicker date={new Date()}/>  ◀——
  </main>
);
}
```

将 WeekPicker 组件置入 UI，
并将当前日期传给该组件

    BookingsPage 将当前日期传给 WeekPicker 组件。星期选择器第一次出现时显示了本星期的开始日期和结束日期，即从本星期星期日到星期六。从一个星期导航到另一个星期，然后单击 Today 按钮可跳转回本星期。这是一个简单的组件，但对后续章节中的预订网格起到了推进作用。并且，该组件提供了一个 useReducer 的初始化函数参数的示例。

    在正式总结本章之前，先简要复习我们遇到的那些有助于理解函数式组件和 hook 的关键概念。

3.4 复习 useReducer 的相关概念

    在之前的讨论中出现了较多的术语，为了防止 action、reducer 和 dispatch 函数这些概念引起混淆，表 3.1 通过示例描述了这些术语。

表 3.1 部分术语

图标	术语	描述	示例

	初始状态	组件第一次运行时，变量和属性的值	`{`
			`  group: "Rooms",`
			`  bookableIndex: 0,`
			`  hasDetails: false`
			`}`

	action	reducer 用于更新状态的信息	`{`
			`  type: "SET_BOOKABLE",`
			`  payload: 1`
			`}`

	reducer	一个函数，React 向其传递当前的状态和 action。这个函数根据 action 和当前的状态创建一个新状态	`(state, action) => {`
			`  // check action`
			
			`  // update state based`
			`  // on action type and`
			`  // action payload`
			
			`  // return new state`
			`};`

	state	执行过程中，某个特定时刻的变量值和属性值	`{`
			`  group: "Rooms",`
			`  bookableIndex: 1,`
			`  hasDetails: false`
			`}`

(续表)

图标	术语	描述	示例

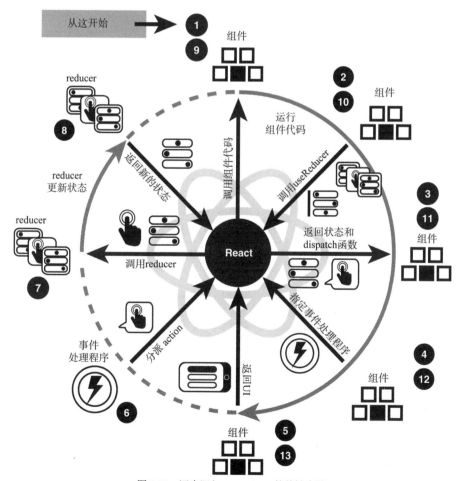	dispatch 函数	一个用于对 reducer 中的 action 进行分派操作的函数。可使用该函数告诉 reducer 该执行哪个 action	`dispatch({`
			`  type: "SET_BOOKABLE",`
			`  payload: 1`
			`});`

　　一旦通过调用 useReducer 将 reducer 和初始状态传递给 React，它就会管理状态。只需要分派 action，React 就会使用 reducer，并根据 reducer 接收到的 action 更新状态。记住，组件代码会返回其 UI 的描述。更新状态后，React 知道它可能需要更新 UI，因此它会再次调用组件代码，并在组件调用 useReducer 时，将最新状态和 dispatch 函数传递给它。为了充实组件的功能特性，图 3.10 阐述了用户在 React 第一次调用 BookablesList 组件时，通过选择分组、选择可预订对象或切换显示详细信息复选框触发事件的每个步骤。

图 3.10　逐步深入 useReducer 的关键步骤

表 3.2 列出了图 3.10 中的步骤，描述了正在发生的事情，并包括对每个步骤的简要讨论。

每次需要 UI 时，React 都会调用组件代码，运行组件函数，在执行过程中创建局部变量，并在函数结束时，销毁局部变量和闭包引用。该函数会返回组件 UI 的描述。组件会使用 hook(如 useState 和 useReducer)在各种调用间维持状态，并接收 updater 函数和 dispatch action。事件处理程序调用 updater 函数或 dispatch action 以响应用户的操作，React 可以更新状态并再次调用组件代码，重新开始循环。

表 3.2　使用 useReducer 的关键步骤

步骤	发生了什么	讨论
1	React 调用组件	为了生成页面的 UI。React 会遍历组件树，并逐一调用。React 将向组件传递被设置为 JSX 属性的 prop
2	组件第一次调用 useReducer	组件将初始状态和 reducer 传递给 useReducer 函数。React 将 reducer 的当前状态设置为初始状态
3	React 通过数组返回当前的状态和 dispatch 函数	组件代码将状态和 dispatch 函数赋给变量，以便后续使用。这些变量经常被命名为"state"和"dispatch"，也可以对该"state"进行进一步的解构
4	组件设置事件处理程序	事件处理程序可以监听用户单击、计时器的触发或资源的加载。处理程序将会通过 dispatch action 修改状态
5	组件返回其 UI	组件使用当前状态生成用户界面并返回，到此工作完成。React 会将新的 UI 与旧的 UI 进行比较，并更新 DOM
6	事件处理程序分派 action	若事件发生，则运行处理程序。处理程序使用 dispatch 函数分派 action
7	React 调用 reducer	React 会将当前状态和要分派的 action 传递给 reducer
8	reducer 返回新的状态	reducer 使用 action 更新状态并返回
9	React 调用组件	React 知晓状态已变更，必须重新计算 UI
10	组件第二次调用 useReducer	这一次，React 会忽略参数
11	React 返回当前状态和 dispatch 函数	当前状态已被 reducer 更新，并且组件也需要最新的值。而 dispatch 函数与之前调用 useReducer 返回的函数相同
12	组件设置事件处理程序	这是新版的事件处理程序，可以使用全新的更新后的状态值
13	组件返回其 UI	组件使用当前状态生成用户界面并返回，到此工作完成。React 会将新的 UI 与旧的 UI 进行比较，并更新 DOM

3.5　本章小结

- 如果有多个相关联的状态，那么可以考虑使用 reducer 明确定义 action，这个 action 可以对状态进行更改。reducer 是一个函数，可以将当前状态和 action 传给它。它将根据 action 生成新的状态，并返回新的状态：

```
function reducer (state, action) {
  // 使用该动作从旧状态生成新状态
  // 返回新状态
}
```

- 当想让 React 管理组件的状态和 reducer 时，可以调用 useReducer hook，并将状态和 reducer 传给它。它会返回包含状态和 dispatch 函数这两个元素的数组：

```
const [state, dispatch] = useReducer(reducer, initialState);
```

- 第一次调用 useReducer hook 时，传入初始参数和初始化函数，生成初始状态。该 hook 会自动地将初始参数传给初始化函数。初始化函数会返回 reducer 的初始状态。当初始化的开销很大时，或希望使用一个已存在的函数来初始化状态时，初始化函数是非常有帮助的：

```
const [state, dispatch] = useReducer(reducer, initArg, initFunc);
```

- 使用 dispatch 函数分派 action。React 会将当前状态和 action 传递给 reducer。它将使用 reducer 生成新状态，并替换旧状态。如果状态发生了变化，那么它将重新进行渲染：

```
dispatch(action);
```

- 对于超出了基本操作范畴的 action，可以考虑下面的一些常见做法，以一个包含 type 和 payload 属性的 JavaScript 对象指定 action：

```
dispatch({ type: "SET_NAME", payload: "Jamal" });
```

- 在一个组件内独立调用 useReducer 时，React 总会返回相同的 dispatch 函数(如果 dispatch 函数在调用之间发生了变化，且该函数被作为 prop 传递或作为其他 hook 所包含的依赖项时，就可能会导致不必要的重新渲染)。
- 在 reducer 中，使用 if 或 switch 语句检查可能触发分派操作的 action 的类型：

```
function reducer (state, action) {
  switch (action.type) {
    case "SET_NAME":
      return {
        ...state,
        name: action.payload
```

```
    }
  default:
    return state;
    // 或者返回新的错误(`Unknow action type: ${action.type}`)
  }
}
```

- 在 default 的情况下，要么返回未改变的状态(例如，该 reducer 将与其他 reducer 合并)，要么抛出一个异常(当 reducer 永远不应该接受未知的 action 类型时)。

第 *4* 章

处理副作用

React 将数据转换为 UI。每个组件都各司其职,为整个用户界面贡献一己之力。React 构建元素树,并将其与已渲染的内容进行比较,再将任何必要的改动提交给DOM。当状态发生变化时,React会再次执行该过程以更新 UI。React 非常善于高效地决定应该更新什么,并统筹这些变更。

然而,有时我们需要组件触及"数据流"处理以外的内容,并直接与 API 进行交互。这种以某种方式影响外界的行为被称为副作用(side effect)。常见的副作用包括以下几种:

- 强制设置页面标题。
- 使用 setInterval 或 setTimeout 之类的计时器。
- 测量 DOM 中元素的宽度、高度或位置。
- 向控制台或其他服务传达消息。
- 在本地存储中设置或获取值。
- 获取数据,或者订阅服务和取消订阅服务。

无论组件试图实现什么目标,忽略 React 并且盲目地执行它们的任务都是有风险的。我们应该思考副作用产生的时间和频率,即使 React 已完成了每个组件的渲染工作,并已将更改提交给了屏幕。最好的方式是利用React高效地组织这些副作用。为此,React 提供了 useEffect hook,

以便可以更好地控制副作用，并将它们整合到组件的生命周期中。

本章将着重介绍 useEffect hook 的工作方式。4.1 节首先尝试完成一些简单的示例，这些示例将着重应用 hook 的调用和对其运行时机的控制，并说明如何在组件卸载时清理 effect。4.2 节将在预订应用程序示例中为数据设置一个简单的服务器，并通过创建获取该数据的组件进行练习。4.3 节将把预订应用程序获取数据的方式从数据库文件的导入切换成从服务器获取。

useEffect hook 是我们与外界安全交互的通道。接下来让我们在这条道路上迈出第一步。

4.1 通过简单示例探讨 useEffect API

React 中的一些组件非常友好，它们会主动向 React 之外的其他 API 和服务示好。尽管这些组件永远乐观并且能择善而从，但是仍有一些保障措施需要遵循。本节将着眼于通过那些不会失控的方式来设置副作用。我们将着重探讨以下四种情况：

- 在每次渲染后运行副作用。
- 仅当组件挂载时运行副作用。
- 通过返回一个函数来清理副作用。
- 通过指定依赖列表控制 effect 的运行时间。

为了聚焦于 API，我们将创建一些超级简单的示例组件，而不是直接进入预订应用程序制作。首先，让我们说"你好，副作用"。

4.1.1 在每次渲染后运行副作用

假如想在浏览器的页面标题上添加一个随机的问候语，可单击组件的 Say Hi 按钮生成一个新的问候语并更新标题。图 4.1 展示了三个这样的问候。

图 4.1 单击 Say Hi 按钮，用随机生成的问候语更新页面

文档标题不是文档正文的一部分，也不由 React 呈现。但可以通过浏览器中的 document 属性访问该标题。可以像如下这样设置标题：

```
document.title = "Bonjour";
```

以这种方式访问浏览器 API 即是一种副作用。将代码包装到 useEffect hook 中，使其更清晰明了：

```
useEffect(() => {
  document.title = "Bonjour";
});
```

代码清单 4.1 展示了 SayHello 组件，当用户单击 Say Hi 按钮时，该组件通过随机的问候语更新页面。

线上示例：https://jhijd.csd.app，代码：https://codesandbox.io/s/sayhello-jhijd

代码清单 4.1　更新浏览器标题

```
import React, { useState, useEffect } from "react";        ← 导入 useEffect hook
export default function SayHello () {
  const greetings = ["Hello", "Ciao", "Hola", "こんにちは"];

  const [index, setIndex] = useState(0);
                                                            向 useEffect 传递一个
  useEffect(() => {                              ←         effect 函数
    document.title = greetings[index];           ←
  });                                                      在 effect 中更新浏览
                                                           器标题
  function updateGreeting () {
    setIndex(Math.floor(Math.random() * greetings.length));
  }

  return <button onClick={updateGreeting}>Say Hi</button>
}
```

组件使用随机生成的索引从数组中摘选了一个问候语。不管 updateGreeting 函数什么时候调用 setIndex，React 都会重新渲染组件(除非 index 值没有改变)。

React 将在每次渲染后运行 useEffect 中的 effect 函数，一旦浏览器重绘了页面，页面标题就会被更新。注意，因为是在相同的作用域下，所以 effect 函数可以访问组件内的变量。在此，它使用了 greetings 的值和 index 变量。图 4.2 展示了如何传递 effect 函数，将其作为 useEffect hook 的第一个参数。

当通过这种方式调用 useEffect Hook 时，并没有传递第二个参数，React 将在每次渲染后都运行 effect。但如果想仅在组件挂载时运行 effect，那该怎么办呢？

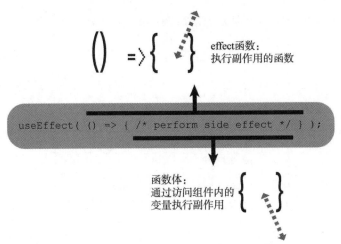

图 4.2   向 useEffect hook 传递一个 effect 函数

4.1.2   仅当组件被挂载时运行副作用

假设为了生成一个时髦的动画效果，而要使用浏览器窗口的宽度和高度。为了测试读取的尺寸，可创建一个显示当前宽度和高度的小组件，如图 4.3 所示。

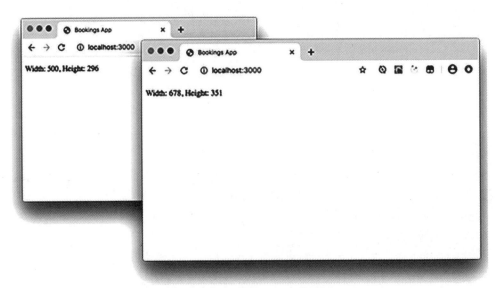

图 4.3   在调整大小时显示窗口的宽度和高度

代码清单 4.2 展示了组件的代码。它会读取 window 对象的 innerWidth 和 innerHeight 属性，在此可再次使用 useEffect hook。

线上示例: https://gn80v.csb.app/, 代码: https://codesandbox.io/s/windowresize-gn80v

代码清单 4.2　调整窗口的大小

```
import React, { useState, useEffect } from "react";

export default function WindowSize () {
  const [size, setSize] = useState(getSize());

  function getSize () {
    return {
      width: window.innerWidth,
      height: window.innerHeight
    };
  }

  useEffect(() => {
    function handleResize () {
      setSize(getSize());
    }

    window.addEventListener('resize', handleResize);
  }, []);

  return <p>Width: {size.width}, Height: {size.height}</p>
}
```

定义一个返回窗口大小的函数

从 window 对象中读取窗口大小

更新状态,触发重新渲染

注册 resize 事件的事件监听器

传入一个空数组作为依赖参数

在 useEffect 中,组件注册了一个 resize 事件的事件监听器:

```
window.addEventListener('resize', handleResize);
```

无论用户何时调整浏览器的大小, handleResize 处理程序都会调用 setSize, 并用新的尺寸更新状态:

```
function handleResize () {
  setSize(getSize());
}
```

通过调用 updater 函数, 组件开始了重新渲染。但我们不想在每次 React 调用组件时都重新注册事件监听器。那么如何在每次渲染后阻止 effect 运行呢? 诀窍是将一个空数组作为第二个参数传递给 useEffect, 如图 4.4 所示。

正如 4.1.4 节所述, 第二个参数是依赖项的列表。React 通过检查列表中的值, 并判断从组件上次调用 effect 以来这些值是否发生了变化, 以此确定是否运行 effect。通过将列表设置为空数组, 列表将永远不会变化, 这样就可以使 effect 仅在组件首次挂载时运行一次。

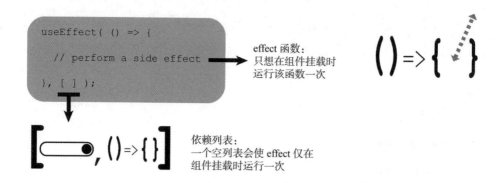

图 4.4　传递一个空的依赖数组会导致 effect 函数仅在组件挂载时运行一次

稍等；此时应该敲响警钟了。我们注册了一个事件监听器……不应该让该监听器一直监听，就像一个僵尸永远在地下室里蹒跚而行。需要执行一些清理工作，并注销监听器。

4.1.3　通过返回一个函数清理副作用

设置订阅、数据请求、计时器和事件监听器等长期运行的副作用时，必须要小心，不要弄得一团糟。为了避免让僵尸吃掉大脑，让记忆外泄，或者避免幽灵意外移动家具，应该小心地撤销那些可能导致一些操作成为不死不灭、持续存在的 effect。

useEffect hook 包含了一个简单的清理 effect 的机制。只需要从 effect 中返回一个函数。当需要清理时，React 会运行返回的函数。代码清单 4.3 更新了窗口测量(window-measuring)应用程序，并在不再需要调整大小的监听器时移除它。

线上示例：https://b8wii.csb.app/，代码：https://codesandbox.io/s/windowsizecleanup-b8wii

代码清单 4.3　返回一个 cleanup 函数来移除监听器

```
import React, { useState, useEffect } from "react";

export default function WindowSize () {
  const [size, setSize] = useState(getSize());

  function getSize () {
    return {
      width: window.innerWidth,
      height: window.innerHeight
    };
  }

  useEffect(() => {
    function handleResize () {
      setSize(getSize());
    }

    window.addEventListener('resize', handleResize);
```

```
return () => window.removeEventListener('resize', handleResize);
}, []);
```

从 effect 函数中返回
一个 cleanup 函数

```
return <p>Width: {size.width}, Height: {size.height}</p>
}
```

　　因为代码向useEffect传递了一个空数组作为第二个参数，所以effect仅会运行一次。当effect
函数运行时，它会注册一个事件监听器。React 会保留 effect 返回的函数，并在需要清理时调用
它。在代码清单 4.3 中，返回的函数移除了事件监听器。因此记忆不会泄漏，我们的大脑也不
会受到僵尸效应的影响。

　　图 4.5 展示了关于 useEffect hook 不断演化的知识中的最新一步：返回一个 cleanup 函数。

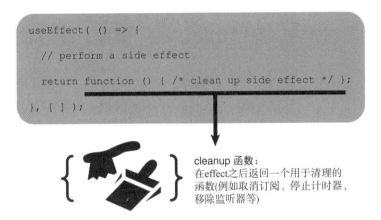

图 4.5　从 effect 中返回一个函数。React 将在 effect 之后运行该函数以进行清理工作

　　因为 cleanup 函数是在 effect 函数中定义的，所以它可以访问 effect 函数作用域内的变量。
在代码清单 4.3 中，cleanup 函数可以移除 handleResize 函数，因为 handleResize 也是在同一个
effect 函数中定义的：

```
useEffect(() => {
  function handleResize () {
    setSize(getSize());
  }

  window.addEventListener('resize', handleResize);

  return () => window.removeEventListener('resize', handleResize);
}, []);
```

定义 handleResize
函数

从 cleanup 函数中引
用 handleResize 函数

　　React Hooks 很好地利用了 JavaScript 的固有特性，其中的组件和 hook 只是函数，而不是
过于依赖从底层语言分离出来的且概念化的特殊 API 层。然而，这确实也意味着你需要很好地
掌握作用域和闭包，从而更好地理解应将变量和函数放置于何处。

　　React 在卸载组件时会运行 cleanup 函数。但这不是它唯一一次运行该函数。每当组件重新

渲染时，如果 effect 再次运行，React 都会在运行 effect 函数之前调用 cleanup 函数。如果需要再次运行多个 effect，React 就会调用所有 effect 的 cleanup 函数。清理完成后，React 会根据需要重新运行 effect 函数。

我们已经看到了两种极端情况：只运行一次的 effect 和每次渲染后都会运行一次的 effect。想要控制 effect 运行时的情况，该怎么办呢？因此，还有一种情况需要提及。接下来，让我们向依赖数组中填充数据。

4.1.4　通过指定依赖项控制 effect 的运行时间

图 4.6 是 useEffect API 的最后一个插图，图中使用了一个有依赖值的数组作为第二个参数，这些值是我们传入的。

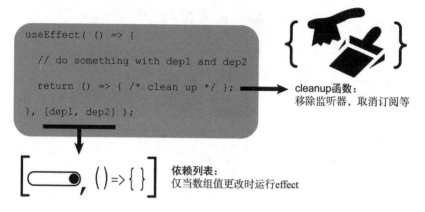

图 4.6　当调用 useEffect 时，可以指定一个依赖列表，并返回一个 cleanup 函数

每次 React 调用组件时，它都会记录 useEffect 依赖数组中的值。如果自上次调用以来，数组中的值发生了变化，React 就会运行 effect。如果值未变，React 就会跳过 effect。这省去了依赖值未发生改变的 effect 运行，因此其任务的结果不变。

接下来看一个示例。假设有一个用户选择器，可以从其下拉菜单中选择用户。你希望将所选用户存储在浏览器的本地存储中，以便页面在每次访问时记住所选用户，如图 4.7 所示。

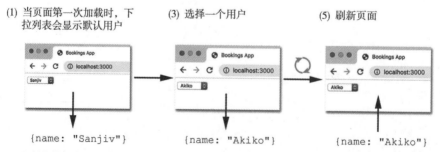

图 4.7　一旦选择了一个用户，页面刷新后就会自动选择同一用户

代码清单 4.4 展示了满足预期的 effect 代码。该代码清单包含了 useEffect 的两次调用，一个是从本地存储中获取存储的用户，另一个是无论什么时候值发生改变，都会保存所选用户。

线上示例：https://c987h.csb.app/，代码：https://codesandbox.io/s/userstorage-c987h

代码清单 4.4　使用本地存储

```
import React, { useState, useEffect } from "react";

export default function UserStorage () {
  const [user, setUser] = useState("Sanjiv");

  useEffect(() => {
    const storedUser = window.localStorage.getItem("user");   ← 从本地存储
                                                                 中读取用户
指定第    if (storedUser) {
二个        setUser(storedUser);   ← 仅当组件第一次加载
effect    }                          时运行该 effect
  }, []);   ←

                                               将用户保存在
  → useEffect(() => {                          本地存储中
      window.localStorage.setItem("user", user);   ←
  → }, [user]);

  return (
    <select value={user} onChange={e => setUser(e.target.value)}>
      <option>Jason</option>
      <option>Akiko</option>
      <option>Clarisse</option>
      <option>Sanjiv</option>
    </select>
  );
}
每当用户发生改变时，
都会运行该 effect
```

该组件可以按预期运行，将更改保存到本地存储中，并在页面重新加载时自动选择保存的用户。

但为了更好地了解函数式组件及它的 hook 是如何管理所有内容的，下面深入介绍渲染组件、重新渲染以及访问者从列表中选择一个用户的三个步骤。接下来，我们关注如下两个关键场景：

(1) 访问者第一次加载页面。本地存储中没有用户的值。访问者从列表中选择一个用户。

(2) 访问者刷新页面。本地存储中有用户的值。

通过深入这些步骤，可以了解两个 effect 函数是如何通过依赖列表决定什么时候运行的。

访问者第一次加载页面

当组件第一次运行时，它渲染了用户下拉列表，并选择了 Sanjiv。紧接着第一个 effect 开始运行。本地存储中没有用户，因此不会发生任何变化。接下来第二个 effect 运行。它将 Sanjiv 保存到本地存储中。步骤如下：

(1) 用户加载页面。

(2) React 调用组件。

(3) 调用 useState，将 user 设置为 Sanjiv(这是组件第一次调用 useState，因此使用初始值)。

(4) React 渲染用户列表，并选择 Sanjiv。

(5) effect 1 运行，但是没有存储的用户。

(6) effect 2 运行，将 Sanjiv 保存到本地存储中。

React 按照它们在组件代码中出现的顺序调用 effect 函数。当 effect 运行时，React 会记录依赖列表中的值，在这个案例中是[]和["Sanjiv"]。

当访问者选择一个新用户(如 Akiko)时，onChange 处理程序调用 setUser updater 函数。React 会更新状态，并再次调用组件。这一次，effect 1 没有运行，因为它的依赖列表没有改变，仍然是[]。但是 effect 2 的依赖列表已从["Sanjiv"] 更改为["Akiko"]，因此 effect2 再次运行，更新了本地存储中的值。步骤如下：

(7) 用户选择 Akiko。

(8) updater 函数将用户状态设置为 Akiko。

(9) React 调用组件。

(10) 调用 useState，将 user 的值设置为 Akiko(这是组件第二次调用 useState，因此使用步骤(8)中设置的最新值)。

(11) React 渲染用户列表，并选择了 Akiko。

(12) effect 1 没有运行([] = [])。

(13) effect 2 运行了([“Sanjiv”]!=[“Akiko”])，将 Akiko 保存到本地存储中。

访问者刷新页面

在将本地存储设置为 Akiko 后，如果用户重新加载页面，effect 1 就会把用户状态设置为已存储的值——Akiko，如图 4.7 所示。但是在 React 调用拥有新状态值的组件之前，effect 2 仍不得不用旧的值运行。步骤如下：

(1) 用户刷新页面。

(2) React 调用组件。

(3) 调用 useState，将 user 的值设置为 Sanjiv(这是组件第一次调用 useState，因此使用了初始值)。

(4) React 渲染用户列表，并选择了 Sanjiv。

(5) effect 1 开始运行，从本地存储中加载 Akiko，并调用 setUser。

(6) effect 2 开始运行，将 Sanjiv 保存在本地存储中。

(7) React 调用组件(因为 effect 1 调用了 setUser，改变了状态)。

(8) 调用 useState，将 user 的值设置为 Akiko。

(9) React 渲染用户列表，并选择了 Akiko。

(10) effect 1 没有运行([] = [])。

(11)　effect 2 运行了(["Sanjiv"]!=["Akiko"]），将 Akiko 保存到本地存储中。

在步骤(6)中，effect 2 被定义为初始渲染的一部分，因此它仍使用初始的 user 值，Sanjiv。

因为 effect 2 的依赖列表中包含了 user，所以能够控制 effect 2 的运行时机：仅当 user 的值发生变化时。

4.1.5　总结调用 useEffect hook 的方式

表 4.1 汇总了 useEffect hook 的各种使用场景，并展示了不同的代码方式引起的不同执行方式。

表 4.1　useEffect hook 的各种使用场景

调用方式	代码方式	执行方式
没有第二个参数	```useEffect(() => { // 执行 effect });```	在每次渲染后运行
第二个参数是一个空数组	```useEffect(() => { // 执行 effect }, []);```	仅在组件挂载时运行一次
第二个参数是一个依赖数组	```useEffect(() => { //执行 effect //使用了 dep1 和 dep2 }, [dep1, dep2]);```	依赖数组中的值发生改变时运行
返回一个函数	```useEffect(() => { // 执行 effect return () => {/*清理*/}; }, [dep1, dep2]);```	React 将在组件卸载时和重新运行 effect 之前运行 cleanup 函数

练习 4.1

在 CodeSandBox 上创建一个应用程序，并在调整窗口大小时更新窗口标题。标题需根据窗口的大小显示"Small""Medium"或"Large"。

4.1.6　在浏览器重绘之前调用 useLayoutEffect 运行 effect

大多数情况下，通过调用 useEffect 来同步副作用和状态。React 会在组件渲染之后和浏览器重绘屏幕之后运行 effect。但有些时候，可能想在 React 更新 DOM 之后、浏览器重绘之前，变更状态。例如，可能希望使用 DOM 元素的尺寸以某种方式设置状态。在 useEffect 中进行更改将向用户显示一个中间状态，而该状态会被立即更新。

可以通过调用 useLayoutEffect hook 而不是调用 useEffect 来避免这种状态变化引起的闪烁。这个 hook 与 useEffect 具有相同的 API，但会在 React 更新 DOM 之后、浏览器重绘之前同步运行。如果 effect 对状态进行了进一步的更新，则中间状态不会被绘制在屏幕上。通常情况下，并不需要使用 useLayoutEffect，但如果遇到了某些问题(类似于元素在不同的状态间闪烁)，就可将疑似导致问题的 useEffect 和 effect 换掉。

现在已经了解了 useEffect hook 可以做什么，也是时候获取一些数据了。下面将通过服务器为应用程序提供数据，而不是通过文件导入数据。

4.2　获取数据

到目前为止，本书一直在从 static.json 文件向预订应用程序导入示例数据。但更常见的是从服务器获取数据。为了使示例更加真实，我们也会采用这样的方式获取数据。我们将利用 src 文件夹外的、一个全新的 db.json 文件，在本地运行 JSON 服务器，而不是访问公共服务器。然后，创建一个从该服务器获取数据的组件。本节将涵盖以下内容：

- 创建一个全新的 db.json 文件。
- 使用 json-server 包创建一个 JSON 服务器。
- 构建一个从服务器获取数据的组件，并展示用户列表。
- 在 effect 中使用 async 和 await 时，格外关注。

4.2.1　新建一个 db.json 文件

第 2 章和第 3 章的数据都是从 static.json 文件中导入的。而对于我们的服务器，需要将预订信息、用户和可预订对象的数据复制到项目根目录中的新 db.json 文件中。但不要复制 static.json 中的 days 和 sessions 数组；我们将其视为配置信息，仍继续保持导入操作(在更新了当前仍在使用中的组件后，会将 static.json 中重复的数据删除)。

```
// db.json
{
  bookings: [/* empty */],
  users: [/* user objects */],
  bookables: [/* bookable objects */]
}

// static.json
{
  days: [/* names of days */],
  sessions: [/* session names */]
}
```

之后的章节将通过发送 POST 和 PUT 请求来更新数据库文件。当 src 文件夹内的文件发生变化时，create-react-app 开发服务器会重新启动。测试新增可预订对象和预订信息时，可以将 db.json 文件置于 src 文件夹之外，以避免不必要的重启。

4.2.2　设置 JSON 服务器

至此，已经从 static.json 文件中为 BookablesList、UsersList 和 UserPicker 组件导入了数据：

```
import {bookables} from "../../static.json";
import {users} from "../../static.json";
```

为了更好地举例说明在实际应用程序中执行的各种数据获取任务,可通过 HTTP 获取数据。幸运的是,不需要构建真实的数据库,便可以使用 json-server npm 包取而代之。这个包是一个非常便捷、简单的方法,可以将 JSON 数据模拟为 REST API。https://github. com/typicode/json-server 网站上提供了该用户指南,你可以在此用户指南上领略这个包的灵活性。使用 npm 全局安装软件包,输入以下命令:

```
npm install -g json-server
```

接下来,在项目的根目录下,通过以下命令启动服务器:

```
json-server --watch db.json --port 3001
```

你应该能够在 localhost:3001 上查询数据库。图 4.8 展示了启动服务器后,机器终端的输出信息。

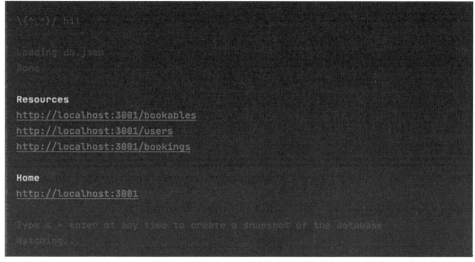

图 4.8　运行 json-server 时的输出信息。db.json 文件中的属性已转换为可获取资源的端点

现在便可以通过满足 HTTP 协议的 URL 端点获取 db.json 文件内的 JSON 数据。将文件中的数据与图 4.8 进行比较,可以看到服务器已将 JSON 对象中的每个属性转换为端点。例如,要获取用户列表,可导航到 localhost:3001/users;要获取 ID 为 1 的用户,可导航到 localhost:3001/users/1。

可以在浏览器中测试请求。刚刚提到的两个请求的结果均被展示在图 4.9 中:第一个是数组格式的用户对象列表,第二个是 ID 为 1 的用户对象。

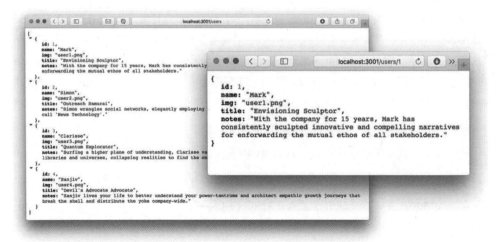

图 4.9　两个浏览器响应展示了预订应用程序的数据现在可通过 HTTP 获取

接下来对服务器进行测试，通过 useEffect hook 获取数据。

4.2.3　通过 useEffect hook 获取数据

为了通过 useEffect hook 获取数据，需要对 UserPicker 组件进行更新，使其从 JSON 数据库中获取用户信息。图 4.10 显示了被展开的下拉列表，其中包含了 4 个用户。

图 4.10　展示从数据库获取的用户列表

记住，React 会在渲染之后调用 effect 函数，因此该数据在第一次渲染时是无效的；将初始值设置为一个空的用户列表，并返回一个可被替换的 UI，即一个全新的用于标识加载中状态的 Spinner 组件。代码清单 4.5 是获取用户列表的代码，它会将用户列表展示在下拉列表中。

分支：0401-user-picker，文件：/src/components/Users/UserPicker.js

代码清单 4.5　UserPicker 组件获取数据

```
import {useState, useEffect} from "react";
import Spinner from "../UI/Spinner";

export default function UserPicker () {
  const [users, setUsers] = useState(null);

  useEffect(() => {
```

在 effect 函数中获取数据

将状态更新为刚刚加载的用户信息

使用浏览器的 fetch API
向数据库发送请求

```
      fetch("http://localhost:3001/users")
        .then(resp => resp.json())
        .then(data => setUsers(data));
```

将返回的 JSON 字符串
转换为 JavaScript 对象

```
  }, []);
```

放入一个空的依赖数组，使数据仅在组
件第一次挂载时加载一次

```
  if (users === null) {
    return <Spinner/>
  }

  return (
    <select>
      {users.map(u => (
       <option key={u.id}>{u.name}</option>
      ))}
    </select>
  );
}
```

当还在加载用户信息时,返回
一个可被替换的 UI

　　UserPicker 组件的代码使用浏览器的 fetch API 从数据库中检索用户列表，再使用 resp.json 方法将响应解析为 JSON，接下来调用 setUsers 将本地状态更新为解析出来的结果。组件最初渲染了一个 Spinner 占位符(来自代码仓库中新的/src/components/UI 文件夹)，然后将其替换为用户列表。如果想更好地查看加载中的状态，就可以为 fetch 的调用添加延迟，在启动 JSON 服务器时加上一个 delay 的标志。这会将响应延迟 3 000 毫秒，也就是 3 秒：

```
json-server --watch db.json --port 3001 --delay 3000
```

　　代码清单 4.5 中的 effect 仅在组件挂载时运行一次。我们并不想改变用户列表，因此不需要管理用户列表的重新加载。以下列表按顺序展示了通过 effect 获取数据的步骤：

　　(1) React 调用组件。

　　(2) 调用 useState，将 users 变量设置为 null。

　　(3) 调用 useEffect，在 React 中注册用于数据获取的 effect 函数。

　　(4) 因为 users 变量为 null，所以组件返回表示加载中状态的旋转标志。

　　(5) React 运行 effect，从服务器请求数据。

　　(6) 当数据返回时，effect 会调用 setUsers updater 函数，触发一次重新渲染。

　　(7) React 调用组件。

　　(8) 调用 useState，将 users 变量设置为返回的用户列表。

　　(9) 因为依赖数组为一个空数组([])，对于 useEffect 而言并没有发生改变，所以 hook 的调用没有重新注册 effect。

　　(10) users 数组有 4 个元素(不再是 null)，因此组件返回下拉列表 UI。

这种在发送数据请求之前渲染组件的数据获取方法称为 fetch-on-render。而有时其他方法能够为用户提供更平滑的体验，我们将会在本书的第 II 部分介绍其他方法。但是，根据数据源的复杂性和稳定性，以及应用程序的需要，这种通过调用 useEffect hook 获取数据的简单方式就能满足需求了，并且非常吸引人。

练习 4.2

更新 UsersPage 上的 UsersList 组件，使其可从服务器获取用户数据。该练习的答案代码位于已经对组件做过更新的 0402-users-list 分支中。

4.2.4　使用 async 和 await

代码清单 4.5 中的 fetch 调用返回了一个 promise，并使用 promise 的 then 方法对响应进行处理：

```
fetch("http://localhost:3001/users")
  .then(resp => resp.json())
  .then(data => setUsers(data));
```

JavaScript 也提供了 async 函数和 await 关键字，用于处理异步响应，但将它们与 useEffect hook 一同使用时会引发一些警告。最初的计划是在数据获取中使用 async-await，因此可进行如下尝试：

```
useEffect(async () => {
  const resp = await fetch("http://localhost:3001/users");
  const data = await (resp.json());
  setUsers(data);
}, []);
```

这种方法会引发 React 在控制台上显示警告，如图 4.11 所示。

```
⚠ ▶ src/components/Users/UserPicker.js                          webpackHotDevClient.js:138
    Line 15:13:  Effect callbacks are synchronous to prevent race conditions. Put the async function
    inside:

useEffect(() => {
  async function fetchData() {
    // You can await here
    const response = await MyAPI.getData(someId);
    // ...
  }
  fetchData();
}, [someId]); // Or [] if effect doesn't need props or state

Learn more about data fetching with Hooks: https://reactjs.org/link/hooks-data-fetching   react-
hooks/exhaustive-deps
```

图 4.11　采用 async-await 的数据获取 effect 引起 React 发出警告

浏览器中的关键信息如下：

● effect 的回调是同步的，这是为了防止产生竞态条件。可把 async 函数放入其内部。

async 函数默认返回一个 promise。将 effect 函数设置为 async 会出现问题，因为 React 会查找 effect 的返回值，并将其作为 cleanup 函数。为了解决这个问题，应将 async 函数置于 effect

函数内部，而不是将 effect 函数写成 async：

```
useEffect(() => {                        定义一个 async 函数
  async function getUsers() {      ◄──────
    const resp = await fetch(url);
    const data = await (resp.json());    等待异步的结果
    setUsers(data);
  }
  getUsers();   ◄────────
}, []);                          调用 async 函数
```

现在已经搭建好 JSON 服务器，并通过 useEffect hook 尝试了 fetch-on-render 获取数据的方法，也花费了一点时间来思考 async-await 语法，是时候更新预订应用程序以获取 BookablesList 组件的数据了。

4.3　获取 BookablesList 组件的数据

之前的章节讲解了如何让组件在初始渲染后加载数据，并通过调用 useEffect hook 获取数据。一些更复杂的应用程序由许多组件组成，并且是从多个端点中进行数据查询的。可以尝试通过将状态及其关联的数据获取动作移到一个独立的数据存储中，然后将组件连接到该存储中，来消除这种复杂性。但是，对于应用程序而言，将数据获取的动作放置在使用该数据的组件中是一种更直接、更容易理解的方法。我们将在第 9 章学习自定义 hook 时，以及在第 II 部分学习数据获取的模型时，考虑其他不同的方法。

现在仍使用简单的方式，让 BookablesList 组件加载自己的数据。我们将依照下面四个步骤对其数据获取能力进行开发：

- 测试数据加载的过程。
- 更新 reducer，使其管理加载中状态和错误状态。
- 创建一个辅助函数来加载数据。
- 加载可预订对象。

4.3.1　测试数据加载的过程

在 4.2 节中，UserPicker 组件使用 fetch API 从 JSON 数据库服务器加载用户列表。对于 BookablesList 组件，我们将考虑加载中状态和错误状态，以及可预订对象数据本身。我们希望更新后的组件具体做些什么呢？

在组件第一次渲染后，它会触发请求，获取所需的数据。在这个时刻，即数据被加载之前，还没有可预订对象和分组信息可以展示，因此组件仍会展示一个加载中的标识，如图 4.12 所示。

如果在加载数据的过程中出现问题——可能是网络、服务器、授权或丢失文件的问题，组件就会显示一条错误消息，如图 4.13 所示。

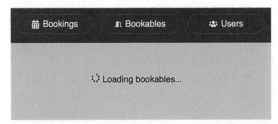

图 4.12   当数据在加载时，BookablesList 组件会展示一个加载中的标识

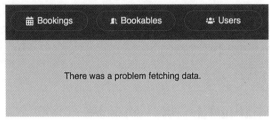

图 4.13   如果在加载数据的过程中出现问题，BookablesList 组件就会显示一条错误消息

如果一切顺利，数据成功抵达，那么数据将会在第 2 章和第 3 章开发的 UI 中显示。"Rooms"
分组中的"Meeting Room"可预订对象将会被选中，并显示其详细信息。图 4.14 展示了预期结果。

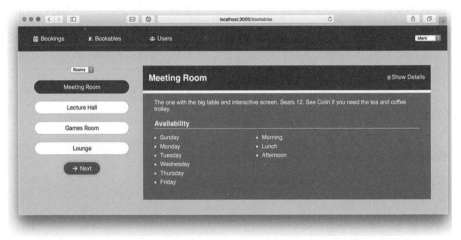

图 4.14   BookablesList 组件展示了加载数据后的可预订对象列表

此时，用户将能够与应用程序交互，可以选择分组和可预订对象，可以使用 Next 按钮循
环浏览可预订对象，并可使用 Show Details 复选框切换可预订对象详细信息的显示与隐藏。

第 3 章创建了一个 reducer 来帮助 BookablesList 组件管理状态。那么应该如何更新 reducer
以满足新功能呢？

4.3.2   更新 reducer 以管理加载中状态和错误状态

我们已经看到了期望实现的效果。现在，必须考虑驱动这种界面所需的组件状态。为了使加载中标识和错误消息可用，我们在状态中添加了另外两个属性：isLoading 和 error。同时也将 bookables 设置为一个空数组。完整的初始状态如下：

```
{
  group: "Rooms",
  bookableIndex: 0,
  hasDetails: true,
  bookables: [],
  isLoading: true,
  error: false
}
```

组件将会在第一次渲染后加载数据，因此可从一开始就将 isLoading 设置为 true。初始的 UI 将会展示加载中标识。

为了在响应数据获取事件中更改状态，可向 reducer 添加三种新的 action 类型：

- FETCH_BOOKABLES_REQUEST——组件发起请求。
- FETCH_BOOKABLES_SUCCESS——来自服务器的可预订对象抵达。
- FETCH_BOOKABLES_ERROR——出错时。

在代码清单 4.6 之后，将进一步讨论新的 action 类型，代码清单 4.6 展示了更新后的 reducer。

分支：0403-bookables-list，文件：/src/components/Bookables/reducer.js

代码清单 4.6　在 reducer 中管理加载中状态和错误状态

```
export default function reducer (state, action) {
  switch (action.type) {
    case "SET_GROUP": return { /* unchanged */ }
    case "SET_BOOKABLE": return { /* unchanged */ }
    case "TOGGLE_HAS_DETAILS": return { /* unchanged */ }
    case "NEXT_BOOKABLE": return { /* unchanged */ }

    case "FETCH_BOOKABLES_REQUEST":
      return {
        ...state,
        isLoading: true,
        error: false,
        bookables: []          ◄──── 当请求新的数据时，
      };                              清空 bookables 属性

    case "FETCH_BOOKABLES_SUCCESS":
      return {
        ...state,
        isLoading: false,
        bookables: action.payload    ◄──── 将加载的可预订对象通过
      };                                    payload 传递给 reducer
    case "FETCH_BOOKABLES_ERROR":
      return {
        ...state,
        isLoading: false,
```

```
    error: action.payload
    };
```

将错误状态通过payload
传递给 reducer

```
  default:
    return state;
  }
}
```

FETCH_BOOABLES_REQUEST

当组件发出对可预订对象的请求时，我们希望在 UI 中显示加载中标识。除了将 isLoading 设置为 true 外，还应确保当前没有可预订对象，并清除所有错误消息。

FETCH_BOOABLES_SUCCESS

哇！可预订对象已经抵达，并置于 action 的 payload 中。我们想要显示这些数据，因此需要将 isLoading 设置为 false，并将 payload 赋给 bookables 状态属性。

FETCH_BOOABLES_ERROR

嘘！出了点问题，action 的 payload 中有错误消息。我们要显示错误消息，因此需要将 isLoading 设置为 false，并将 payload 赋给 error 状态属性。

可以看到，每个 action 中都发生了很多相互关联的状态变化；用一个 reducer 对这些变化进行聚合和分组将非常有帮助。

4.3.3　创建一个用于加载数据的辅助函数

当 UserPicker 组件获取数据时，并不需要担心加载中状态和错误信息；组件只是正常运行，并在 useEffect hook 中调用 fetch。现在要多做一点事情，在加载数据时，为用户提供一些反馈，较好的方式是创建专用的数据获取函数。我们希望数据代码执行以下三个关键任务：

- 发送请求。
- 检查是否是错误响应。
- 将响应转换为 JavaScript 对象。

代码清单 4.7 中的 getData 函数按照需要执行了这三个任务。稍后将更详细地讨论每个任务。文件 api.js 已经被添加到 utils 文件夹。

分支：0403-bookables-list，文件：/src/utils/api.js

代码清单 4.7　用于获取数据的函数

检查响应是否存在问题

```
export default function getData (url) {
```
接收一个 URL 参数

```
  return fetch(url)
    .then(resp => {
```
将 URL 传递给浏览器
的 fetch 函数

```
      if (!resp.ok) {
```

```
    throw Error("There was a problem fetching data.");  ◄─── 存在任何问
  }                                                           题都会抛出
                                                              错误
  return resp.json();  ◄─────────────  将响应中的 JSON 字符串
});                                    转换为 JavaScript 对象
}
```

发送请求

getData 函数接收一个参数 url，再将它传递给 fetch 函数(fetch 函数也可以接收第二个参数，init 对象，但是现在并不需要使用它)。可在 MDN 上找到更多有关 fetch API 的信息：http://mng.bz/1r81。fetch 函数返回了一个 promise，该 promise 可以解析响应对象，可以从该响应对象中得到数据。

检查是否是错误响应

可以基于 fetch 函数返回的 promise 调用 then，并且可在 then 方法中设置一个函数以对响应进行一些初始处理：

```
return fetch(url)
  .then(resp => {
    // do some initial processing of the response
  });
```

首先，检查响应的状态，如果状态不是 ok，就抛出一个错误(HTTP 状态码不在 200～299 范围内即为错误)：

```
if (!resp.ok) {
  throw Error("There was a problem fetching data.");
}
```

状态码在 200～299 之外的响应也是有效的，并且 fetch 不会自动为它们抛出任何错误。因此需要自行检查，并在必要时抛出错误。在这里没有捕获任何错误，但在书写代码时应添加 catch 模块，用于捕获异常。

将响应转换为 JavaScript 对象

如果响应传递了集合，就可以通过调用响应的 json 方法，将服务器返回的 JSON 字符串转换为 JavaScript 对象。该 json 方法会返回一个 promise，该 promise 会解析数据，然后从函数中返回 promise：

```
return resp.json();
```

getData 函数会对 fetch 中的响应进行一些预处理，这有点像一个中间件。使用 getData 的组件不再需要自己进行这些预处理、检查和更改。接下来看看 BookablesList 组件如何使用数据获取函数来加载那些用于显示的可预订对象。

4.3.4　加载可预订对象

做了那么多的准备工作,现在是时候从中获益了。代码清单 4.8 展示了最新的 BookablesList 组件代码。代码中导入了新的 getData 函数,并在仅运行一次的 useEffect hook 中使用了该函数,即组件第一次被挂载时。该代码也包括了 isLoading 和 error 状态值,以及一些用于数据加载中或用于展示错误消息的相关 UI。

> 分支:0403-bookables-list,文件:/src/components/Bookables/BookablesList.js
>
> 代码清单 4.8　执行数据加载的 BookablesList 组件

```
import {useReducer, useEffect, Fragment} from "react";
import {sessions, days} from "../../static.json";        不再导入可
import {FaArrowRight} from "react-icons/fa";              预订对象
import Spinner from "../UI/Spinner";
import reducer from "./reducer";

import getData from "../../utils/api";                    导入 getData
                                                          函数
const initialState = {
  group: "Rooms",
  bookableIndex: 0,
  hasDetails: true,
  bookables: [],                                          将 bookables 变量
  isLoading: true,        为初始状态             设置为空数组
  error: false           添加新属性
};

export default function BookablesList () {
  const [state, dispatch] = useReducer(reducer, initialState);

  const {group, bookableIndex, bookables} = state;        从状态中解构出
  const {hasDetails, isLoading, error} = state;           新的属性

  const bookablesInGroup = bookables.filter(b => b.group === group);
  const bookable = bookablesInGroup[bookableIndex];
  const groups = [...new Set(bookables.map(b => b.group))];

  useEffect(() => {
                                                          通过分派 action
                                                          获取数据
    dispatch({type: "FETCH_BOOKABLES_REQUEST"});

                                                          获取数据
    getData("http://localhost:3001/bookables")

      .then(bookables => dispatch({                        将所加载的可预订对象
        type: "FETCH_BOOKABLES_SUCCESS",                   保存到状态中
        payload: bookables
      }))

      .catch(error => dispatch({                           发生错误时,对
        type: "FETCH_BOOKABLES_ERROR",                     状态进行更新
        payload: error
```

```
  }));

}, []);

function changeGroup (e) {}
function changeBookable (selectedIndex) {}
function nextBookable () {}
function toggleDetails () {}
```

```
if (error) {
  return <p>{error.message}</p>
}
```
如果存在错误，则返
回简易的错误 UI

```
if (isLoading) {
  return <p><Spinner/> Loading bookables...</p>
}
```
在等待数据时，返回简易
的加载中 UI
```
return ( /* unchanged UI for bookables and details */ );
}
```

对 getData 的调用应该放在 effect 函数中。4.3.3 节学习了 getData 如何返回一个 promise，如何抛出错误。因此，代码清单 4.8 使用 then 和 catch 方法，并在两个方法中进行与之相对应的分派 action，每种 action 都已在 4.3.2 节讨论过。最后，使用 if 语句判断加载中和错误两种情况，并返回相对应的 UI。如果没有错误，并且 isLoading 为 false，就返回可预订对象列表和可预订对象的详细信息的 UI。

练习 4.3

更新 UsersList 组件，使其使用 getData 函数，并管理加载中状态和错误状态。0404-users-errors 分支中已包含此练习的示例代码。

在第 6 章扩展预订应用程序中组件名单时，将再次讨论数据获取的相关内容。在此之前，第 5 章将研究另一种管理组件状态的方法：useRef hook。

4.4　本章小结

- 有时，组件需要触及 React "数据流" 处理以外的世界，并直接与其他 API 交互，最常见的是浏览器的 API。以某种方式影响外部世界的行为被称为副作用。

- 常见的副作用包括强制设置页面标题，使用 setInterval 或 setTimeout 之类的计时器，测量 DOM 中元素的宽度或高度或位置，将消息打印到控制台，在本地存储中设置或获取值，以及获取数据或订阅/取消服务。

- 将副作用包装到一个 effect 函数，并把该 effect 函数作为 useEffect hook 的第一个参数

```
useEffect(() => {
  // perform effect
});
```

React 会在每次渲染之后运行 effect 函数。

- 要管理 effect 函数何时运行，请将依赖数组作为第二个参数传递给 useEffect hook。
- 传递一个空的依赖数组会使 React 仅运行 effect 函数一次，即当组件挂载时运行一次：

```
useEffect(() => {
  // perform effect
}, []);
```

- 在依赖数组中包含 effect 函数所有的依赖，使 React 在指定的依赖值发生变化时运行 effect 函数：

```
useEffect(() => {
  // perform effect
  // that uses dep1 and dep2
}, [dep1, dep2]);
```

- 在 effect 中返回一个 cleanup 函数，该函数会在 React 重新运行 effect 函数之前和组件卸载时运行：

```
useEffect(() => {
  // perform effect
  return () => {/* clean-up */};
}, [dep1, dep2]);
```

- 如果使用 fetch-on-render 方法，那么将在 effect 函数中获取数据。React 会先渲染组件，然后再触发获取数据的代码。当数据到达时，它将重新渲染组件：

```
useEffect(() => {
  fetch("http://localhost:3001/users")
    .then(resp => resp.json())
    .then(data => setUsers(data));
}, []);
```

- 为避免竞态条件，并遵循从 effect 函数中不返回任何内容或只返回 cleanup 函数的约定，请将 async 函数放在 effect 函数中。可以根据需要立即调用它们：

```
useEffect(() => {
  async function getUsers() {
    const resp = await fetch(url);
    const data = await (resp.json());
    setUsers(data);
  }
  getUsers();
}, []);
```

- 将不同的副作用分别放入多个 useEffect 的调用中。这将更容易理解每个 effect 的作用，通过使用多个独立的依赖列表将更容易控制 effect 的运行时机，并且也更容易将 effect 提取到自定义的 hook 中。
- 如果在重新渲染时要运行多个 effect，那么 React 会在运行任何 effect 之前，调用所有即将重新运行的 effect 的 cleanup 函数。

第 **5** 章

使用**useRef hook**管理组件状态

本章内容
- 调用 useRef hook 获得一个 ref
- 修改 ref 的 current 属性以更新 ref
- 更新组件中的状态，但并不触发组件重新渲染
- 设置 JSX 的 ref 属性，将 DOM 元素的引用赋值到一个 ref 上
- 通过 ref 访问 DOM 元素的属性和方法

组件中的绝大部分状态都会被直接呈现在应用程序的用户界面上，然而有一些状态仅仅被用来计算，而不需要被用户看到。例如，你可能会在动画中用到 setTimeout 或者 setInterval，那么就需要用到这两个方法返回的 id。或者你还可能希望操作表单中非受控输入框的 DOM 元素，那么同样需要用到这些 DOM 元素的引用。无论如何，这些状态并不需要显示给用户，因此当这些状态改变时也就不应该触发组件重新渲染。

本章开头部分的两个示例，将显示状态改变时不更新 UI 的情况：首先会对比 useState 和 useRef 这两个 hook 管理状态的区别，紧接着会给出一个更复杂的示例，显示如何在 BookablesList 组件新的显示模式中管理计时器。本章的后半部分同样有两个示例，在这两个示例中我们将探索与 DOM 元素引用有关的知识：如何让 BookablesList 组件自动获得焦点，以及如何从 WeekPicker 组件中的文本框读取日期数据。上述几个示例能够帮助你更好地理解 useRefhook 是如何协助你管理组件状态的。

好的，让我们开始吧。

5.1　更新状态但不触发重新渲染

本节将通过一个简单的 Counter 组件来介绍 ref，ref 是一种在渲染的过程中将状态持久化的方式。对于 useState hook 来说，调用某一个状态的 updater 函数通常意味着会触发重新渲染。而利用 useRef hook 可以更新状态的值，但不会改变 UI。首先，了解用户单击 Counter 组件的按钮时的交互情况，以及这部分所对应的代码。接下来，在实践中学习 useRef，重点讲解这个新 hook 的 API。

5.1.1　对比 useState 和 useRef 在更新状态值时的区别

图 5.1 显示了 Counter 组件的 4 张截图，Counter 组件包括两个按钮，其中一个显示 count 变量的值，另一个则显示 ref.current 的值。每个按钮上面的文字都是一个计数器的计数结果。两个按钮的计数器将会表现出不一致的计数行为。

单击 count 按钮，会增加计数器中的计数。截图中显示了组件初始状态以及单击按钮三次后的结果。count 按钮对应的计数器从 1 开始依次变更为 2、3、4。计数器每增加一次，都会触发重新渲染，因此 Counter 组件总是显示最新的计数结果。

图 5.1　单击 count 按钮，对应的计数器会随着每次单击加 1。事件处理程序通过调用 count 的 updater
函数来改变 count 的值，每次更新 count 后 React 都会重新渲染组件

图 5.2 显示了单击 ref.current 按钮三次后的结果。其对应的计数器看起来没有发生变化。组件一直显示的计数结果都是 1。实际上，该值已改变了，同样是从 1 开始依次变更为 2、3、4。只不过改变的是 ref.current 的值，而这并不会触发 React 重新渲染，因此 Counter 组件一直显示的是初始值。

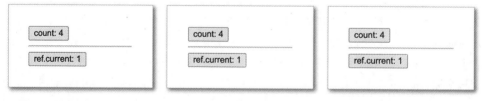

图 5.2　单击 ref.current 按钮三次后，用户界面看起来没有任何改变。实际上，事件处理程序已经将
ref.current 依次递增为 2、3、4 了，然而 React 并没有重新渲染组件

再次单击 count 按钮，其对应的计数器从 4 变为 5。如图 5.3 所示，React 重新渲染组件，显示出最新的计数结果。这个操作也改变了 ref.current 按钮中的内容，ref.current 显示为最新的值：4。

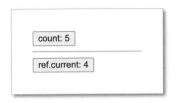

图 5.3　再次单击 count 按钮，count 增加到 5。React 重新渲染组件，count 和 ref.current 都显示最新的值

前面的章节已经学习了如何使用 useState hook 实现一个类似 count 按钮行为的组件。那么要如何实现 ref.current 按钮这样的行为呢？也就是如何在多次渲染的过程中保持状态，并在更新 ref 时不触发重新渲染。代码清单 5.1 正是实现前述示例的代码，其中首次使用了 useRef hook。

线上示例：https://gh6xz.csb.app/，代码：https://codesandbox.io/s/counterstatevsref-gh6xz

代码清单 5.1　对比 useState 和 useRef 在更新状态时的区别

使用 useRef 初始化 ref

```
import React, { useRef, useState } from "react";

function Counter() {
  const [count, setCount] = useState(1);        ← 使用 useState 初始化 count
  const ref = useRef(1);

  const incCount = () => setCount(c => c + 1);   ← 定义一个处理程序，每次调用 setCount 将 count 加 1

  const incRef = () => ref.current++;            ← 定义一个更新 ref 的 current 属性的处理程序

  return (
    <div className="App">
      <button onClick={incCount}>count: {count}</button>    ← 调用更新 count 值的处理程序
      <hr />
      <button onClick={incRef}>ref.current: {ref.current}</button>    ← 调用更新 ref 值的处理程序
    </div>
  );
}
```

那么，为什么两个按钮的行为不一致呢？这是因为其中一个使用了 useState hook，而另一个使用了 useRef hook。

count 按钮通过调用 useState 让 React 管理计数器的状态。按钮对应的事件处理程序使用状态值的 updater 函数——setCount，更新计数器的计数结果。调用 updater 函数会改变该状态值，并触发重新渲染。React 可以在多次渲染的过程中保持状态，并在每次渲染时将最新的状态返回给组件，组件再将这个状态赋值给名为 count 的变量。

ref.current 按钮通过调用 useRef 让 React 管理计数器的状态。useRef hook 返回一个名为 ref 的对象，可以将状态值存储在 ref 中。改变 ref 中存储的该状态值不会触发重新渲染。React 可以在多次渲染的过程中保持状态，并在每次渲染时将同一个 ref 对象返回给组件，组件将这个对象赋值给名为 ref 的变量。

　　代码清单 5.1 中定义的两个按钮，分别使用 {count} 和 {ref.current} 将状态的值显示在按钮的文本中，并在用户单击时调用对应的处理程序。但是 .current 究竟是什么呢？接下来深入学习如何调用 useRef。

5.1.2　调用 useRef

　　在代码清单 5.1 中，调用 useRef 从 React 中获得一个 ref 对象，并将其初始值设置为 1。随后，将 ref 对象赋值给一个名为 ref 的变量。

```
const ref = useRef(1);
```

　　useRef 函数返回一个对象，如图 5.4 所示，该对象有一个名为 current 的属性。React 每次运行该组件代码时，都会调用 useRef 并返回同一个 ref 对象。

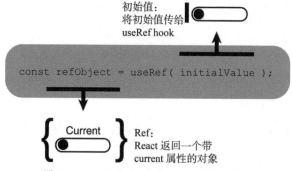

图 5.4　useRef 返回一个带 current 属性的对象

　　第一次调用该组件的代码时，React 会将传给 useRef 函数的初始值赋值给 ref 对象的 current 属性。

```
const ref1 = useRef("Towel");
const ref2 = useRef(42);

ref1.current;  // "Towel"
ref2.current;  // 42
```

　　在接下来的每次渲染中，React 将根据 useRef 的调用顺序，把相同的这些 ref 对象分别赋值到各自对应的变量上。可以通过将状态赋值给 ref 对象的 current 属性，持久化这些状态。

```
ref1.current = "Babel Fish";
ref2.current = "1,000,000,000,000";
```

　　修改 ref 对象的 current 属性不会触发重新渲染。这是因为 React 总是返回相同的 ref 对象，当该组件再次被执行时，便可以访问到状态最新的值。

　　按钮的例子有些简单，而且有些奇怪——会有谁想要一个坏掉的按钮呢？现在是时候看一些更复杂的示例了。

5.2 在 ref 中保存计时器 ID

上节学习了如何使用 useRef hook 在函数式组件多次渲染的过程中保持状态。若要更新 useRef 返回的 ref 对象，可以将想要保存的数据赋值给它的 current 属性。这种修改 current 属性的方式不会引起组件重新渲染。本节将会学习一个更为复杂的示例，利用 useRef hook 在 React 中管理计时器的 ID。我们会在预订应用程序中进行实践。

假设你的老板希望你为 BookablesList 组件开发一个演示模式。演示模式如图 5.5 所示，组件利用一个计时器自动依次选中每个可预订信息，显示其细节，直到单击 Stop 按钮，自动演示才会结束。你的老板认为这个功能非常适用于公司前厅的屏幕，这个屏幕是公司去年购置的。

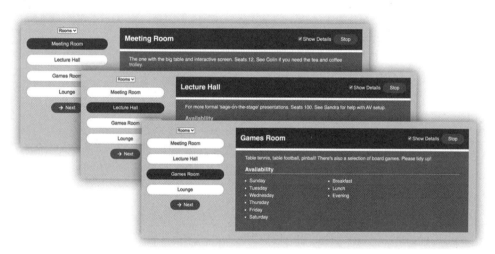

图 5.5　在演示模式中，应用程序会自动循环播放可预订信息，显示其细节，直到单击右上角的 Stop
　　　　按钮才会结束

在演示模式中，组件会循环遍历一个组中的所有可预订信息。当遍历到最后一个时，返回到开头重新遍历。我们使用一个计时器来规划组件如何遍历下一个可预订信息。如果用户单击了 Stop 按钮，演示模式就会结束，同时还要取消所有正在运行的计时器。代码清单 5.2 显示了用于保存计时器 ID 的 ref，用于设置计时器的全新 effect，以及 Stop 按钮的 UI。

分支：0501-timer-ref，文件：/src/components/Bookables/BookablesList.js
代码清单 5.2　在演示模式中使用 ref 保存计时器 ID

```
import {useReducer, useEffect, useRef, Fragment} from "react";    ◄
import {sessions, days} from "../../static.json";                      导入 useRef hook
import {FaArrowRight} from "react-icons/fa";
import Spinner from "../UI/Spinner";
import reducer from "./reducer";
```

```
import getData from "../../utils/api";

const initialState = { /* unchanged */ };

export default function BookablesList () {

  // unchanged variable setup

  const timerRef = useRef(null);

  useEffect(() => { /* load data */ }, []);

  useEffect(() => {

    timerRef.current = setInterval(() => {
      dispatch({ type: "NEXT_BOOKABLE" });
    }, 3000);


    return stopPresentation;
  }, []);
  function stopPresentation () {
    clearInterval(timerRef.current);
  }

  function changeGroup (e) { /* unchanged */ }
  function changeBookable (selectedIndex) { /* unchanged */ }
  function nextBookable () { /* unchanged */ }
  function toggleDetails () { /* unchanged */ }

  // unchanged UI for error and loading

  return (
    <Fragment>
      <div>
      { /* list of bookables */ }
      </div>

        {bookable && (
        <div className="bookable-details">
          <div className="item">
            <div className="item-header">
              <h2>
                {bookable.title}
              </h2>
              <span className="controls">
                <label>
                  <input
                    type="checkbox"
                    checked={hasDetails}
                    onChange={toggleDetails}
                  />
                  Show Details
                </label>
                <button
```

将一个 ref 赋值给 timerRef 变量

当组件首次挂载时，运行 effect

启动一个计时器，并将计时器的 ID 赋值给 ref 的 current 属性

返回一个函数用于清除计时器

使用计时器 ID 清除计时器

添加一个 Stop 按钮

```
        className="btn"
        onClick={stopPresentation}              ←────── 单击按钮时调用
      >                                                 stopPresentation 函数
        Stop
      </button>
    </span>
  </div>

    { /* further details */ }
    </div>
  </div>
 )}
</Fragment>
);
}
```

新的 effect 中设置了计时器，浏览器的 setInterval 方法可返回一个 ID。可以使用这个 ID
在必要时(用户单击 Stop 按钮或者切换到应用程序的其他页面时)清除计时器。需要保存这个
ID，然而在启动或者停止计时器时，组件并不需要被重新渲染，因此不必使用 useState hook。
可以用 useRef hook 代替 useState hook，因此需要导入 useRef:

```
import {useReducer, useEffect, useRef, Fragment} from "react";
```

由于组件在初始化时还没有计时器，因此在调用 useRef 时可将 null 作为初始值传给 useRef
函数。每次组件渲染，useRef 都会返回同一个 ref 对象，可将其赋值给 timerRef 变量:

```
const timerRef = useRef(null);
```

将计时器的 ID 赋值到 ref 的 current 属性上，这样 ref 就可以保存计时器的 ID 了。

```
timerRef.current = setInterval(/* wibbly-wobbly, timey-wimey stuff */, 3000);
```

stopPresentation 函数使用保存在 timerRef.current 中的 ID 清除计时器，停止演示模式。
stopPresentation 会在两种情况下执行：当用户单击 Stop 按钮时；第二个 effect 返回的是一个清
除函数时，即当用户切换到应用程序的其他页面时，组件将被卸载，这个清除函数会被调用，
也就是执行 stopPrensentation。

```
function stopPresentation () {
  window.clearInterval(timerRef.current);
}
```

本节的示例展示了使用 ref 保存状态的另外一种用法，同样实现了更新状态但是不触发组
件重新渲染。当设置或者清除计时器的 ID 时，并没有必要重新渲染组件，因此使用 ref 保存 ID
是非常合理的。下节将介绍 ref 的另外一种常见的用法，保存 DOM 元素的引用。

5.3 保存 DOM 元素的引用

如果你之前使用过 ref，那么可能会对 5.2 节中 ref 的用法感到奇怪——将 ref 用于更新状态但不重新渲染这种场景。本节将会回归 ref 之前的用法：使用 useRef hook 保存按钮和表单元素的引用。可以使用这些引用绕过 React 的"state-to-UI 流"，直接操作 DOM 元素。特别是下面两个常见的例子：

- 响应事件，将焦点设置到指定元素上。
- 读取非受控文本框的值。

我们将学习如何让 React 自动将 DOM 元素的引用赋值到 ref 对象的 current 属性上，这样就可以直接操作元素，或者从元素中读取数据。上面两个示例中用于演示的组件都来自预订应用程序。5.3.2 节将为 WeekPicker 组件添加一个文本框。但在此之前，首先要修改 BookablesList 组件，令用户更方便使用键盘依次浏览可预订信息。

5.3.1 在事件响应中将焦点设置到指定元素上

你的老板对于预订应用程序又有了一个新的想法。忘记演示模式吧！当用户选中一个可预订信息时，将焦点自动设置到 Next 按钮上，这个想法是不是很棒！这样，用户只需要按空格键，就可以查看下一个可预订信息了。图 5.6 显示了这种交互方式。

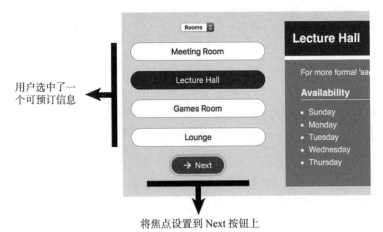

图 5.6 当用户选中可预订信息时，将焦点自动设置到 Next 按钮上

可以新增一个额外的状态，如 nextHasFocus。每当这个状态改变时，都会触发重新渲染并将焦点设置到 Next 按钮上。但是，浏览器内置了 focus 方法，因此如果可以获得按钮元素的引用，就可以调用 focus 方法，将焦点设置到按钮上。

```
const nextButtonEl = document.getElementById("nextButton");

nextButtonEl.focus();
```

不过，既然选择使用 React，就应当尽可能遵循"state-to-UI 流"。由于 React 会响应状态变化更新 DOM，因此很难把握 getElementById 更新 DOM 的时机。此外，同一个组件在应用程序中被重复使用是非常普遍的情况，因此对于同一个组件来说，在多个实例中通过唯一的 id 属性获取组件中的元素，这种做法只会导致问题，而不是解决问题。幸运的是，React 提供了一种机制，可以直接将 DOM 元素的引用赋值给 useRef hook 创建的 ref。

代码清单 5.3 显示了 BookablesList 组件的代码，在其中新增了三处代码，以便能够将焦点设置到 Next 按钮上。新增代码如下：

(1) 创建一个新的 ref——nextButtonRef，之后将 Next 按钮元素的引用赋值给 nextButtonRef。

(2) 在 JSX 中添加一个特殊的属性 ref，以要求 React 自动将按钮元素的引用赋值给 nextButtonRef.current。

(3) 使用 nextButtonRef.current 将焦点设置到 Next 按钮上。

> 分支：0502-set-focus，文件：/src/components/Bookables/BookablesList.js
> 代码清单 5.3　使用 ref 设置焦点

```
import {useReducer, useEffect, useRef, Fragment} from "react";
import {sessions, days} from "../../static.json";
import {FaArrowRight} from "react-icons/fa";
import Spinner from "../UI/Spinner";
import reducer from "./reducer";
import getData from "../../utils/api";

const initialState = { /* unchanged */ };

export default function BookablesList () {
  // unchanged variable setup
  const nextButtonRef = useRef();        ◄——  调用 useRef，将返回的 ref
                                               赋值给变量 nextButtonRef
  useEffect(() => { /* load data */ }, []);

  // remove timer effect and stopPresentation function

  function changeGroup (e) { */ unchanged */ }

  function changeBookable (selectedIndex) {
    dispatch({
      type: "SET_BOOKABLE",
      payload: selectedIndex
    });
    nextButtonRef.current.focus(); ◄——
  }                                      使用 ref 将焦点设置到
                                         Next 按钮上
  function nextBookable () { /* unchanged */ }
  function toggleDetails () { /* unchanged */}

  if (error) {
    return <p>{error.message}</p>
  }
```

```
if (isLoading) {
  return <p><Spinner/> Loading bookables...</p>
}

return (
  <Fragment>
    <div>
      <select value={group} onChange={changeGroup}>
        {groups.map(g => <option value={g} key={g}>{g}</option>)}
      </select>
      <ul className="bookables items-list-nav">
        { /* unchanged */ }
      </ul>
      <p>
        <button
          className="btn"
          onClick={nextBookable}
          ref={nextButtonRef}        ◀─────  将 JSX 中的属性 ref 设置
          autoFocus                           为 nextButtonRef
        >
          <FaArrowRight/>
          <span>Next</span>
        </button>
      </p>
    </div>

    {bookable && (
      <div className="bookable-details">
        { /* Stop button removed */ }
      </div>
    )}
  </Fragment>
);
}
```

代码清单 5.3 调用了 useRef hook，并将返回的 ref 赋值给变量 nextButtonRef：

```
const nextButtonRef = useRef();
```

并不需要设置一个初始值，因为 React 会自动为 nextButtonRef.current 分配一个值。需要为 Next 按钮设置焦点，但不必"亲自"操作 DOM，而只需要将 ref——nextButtonRef 赋值到用户界面 JSX 中的按钮的特殊属性 ref 上即可。

```
<button
  className="btn"
  onClick={nextBookable}
  ref={nextButtonRef}
  autoFocus
>
  <FaArrowRight/>
  <span>Next</span>
</button>
```

一旦 React 为 DOM 创建了按钮元素，就会将该元素的引用赋值给 nextButtonRef.current

属性。可以在 changeBookable 函数中调用该引用的 focus 方法，为按钮设置焦点。

```
function changeBookable (selectedIndex) {
  dispatch({
    type: "SET_BOOKABLE",
    payload: selectedIndex
  });
  nextButtonRef.current.focus();
}
```

当用户在可预订信息列表中直接选中某一条可预订信息时，组件会调用 changeBookable 函数。如此一来，每当选中一个可预订信息，焦点就会被设置到 Next 按钮上。这正是老板想要的！干得漂亮！

上面这个示例显示了如何利用 useRef hook 创建一个 ref，以及 React 如何将 DOM 元素的引用赋值到这个 ref 上。不得不承认，这个应用场景确实不是很自然，但是它确实展示了完整的操作步骤。采用代码调用的方式为页面上某个元素设置焦点的这种做法一定要谨慎，应确保不会影响用户体验，不会降低应用程序的易用性。这种方式虽然可行，但是需要进行详尽的用户测试。

5.3.2　利用 ref 控制文本框

第 3 章介绍了 WeekPicker 组件。使用该 WeekPicker 组件可切换星期选择：单击 Prev 和 Next 按钮即可切换选中的星期；如果单击 Today 按钮，则立刻选中今天所在的星期。图 5.7 显示的便是第 3 章中开发的 WeekPicker 组件。

图 5.7　第 3 章的 WeekPicker 组件，包含三个按钮，可切换星期选择，也可以跳转到今天所在的星期

如果有一个用户想要为几个月之后的活动预订会议室，那么就不得不一直单击 Next 按钮直到找到理想的日期。如果用户能够输入指定的日期，然后直接跳转到该日期所在的星期，那么这会是更好的体验。图 5.8 显示的是一个改进后的 WeekPicker 组件，包含了一个文本框以及一个 Go 按钮。

图 5.8　包含一个文本框和一个 Go 按钮，且能够直接输入日期的 WeekPicker 组件

WeekPicker 组件的 reducer 中已经包括对 SET_DATE 这个 action 的处理。可以直接使用这个 action。代码清单 5.4 将为 WeekPicker 组件添加文本框和 Go 按钮 UI 部分的代码，并为文本框设置一个 ref，将 goToDate 作为事件处理程序绑定到 Go 按钮上。

分支：0503-text-box，文件：/src/components/Bookings/WeekPicker.js

代码清单 5.4　带有文本框和 Go 按钮的 WeekPicker 组件

```
import {useReducer, useRef} from "react";
import reducer from "./weekReducer";
import {getWeek} from "../../utils/date-wrangler";
import {
  FaChevronLeft,
  FaCalendarDay,
  FaChevronRight,
  FaCalendarCheck
} from "react-icons/fa";

export default function WeekPicker ({date}) {
  const [week, dispatch] = useReducer(reducer, date, getWeek);
  const textboxRef = useRef();          创建一个 ref，用来保存
                                        文本框的引用

  function goToDate () {
    dispatch({
      type: "SET_DATE",                分派 SET_DATE 这个 action
      payload: textboxRef.current.value    通过 ref 获取文本
    });                                     框中的文字
  }

  return (
    <div>
      <p className="date-picker">
        // Prev button
        // Today button

        <span>
          <input
            type="text"
            ref={textboxRef}           为 UI 添加一个带 ref 属性
            placeholder="e.g. 2020-09-02"   的文本框
            defaultValue="2020-06-24"
          />
                                  将 Go 按钮添加到 UI 中
          <button
            className="go btn"
            onClick={goToDate}        指定一个设置日期
          >                           的处理程序
            <FaCalendarCheck/>
            <span>Go</span>
          </button>
        </span>

        // Next button
      </p>
      <p>
        {week.start.toDateString()} - {week.end.toDateString()}
      </p>
    </div>
  );
}
```

定义响应
Go 按钮的
事件处理
程序

在组件执行渲染，并更新 DOM 之后，React 会将输入框元素(文字输入框)的引用赋值给 textboxRef 变量的 current 属性。当用户单击 Go 按钮时，goToDate 函数使用这个引用从文本框中获取文字：

```
function goToDate () {
  dispatch({
    type: "SET_DATE",
    payload: textboxRef.current.value
  });
}
```

总而言之，textboxRef.current 持有输入框元素(文本框)的引用，textboxRef.current.value 是文本框中的文字内容。

非受控组件

WeekPicker 组件的状态中包括文本框中的文字。在这个示例中，组件并不会管理这个状态。组件并不关心用户是否正在文本框中输入文字，虽然浏览器此时会在用户输入时显示最新的内容。只有当用户单击了 Go 按钮，才会利用 ref 从 DOM 中读取文字内容，然后将其 dispatch 到对应的 reducer 中。这类利用 DOM 管理状态的组件被称为非受控组件。

WeekPicker 这个示例显示了如何在表单中使用 ref，然而这种方式与通过 useState 和 useReducer 管理 UI 中状态的理念是相违背的。React 推荐使用受控组件，受控组件则是利用 React 管理状态。

受控组件

接下来会把 WeekPicker 改造为受控组件，不再从 DOM 中获取文本框的内容，而是由 useState hook 取而代之：

```
const [dateText, setDateText] = useState("2020-06-24");
```

可以将 dateText 状态设置为文本框 value 属性的值，并且当用户在文本框中输入时，使用对应的 updater 函数 setDateText 更新该 dateText 状态。

```
return (
  <div>
    <input
      type="text"
      value={dateText}          ◄── 将 dateText 状态设置为
                                      文本框 value 属性的值      当用户在文本框
      onChange={(e) => setDateText(e.target.value)} ◄──        中输入时，更新
    />                                                          dateText 状态
    <button onClick={goToDate}>Go</button>
  </div>
);
```

最后，goToDate 函数不再需要文本框的引用，可以直接将 dateText 分派给 reducer。

```
function goToDate () {
```

```
dispatch({
  type: "SET_DATE",
  payload: dateText
});
}
```

使用受控组件时，数据流始于组件终于 DOM，这符合 React 的标准处理方法。

5.4　本章小结

- 如果希望用React 管理状态，又不想状态变更时触发重新渲染，就可以选择使用 useRef hook。例如，使用 useRef hook 存储 setTimeout 和 setInterval 的 id，或存储 DOM 元素的引用。如果需要，还可以为其设置初始值。调用 useRef 之后会返回一个对象，初始值会被设置到该对象的 current 属性上：

```
const ref = useRef(initialValue);
ref.current; // initialValue
```

- 每次运行该组件时，调用 useRef 都会返回同一个 ref 对象。将一些值赋给 ref 对象的 current 属性，这样，在每次渲染过程中 ref 都会保存这些值。

```
ref.current = valueToStore;
```

- React 可以自动将 DOM 元素的引用赋值给 ref 的 current 属性。将 ref 变量赋给 JSX 中某个元素的 ref 属性即可：

```
const myRef = useRef();        ←──────┐创建一个 ref

...

return (
  <button ref={myRef}>Click Me!</button>   ←───┐在 JSX 的 ref 属性中指
);                                              定该 ref

...                          ┌current属性的值就是按
                             │钮元素的引用
myRef.current;   ←───────────┘
```

- 可以使用 ref 与 DOM 元素交互。例如，设置元素的焦点：

```
myRef.current.focus();
```

- 直接从 DOM 中读取自身状态的组件被称为非受控组件。可以通过 ref 读取或者更新其状态。
- React 推荐使用受控组件。可使用 useState hook 或者 useReducer hook 管理组件状态，React 会使用最新状态更新 DOM。组件和 DOM 之间将不再存在状态不一致的问题，你可以完全信赖你的组件。

第 **6** 章

管理应用程序的状态

到目前为止，我们已经学习了组件如何利用 useState、useReducer 和 useRef 管理自身的状态，以及使用 useEffect hook 加载状态数据。但是，当多个组件一起工作时，使用共享状态生成它们的 UI 界面是很常见的。每个组件都可能拥有一个嵌套后代组件的层级结构，并需要为这些后代组件提供数据，因此这些状态值可能需要到达后代组件的深处。

本章会研究一些概念和方法，通过将状态提升到共同的父组件的方式，来管理子组件状态的可用性。第 8 章将介绍何时应使用 React 的 Context API，以及它如何使这些状态值直接对需要的组件可用。本章会继续讨论通过 prop 将状态传递给子组件的方式。

在 6.1 节中，首先介绍一个新的 Colors 组件，该组件与三个子组件共享一个"选中的颜色"状态。这个状态由其父组件管理，我们将讲解如何通过子组件更新这个共享状态。本章的其余部分将通过预订应用程序的示例探讨两种共享状态的方法：将状态对象和用于 reducer 的 dispatch 函数传递给子组件，或将状态值和 updater 函数传递给子组件。这两种方法都是很常见的模式，并有助于暴露出一些关于 state、prop、effect 和依赖项的常见问题。最后将学习 useCallback，这个 hook 能够借助 React 维护作为 prop 传入的函数标识，尤其是当子组件将这些函数视为依赖项时。

首先通过一个颜色选择器的示例重新认识 prop。

6.1　向子组件传递共享状态

当有多个不同的组件需要使用同一份数据构建它们的 UI 时，最直接的方式是通过 prop 将这些数据共享给子组件。本节将通过一个新的示例——Colors 组件，来介绍如何传递 prop(特别是传递状态值和传递 useState 返回的 updater 函数)，如图 6.1 所示。该组件包含了如下三个 UI 部分：

- 一个颜色列表，选定的颜色会突出显示。
- 一段文本，用来显示选定的颜色。
- 一个颜色块，其背景被设置为选定的颜色。

单击列表中的一个颜色(圆圈中的一个)，选定的颜色会突出显示，并且文本和颜色块会更新。可以在 CodeSandbox(https://hgt0x.csb.app/)上查看并操作这个组件。

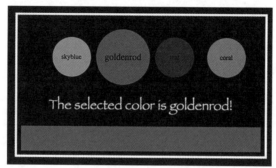

图 6.1　Colors 组件。当用户选定一个颜色时，菜单、文本和颜色块都会更新。例如当选中 goldenrod 颜色时，其菜单项对应的圆圈会变大，文本更新为 "...goldenrod!"，并且颜色块的颜色变为 goldenrod

6.1.1　通过设置子组件的 prop 传递父组件的状态

代码清单 6.1 展示了 Colors 组件的代码。它导入了三个子组件：ColorPicker、ColorChoiceText 和 ColorSample。每个子组件都需要选定颜色的 prop，因此 Colors 组件保存了这个状态并将其作为 prop(JSX 中的一个属性)传给了这些子组件。它还将可用的颜色列表和 setColor updater 函数传给了 ColorPicker 组件。

线上示例：https://hgt0x.csb.app/，代码：https://codesandbox.io/s/colorpicker-hgt0x

代码清单 6.1　Colors 组件

```
import React, {useState} from "react";

import ColorPicker from "./ColorPicker";          ┐
import ColorChoiceText from "./ColorChoiceText";  ├ 导入子组件
import ColorSample from "./ColorSample";          ┘

export default function Colors () {
```

```
const availableColors = ["skyblue", "goldenrod", "teal", "coral"];
                                                                        定义状
const [color, setColor] = useState(availableColors[0]);                  态值

return (
  <div className="colors">
    <ColorPicker
      colors={availableColors}
      color={color}
      setColor={setColor}                            将合适的状态值作为
    />                                               prop 传递给子组件
    <ColorChoiceText color={color} />
    <ColorSample color={color} />
  </div>
);
}
```

Colors 组件将两种类型的 prop 传递给了子组件：子组件的 UI 需要用到的状态值，即 colors 和 color；用于更新共享状态的 setColor 函数。先来看一下状态值。

6.1.2　从父组件接收状态作为 prop

ColorChoiceText 和 ColorSample 组件都需要显示当前选定的颜色。ColorChoiceText 直接用文本描述选定颜色，而 ColorSample 使用选定的颜色设置其背景色。它们从 Colors 组件接收颜色值，如图 6.2 所示。

Colors 组件是离共享状态的子组件最近的共同父组件，因此可在 Colors 中管理该状态。如图 6.3 所示，ColorChoiceText 组件显示一条说明选定颜色的消息。该组件仅使用颜色值作为 UI 的一部分；它并不需要更新这个值。

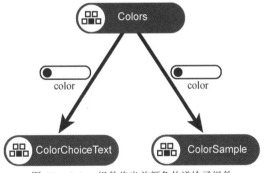

图 6.2　Colors 组件将当前颜色传递给子组件

The selected color is goldenrod!

图 6.3　ColorChoiceText 组件直接用文本
描述选定的颜色

代码清单 6.2 展示了 ColorChoiceText 组件的代码。当 React 调用该组件时，它会将父组件设置的包含所有 prop 的对象传递给该组件的第一个参数。这里的代码解构了 prop，将 color prop 赋值给一个同名的局部变量。

线上示例：https://hgt0x.csb.app/，代码：https://codesandbox.io/s/colorpicker-hgt0x

代码清单 6.2　ColorChoiceText 组件

```
import React from "react";                          ◄────  从父组件接收 color
                                                            状态作为其 prop
export default function ColorChoiceText({color}) {  ◄────
  return color ? (                                  ◄────  检查 color 是否存在
    <p>The selected color is {color}!</p>           ◄────
  ) : (
    <p>No color has been selected!</p>              ◄────  在 UI 中使用该 prop
  )
}
```

如果父组件没有设置 color，就返回备选的 UI

假如父组件没有设置 color prop 呢？ColorChoiceText 组件很容易处理这种情形；它会返回备选的 UI 并显示没有选定的颜色的提示。

如图 6.4 所示，ColorSample 组件展示了一个背景被设置为选定颜色的色块。

图 6.4　ColorSample 组件显示了一个背景为选定颜色的色块

ColorSample 采取了另一种不同的方法来处理没有传入 prop 的情况。它不返回任何 UI！在代码清单 6.3 中，可以看到该组件会检查 color 的值。如果 color 不存在，那么该组件会返回 null，并且 React 不会在元素树的该挂载点上渲染任何 UI。

线上示例：https://hgt0x.csb.app/，代码：https://codesandbox.io/s/colorpicker-hgt0x

代码清单 6.3　ColorSample 组件

```
import React from "react";                          ◄──  从父组件接收状态
                                                         作为其 prop
export default function ColorSample({color}) {      ◄──
  return color ? (                                  ◄──  检查 color 是否存在
    <div
      className="colorSample"
      style={{ background: color }}
    />
  ) : null;                                         ◄──  如果 color 不存在，不
}                                                        渲染任何 UI
```

作为 prop 解构语法的一部分，还可以为 color 设置一个默认值。如果父组件没有指定一个颜色，那么或许应该是白色？

```
function ColorSample({color = "white"}) {           ◄──  为 prop 指定一个默认值
  return (
    <div
      className="colorSample"
      style={{ background: color }}
```

```
      />
   );
}
```

默认值对某些组件来说是可行的，但是对于需要共享状态且以颜色为主的这些组件来说，则必须确保所有的默认值都是一致的。因此要么返回备选的 UI 要么不返回 UI。如果组件在缺少 prop 的情况下无法工作，并且默认值行不通，那么应该抛出一个错误说明缺少 prop。

还可以使用 PropTypes 指定期望的 prop 以及其类型，尽管我们不会在本书中研究它。React 在开发环境中会使用 PropTypes 并针对问题给出警告(https://reactjs.org/docs/typechecking-with-proptypes.html)。或者可以使用 TypeScript 替代 JavaScript，从而对整个应用程序进行类型检查(www.typescriptlang.org)。

6.1.3　从父组件接收 updater 函数作为 prop

ColorPicker 组件使用两个状态值生成它的 UI：可用颜色列表和选定的颜色。它将可用的颜色显示为列表项，并且应用程序使用 CSS 将它们渲染成一行彩色的圆圈，如图 6.5 所示。图中选中的颜色 goldenrod，其形状比其他颜色的大。

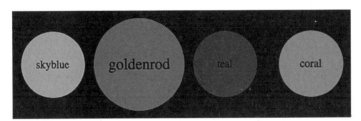

图 6.5　ColorPicker 组件显示了一个颜色列表，并且突出显示了选中的颜色

Colors 组件将其使用的两个状态值传递给 ColorPicker 组件。Colors 组件也需要提供一种方法让所有三个子组件能够更新选中的颜色。它通过传递 setColor updater 函数将该职责委托给 ColorPicker 组件，如图 6.6 所示。

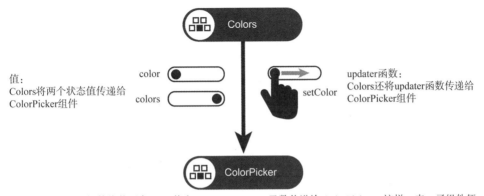

图 6.6　Colors 组件将其两个 state 值和 setColor updater 函数传递给 ColorPicker。这样一来，子组件便可以设置 color 的状态值

代码清单 6.4 展示了 ColorPicker 组件解构 prop 参数，并将三个 prop 赋值给局部变量——colors、color 和 setColor 的过程。

线上示例：https://hgt0x.csb.app/，代码：https://codesandbox.io/s/colorpicker-hgt0x

代码清单 6.4　ColorPicker 组件

```
import React from "react";

export default function ColorPicker({colors = [], color, setColor}) {   ←
  return (                                    从父组件接收 state 和 updater 函数作为 prop
    <ul>
      {colors.map(c => (
        <li
          key={c}
          className={color === c ? "selected" : null}
          style={{ background: c }}
          onClick={() => setColor(c)}   ←      使用 updater 函数设置
        >                                      父组件的状态
          {c}
        </li>
      ))}
    </ul>
  );
}
```

解构语法包含了一个 colors 的默认值：

```
{colors = [], color, setColor}
```

ColorPicker 组件遍历 colors 数组，为每个可用颜色创建一个列表项。如果父组件没有设置 colors prop，则使用空数组作为默认值，这会导致组件返回一个空的无序列表。

更有趣(相对于一本关于 React Hooks 的书来说)的是 color 和 setColor prop。这些 prop 来自父组件 useState 的调用：

```
const [color, setColor] = useState(availableColors[0]);
```

ColorPicker 并不关心它们来自哪里；它只是期望有一个保存当前颜色的 color prop 和一个可以被调用来设置某处颜色的 setColor prop 函数。ColorPicker 在每个列表项的 onClick 事件处理程序中都使用了 setColor updater 函数。通过调用 setColor 函数，子组件 ColorPicker 能够设置父组件 Colors 的状态。然后父组件重新渲染，用新选定的颜色更新所有的子组件。

这里从头创建了 Colors 组件，知道需要将共享状态传递给子组件。但有时，在使用已有的组件时，随着项目开发的逐步推进才意识到它们的状态可能也是其他兄弟组件需要的。在 6.2 节中，我们将一同看看几种将状态从子组件提升到父组件，以提高其可用性的方法。

6.2　拆分组件

在我们的应用程序中，React 提供了 useState 和 useReducer hook 两种管理状态的方式。每种 hook 都提供了一种更新状态并触发重新渲染的方法。通过某个组件的 effect、事件处理程序和 UI 直接访问本地状态变量很方便，但同时也会使组件的状态变得臃肿和混乱，一小部分的 UI 状态改变会导致整个组件重新渲染。我们需要在应用程序开发中权衡这种便利性。

应用程序中的新组件只需要部分的状态，因此需要共享那些状态，而在这之前，有一个组件封装了所有的状态。是否需要将状态和 updater 函数提升至父组件？或者提升 reducer 和 dispatch 函数？如何改变现有的组件结构以移动状态？

本节将继续以预订应用程序示例为背景来回答这些问题。我们将特别关注以下几个方面：

- 将组件视为大型应用程序的一部分。
- 在一个页面 UI 中组织多个组件。
- 创建一个 BookableDetails 组件。

对于现有的 React 开发者来说，这些概念并不新鲜。我们的目标是在使用 React Hooks 时，考虑代码是否需要更改以及如何更改。

6.2.1　将组件视为大型应用程序的一部分

在第 5 章中，BookablesList 组件拥有两个职责：根据选定的分组显示可预订列表和选定的可预订信息。图 6.7 展示了组件的可见列表和详情。

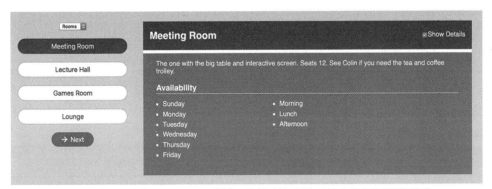

图 6.7　第 5 章中的 BookablesList 组件，它显示了可预订列表和选定的可预订信息

这个组件负责管理所有的状态：可预订对象、选定的分组、选定的可预订对象、是否显示详细信息的标记、加载状态和错误信息。作为一个没有子组件的函数式组件，它的所有状态都在本地作用域中，用于生成返回的 UI。不过切换 Show Details 的复选框将会导致整个组件重新渲染，同时还需要仔细考虑在演示模式下每次渲染期间持久化计时器 ID 的问题。

Bookings 页面还需要一个可预订列表。各个组件将挤占屏幕空间，我们希望能够灵活地分开显示可预订列表和可预订详情，如图 6.8 所示，可预订列表位于左侧。事实上，正如图 6.8

所示的那样，可能并不需要显示可预订的详情信息，而只是将这些信息保存在专门的 Bookables 页面。

图 6.8　可预订列表(左侧)也在 Bookings 页面上使用

为了能单独使用 BookablesList UI 中的列表和详情组件，将为选定的可预订详情创建独立的组件。BookablesList 组件将会继续显示分组、可预订列表和 Next 按钮，而新的 BookableDetails 组件将会显示详情，并管理 Show Details 复选框状态。

目前的 BookablesPage 组件导入并且渲染了 BookablesList 组件。我们需要做一点调整来使用新版本的列表和 BookableDetails 组件。

6.2.2　在一个页面上组织多个组件

BookablesList 和 BookableDetails 组件都需要访问选定的可预订信息。我们创建了一个 BookablesView 组件用来包装列表和详情组件，并管理共享状态。表 6.1 列出了新增的可预订信息组件，并介绍了它们是如何一起工作的。

表 6.1　可预订信息相关的组件以及它们协同工作的原理

组件	用途
BookablesPage	显示 BookablesView 组件(以及稍后会添加的新增和编辑可预订信息的表单)
BookablesView	对 BookablesList 和 BookableDetails 组件进行分组，并管理它们的共享状态
BookablesList	分组显示可预订信息列表，并允许用户通过单击可预订信息或者 Next 按钮来选择一条可预订信息
BookableDetails	显示带有复选框的可预订信息详情，复选框可用来切换可预订信息的显示或隐藏

在 6.3 节和 6.4 节中，我们会介绍两种将状态提升至 BookablesView 组件的方法：

- 将现有的 reducer 从 BookablesList 提升至 BookablesView 组件。
- 将选定的可预订信息从 BookablesList 提升至 BookablesView 组件。

首先，如代码清单 6.5 所示，更新页面组件，在导入处和显示处将组件从 BookablesList 更改为 BookablesView。

> 分支：0601-lift-reducer，文件：src/components/Bookables/BookablesPage.js
>
> 代码清单 6.5　BookablesPage 组件

```
import BookablesView from "./BookablesView";     ◄──┐ 导入新组件

export default function BookablesPage () {
  return (
    <main className="bookables-page">
      <BookablesView/>     ◄──┐ 使用新组件
    </main>
  );
}
```

在单独的仓库分支上，我们将创建两个不同的 BookablesView 组件来介绍共享状态的两种方式。无论采用哪种方式，BookableDetails 组件是相同的，因此先创建该组件。

6.2.3　创建 BookableDetails 组件

新 BookableDetails 组件与旧 BookablesList 组件 UI 的后半部分功能完全一致；它用来显示选定的可预订信息详情和一个用于切换详情信息显示的复选框。图 6.9 展示的便是该 BookableDetails 组件，它带有一个复选框、可预订信息的标题、说明和可用时间。

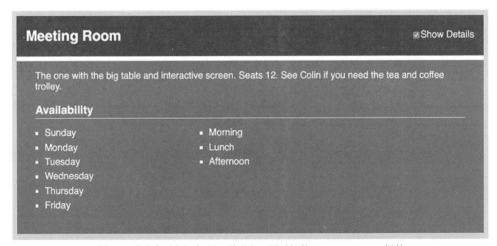

图 6.9　带有复选框、标题、说明和可用时间的 BookableDetails 组件

如图 6.10 所示，BookablesView 组件会传递选定的可预订信息，这样 BookableDetails 便可

以展示这些信息了。

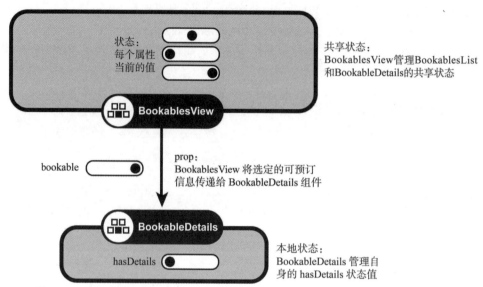

图 6.10   BookablesView 管理共享状态，并将选定的可预订信息传递给 BookableDetails 组件

代码清单 6.6 所示的是最新的组件代码。该组件接收选定的可预订信息作为组件的 prop，并管理自己的 hasDetails 状态值。

分支：0601-lift-reducer，文件：src/components/Bookables/BookableDetails.js

代码清单 6.6   BookableDetails 组件

```
import {useState} from "react";
import {days, sessions} from "../../static.json";            通过 prop 接收当
                                                             前的可预订信息
export default function BookableDetails ({bookable}) {
  const [hasDetails, setHasDetails] = useState(true);        使用本地状态保存
                                                             hasDetails 标识
  function toggleDetails () {
    setHasDetails(has => !has);            使用 updater 函数切换
  }                                        hasDetails 标识

  return bookable ? (
    <div className="bookable-details item">
      <div className="item-header">
        <h2>{bookable.title}</h2>
        <span className="controls">
          <label>
            <input                         在单击复选框时，切
              type="checkbox"              换 hasDetails 标识
              onChange={toggleDetails}
              checked={hasDetails}         使用 hasDetails 标识
            />                             设置复选框
            Show Details
```

```
      </label>
    </span>
  </div>

  <p>{bookable.notes}</p>
  {hasDetails && (
    <div className="item-details">
      <h3>Availability</h3>
      <div className="bookable-availability">
        <ul>
          {bookable.days
            .sort()
            .map(d => <li key={d}>{days[d]}</li>)
          }
        </ul>
        <ul>
          {bookable.sessions
            .map(s => <li key={s}>{sessions[s]}</li>)
          }
        </ul>
      </div>
    </div>
  )}
  </div>
) : null;
}
```

使用 hasDetails 标识显示或
隐藏可用时间部分的 UI

BookablesView 中的其他组件都不关心 hasDetails 状态值，因此将其完全封装在 BookableDetails 中是很有意义的。如果一个组件是某个状态的唯一用户，那么将状态放到该组件中似乎更容易理解。

BookableDetails 组件比较简单，它仅仅用来显示选定的可预订信息。它只需要接收该状态值便可工作。BookablesView 组件到底应该如何管理状态，这是一个比较开放的问题；应该调用 useState 还是 useReducer，还是两者都调用？接下来的两节会探讨这两种方法。6.4 节做了许多的更改以去除 reducer。但是首先，6.3 节会采取稍简单的方式，并使用 BookablesList 中现有的 reducer，将其提升至 BookablesView 组件。

6.3　共享 useReducer 返回的状态和 dispatch 函数

我们已经有了一个 reducer 来管理 BookablesList 组件中所有状态的变更。reducer 管理的 state 包括可预订信息数据、选定的分组、选定的可预订信息的索引以及表示加载中状态和错误状态的属性。如果将 reducer 提升至 BookablesView 组件，便可以使用这些 reducer 返回的状态派生出选定的可预订信息，并将其传递给子组件，如图 6.11 所示。

BookableDetails 仅需要选定的可预订信息。而 BookablesList 需要从 reducer 返回的其他状态，当用户选择可预订信息和切换分组时，它需要一种方式持续地执行 dispatch action。图 6.11 也展示了 BookablesView 将 reducer 的状态和 dispatch 函数传给 BookablesList 的过程。

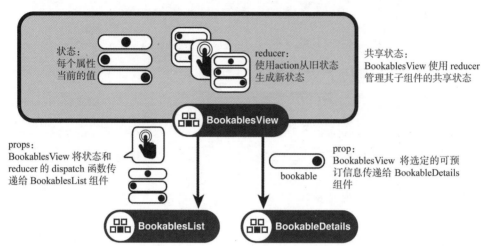

图 6.11   BookablesView 通过 reducer 管理状态，并将选定的可预订信息或全部状态传递给子组件

将 BookablesList 的状态提升到 BookablesView 组件相当简单。仅需三个步骤：

- 在 BookablesView 组件中管理状态。
- 从 reducer 中删除一个 action。
- 在 BookablesList 组件中接收状态和 dispatch 函数。

让我们从更新 BookablesView 组件来管理该状态。

6.3.1   在 BookablesView 组件中管理状态

BookablesView 组件需要导入它的两个子组件，以便将所需的状态和更新状态的方法传给它们。在代码清单 6.7 中，可以看到导入的新组件、BookablesView 管理的状态、对 useReducer hook 的调用以及使用 JSX 语法的 UI，其中状态值和 dispatch 函数是作为 prop 传入的。

分支：0601-lift-reducer，文件：src/components/Bookables/BookablesView.js

代码清单 6.7   将 bookables state 提升至 BookablesView 组件

```
import {useReducer, Fragment} from "react";

import BookablesList from "./BookablesList";          导入所有构成
import BookableDetails from "./BookableDetails";      UI 的组件

import reducer from "./reducer";          导入 BookablesList
                                          以前使用的 reducer
const initialState = {          设置没有 hasDetails
  group: "Rooms",               的初始状态
  bookableIndex: 0,
  bookables: [],
  isLoading: true,
  error: false
```

```
};
```
> 在 BookablesView 中
> 管理状态和 reducer

```
export default function BookablesView () {
  const [state, dispatch] = useReducer(reducer, initialState);
```
◄

```
  const bookablesInGroup = state.bookables.filter(
    b => b.group === state.group
  );
```
> 从状态中派生出选定
> 的可预订信息

```
  const bookable = bookablesInGroup[state.bookableIndex];
```

> 将状态和 dispatch 函
> 数传给 BookablesList
> 组件

```
  return (
    <Fragment>
      <BookablesList state={state} dispatch={dispatch}/>
```
◄

```
      <BookableDetails bookable={bookable}/>
```
◄
> 将选定的可预订信息传
> 给 BookableDetails 组件

```
    </Fragment>
  );
}
```

BookablesView 组件导入了所需的子组件,并将初始状态设置为之前存在于 BookablesList
组件中的状态。已经从中删除了 hasDetails 属性;新的 BookableDetails 组件会自行管理这个状
态,以确定是否显示详细信息。

6.3.2　从 reducer 中删除一个 action

既然 BookableDetails 组件自己负责切换详细信息的显示与隐藏,那么 reducer 就不再需要
切换共享的状态值(hasDetails)的 action,因此可以从 reducer.js 中删除以下的 case 语句:

```
case "TOGGLE_HAS_DETAILS":
  return {
    ...state,
    hasDetails: !state.hasDetails
  };
```

除此之外,reducer 可以保持不变。太好了!

6.3.3　在 BookablesList 组件中接收状态和 dispatch 函数

BookablesList 组件需要做一些调整。它不再依赖于自己的本地 reducer 和 action,而是依赖
BookablesView 组件(或渲染它的其他父组件)。BookablesList 的代码相对较长,因此可逐块分析
它。代码的结构如下所示:

```
export default function BookablesList ({state, dispatch}) {
  // 1. Variables
  // 2. Effect
  // 3. Handler functions
  // 4. UI
}
```

接下来的四个小节将讨论所有需要修改的地方。将这些片段拼在一起,就会得到一个完整
的组件。

变量

除了状态和 dispatch 两个新的 prop 外，BookablesList 组件中没有添加额外的变量。但是随着 reducer 提升至 BookablesView 组件，并且不再需要显示可预订详情，代码存在一些删减。代码清单 6.8 是删减后的代码。

分支：0601-lift-reducer，文件：src/components/Bookables/BookablesList.js

代码清单 6.8   BookablesList: 1. 变量

```
import {useEffect, useRef} from "react";
import {FaArrowRight} from "react-icons/fa";          将状态和 dispatch prop
import Spinner from "../UI/Spinner";                   赋值给局部变量
import getData from "../../utils/api";
export default function BookablesList ({state, dispatch}) {  ◄
  const {group, bookableIndex, bookables} = state;
  const {isLoading, error} = state;

  const bookablesInGroup = bookables.filter(b => b.group === group);
  const groups = [...new Set(bookables.map(b => b.group))];

  const nextButtonRef = useRef();

  // 2. Effect
  // 3. Handler functions
  // 4. UI
}
```

reducer 和它的初始状态没有了，hasDetails 标识也没有了。最终，不再需要显示可预订详情信息，因此可删除 bookable 变量。

effect

除了一个小的细节外，effect 几乎没有改变。在代码清单 6.9 中，可以看到已将 dispatch 函数添加到 effect 的依赖数组中。

分支：0601-lift-reducer，文件：src/components/Bookables/BookablesList.js

代码清单 6.9   BookablesList: 2. Effect

```
export default function BookablesList ({state, dispatch}) {  ◄
  // 1. Variables
                                                    将 dispatch prop 赋值给
  useEffect(() => {                                 一个局部变量
  dispatch({type: "FETCH_BOOKABLES_REQUEST"});

  getData("http://localhost:3001/bookables")
    .then(bookables => dispatch({
      type: "FETCH_BOOKABLES_SUCCESS",
      payload: bookables
    }))
    .catch(error => dispatch({
      type: "FETCH_BOOKABLES_ERROR",
```

```
    payload: error
  }));
}, [dispatch]);                    ◄── 在 effect 的依赖数组中
                                        包含 dispatch
  // 3. Handler functions
  // 4. UI
}
```

上一个版本的代码从 BookablesList 中调用 useReducer 并将 dispatch 函数赋值给 dispatch 变量时，React 知道 dispatch 函数的标识永远不会改变，因此它并不需要声明为 effect 的依赖项。这里，父组件将 dispatch 作为 prop 传入，BookablesList 并不知道它来自哪里，因此无法确定它会不会改变。如果依赖项中不包含 dispatch，那么浏览器控制台会提示一个警告，如图 6.12 所示。

⚠ ▶ src/components/Bookables/BookablesList.js   webpackHotDevClient.js:138
      Line 27:6: React Hook useEffect has a missing dependency: 'dispatch'. Either
   include it or remove the dependency array. If 'dispatch' changes too often, find
   the parent component that defines it and wrap that definition in useCallback
   react-hooks/exhaustive-deps

图 6.12　当依赖项缺少 dispatch 时，React 会发出警告

此处在依赖项包含 dispatch 是一个很好的做法；我们知道它不会改变(至少目前不会)，因此 effect 不会进行不必要的运行。注意图 6.12 的警告 "If 'dispatch' changes too often, find the parent component that defines it and wrap that definition in useCallback.(如果 dispatch 改变太频繁，就请找到父组件中定义它的地方，使用 useCallback 包装它)"。我们将在 6.5 节介绍如何使用 useCallback hook 维护函数的标识。

事件处理程序

既然选定的可预订详情信息是在另一个组件中渲染，便可以删除 toggleDetails 事件处理程序。其他部分不用修改。简单！

UI

再见，bookableDetails div！我们完全删除了第二部分的 UI(用于显示可预订的详细信息)。代码清单 6.10 是更新后超级精简的 BookablesList UI。

分支：0601-lift-reducer，文件：src/components/Bookables/BookablesList.js

代码清单 6.10　BookablesList: 4. UI

```
export default function BookablesList ({state, dispatch}) {
  // 1. Variables
  // 2. Effect
  // 3. Handler functions

  if (error) {
    return <p>{error.message}</p>
  }

  if (isLoading) {
    return <p><Spinner/> Loading bookables...</p>
```

```
    }

    return (
      <div>
        <select value={group} onChange={changeGroup}>
          {groups.map(g => <option value={g} key={g}>{g}</option>)}
        </select>
        <ul className="bookables items-list-nav">
          {bookablesInGroup.map((b, i) => (
            <li
              key={b.id}
              className={i === bookableIndex ? "selected" : null}
            >
              <button
                className="btn"
                onClick={() => changeBookable(i)}
              >
                {b.title}
              </button>
            </li>
          ))}
        </ul>
        <p>
          <button
            className="btn"
            onClick={nextBookable}
            ref={nextButtonRef}
            autoFocus
          >
            <FaArrowRight/>
            <span>Next</span>
          </button>
        </p>
      </div>
    );
  }
```

UI 中剩下的是可预订信息列表及其关联的组选择器和 Next 按钮。因此，我们也删除了用于聚合两大块 UI 的 Fragment 组件。

由于可预订详情信息的取消，并且 reducer 提升到了父组件，因此对 BookablesList 组件的修改主要以删除为主。一个关键的添加项是在数据加载的effect依赖项数组中包含dispatch。在 BookablesView 组件(或是更高层的组件树)中放置这些状态看起来很容易。将所有数据都放在那里，并将 dispatch 函数传给需要改变状态的所有后代组件。这是一种有效的方法，而且像 Redux 这样的状态管理库的用户有时也会使用这种方法。但是在把所有的这些状态抛到应用程序的顶层前，大多数组件并不关心之前的其中大多数的状态，下面来看一个替代的方案。

6.4　共享 useState 返回的状态和 updater 函数

本节将尝试另一种方法，即仅提升那些需要共享的状态：选定的可预订信息。如图 6.13

所示，BookablesView 组件将选定的可预订信息传递给两个子组件。BookableDetails 和 BookablesList 组件得到了它们所需要的状态，而非一堆并不需要的状态，BookablesList 将管理其他需要的状态和功能：加载指示器和错误信息。

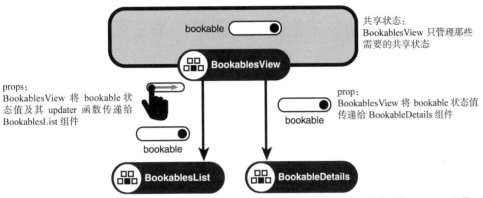

图 6.13　BookablesView 只管理共享状态。它将 bookable 传递给 BookableDetails 组件，将 bookable 及其 updater 函数传递给 BookablesList

将选定的可预订信息从 BookablesList 提升到 BookablesView 组件，BookablesView 中只需做少量的修改，而 BookablesList 需要做大量的修改。分两步完成这些更改：

- 在 BookablesView 组件中管理选定的可预订信息。
- 在 BookablesList 组件中接收可预订信息和 updater 函数。

BookablesList 仍需要一种方式让 BookablesView 知晓用户选中了一个新的可预订信息。BookablesView 将选中的可预订信息的 updater 函数传给 BookablesList。接下来仔细看一下最新的 BookablesView 组件代码。

6.4.1　在 BookablesView 组件中管理选定的可预订信息

如代码清单 6.11 所示，这个版本的 BookablesView 组件非常简单；它不需要处理 reducer、初始状态或从状态中派生出选定的可预订信息。它仅包含一个单一的 useState hook 调用来管理选定的可预订信息的状态值。然后它将选定的可预订信息传给两个子组件，并将 updater 函数传给 BookablesList 组件。当用户选定一个可预订信息时，BookablesList 可以使用该 updater 函数让 BookablesView 知晓状态已经改变。

分支：0602-lift-bookable，文件：/src/components/Bookables/BookablesView.js

代码清单 6.11　在 BookablesView 组件放置选定的可预订信息

```
import {useState, Fragment} from "react";

import BookablesList from "./BookablesList";
import BookableDetails from "./BookableDetails";
```

```
export default function BookablesView () {
  const [bookable, setBookable] = useState();

  return (
    <Fragment>
      <BookablesList bookable={bookable} setBookable={setBookable}/>
      <BookableDetails bookable={bookable}/>
    </Fragment>
  );
}
```

将选定的可预订信息作为
状态值进行管理

向子组件传递 bookable 及
其 updater 函数

向子组件传递
bookable

BookablesView 不再需要对当前的可预订信息进行过滤，也不需要从过滤列表中获取当前的可预订信息。接下来看看如何修改 BookablesList 以匹配这种新的方法。

6.4.2   在 BookablesList 中接收可预订信息和 updater 函数

通过让 BookablesView 组件管理选定的可预订信息，我们改变了 BookablesList 组件的工作方式。在 reducer 的版本中，BookablesView 将 bookableIndex 和 group 作为状态的一部分保存起来。现在，随着 BookablesList 直接接收可预订信息，它不再需要这些状态值。选定的可预订信息如下所示：

```
{
  "id": 1,
  "group": "Rooms",
  "title": "Meeting Room",
  "notes": "The one with the big table and interactive screen.",
  "days": [1, 2, 3],
  "sessions": [1, 2, 3, 4, 5, 6]
}
```

它包含一个 id 和一个 group 属性。选定的预订信息所在的分组就是当前组；不需要单独的 group 状态。此外，在其分组的可预订信息中查找选定的可预订信息也很容易；不需要 bookableIndex 状态值。由于不再需要 group、bookableIndex 和 hasDetails 的状态，这使得状态对象更小、更简单，接下来使用 useState 替代 reducer。

BookablesList 组件所有部分的代码都需要修改，接下来将逐块分析代码。代码结构如下所示：

```
export default function BookablesList ({bookable, setBookable}) {
  // 1. Variables
  // 2. Effect
  // 3. Handler functions
  // 4. UI
}
```

以下四小节的每个小节将讨论其中一块代码。将这些片段拼在一起，就会得到一个完整的组件。

变量

BookablesList 组件现在接收选定的可预订信息作为 prop。它包含一个 id 和一个 group 属性。在此使用 group 属性过滤列表，使用 id 高亮显示选定的可预订信息。

代码清单 6.12 中展示了更新后的 BookablesList 组件，它接收 bookable 和 setBookable 作为 prop，并三次调用 useState 来设置三个本地状态。

分支：0602-lift-bookable，文件：/src/components/Bookables/BookablesList.js

代码清单 6.12　BookablesList: 1. 变量

```
import {useState, useEffect, useRef} from "react";   ◄─── 使用 useState
import {FaArrowRight} from "react-icons/fa";                替代 useReducer
import Spinner from "../UI/Spinner";
import getData from "../../utils/api";                  接收选定的可预订信息和
                                                        updater 函数作为 prop
export default function BookablesList ({bookable, setBookable}) {  ◄───
  const [bookables, setBookables] = useState([]);
  const [error, setError] = useState(false);           调用 useState hook
  const [isLoading, setIsLoading] = useState(true);    管理状态

  const group = bookable?.group;   ◄─── 从选定的可预订信息
                                        中获取当前分组
  const bookablesInGroup = bookables.filter(b => b.group === group);
  const groups = [...new Set(bookables.map(b => b.group))];

  const nextButtonRef = useRef();

  // 2. Effect
  // 3. Handler functions
  // 4. UI
}
```

代码清单 6.12 使用可选链运算符(?.)从选定的可预订信息中获取当前的分组，这是 JavaScript 最近新增的一项特性：

```
const group = bookable?.group;
```

如果没有选定的可预订信息，那么表达式 bookable?.group 会返回 undefined。这省去了在访问 group 属性之前检查 bookable 是否存在的步骤：

```
const group = bookable && bookable.group;
```

在选定一个可预订信息之前，group 返回 undefined，并且 bookablesInGroup 是一个空数组。在可预订信息数据加载至组件时，需要立即选中一个可预订信息。让我们看看这个加载的过程。

effect

代码清单 6.13 展示了更新后的 effect 代码。现在它使用 updater 函数替代 dispatch action。

分支：0602-lift-bookable，文件：/src/components/Bookables/BookablesList.js

代码清单 6.13　BookablesList: 2. Effect

```
export default function BookablesList ({bookable, setBookable}) {
  // 1. Variables

  useEffect(() => {
    getData("http://localhost:3001/bookables")

      .then(bookables => {          ← 使用 setBookable prop
        setBookable(bookables[0]);      选中第一条可预订信息
        setBookables(bookables);    ← 使用本地 updater 函数
        setIsLoading(false);           设置 bookables 的状态
      })

      .catch(error => {
        setError(error);            ← 如果出现错误，
        setIsLoading(false)            设置 error 的状态
      });

  }, [setBookable]);              ← 将外部函数添加至
                                      依赖项列表

  // 3. Handler functions
  // 4. UI
}
```

第一个 effect 仍旧使用第 4 章创建的 getData 工具函数来加载可预订信息。但是该 effect 并没有 dispatch action 给 reducer，而是使用代码清单中的四个 updater 函数：setBookable(作为 prop 传入)、setBookables、setIsLoading 和 setError(通过调用本地 useState 获得)。

当数据加载完成时，它将数据赋值给 bookables，并调用 setBookable 将当前可预订信息设置为数组中的第一条数据：

```
setBookable(bookables[0]);
setBookables(bookables);
setIsLoading(false);
```

React 能够聪明地响应多个状态的更新请求，例如以上这三个请求。它能够批量地处理更新请求，对所有必要的重渲染和 DOM 更改进行高效的调度。

如 6.3 节 reducer 版本中 dispatch prop 的代码所示，React 不信任作为 prop 传入的函数能在每次渲染时保持相同，在该版本中，BookingsView 将 setBookable 作为 prop 传入，因此我们将它包含在第一个 effect 的依赖数组中。事实上，有时我们可能需要定义自己的 updater 函数，而不是直接使用 useState 返回的那些函数。6.5 节将介绍 useCallback hook，看看它如何使这些函数作为依赖项很好地工作。

如果数据加载过程中出现错误，那么 catch 方法会将其设置为错误的状态值。

```
.catch(error => {
  setError(error);
  setIsLoading(false);
);
```

事件处理程序

在上一个版本的 BookablesList 组件中，事件处理程序会 dispatch action 给 reducer。在这个
新版本中，事件处理程序的关键任务是设置可预订信息。在代码清单 6.14 中，请注意每个事件
处理程序是如何包含 setBookable 调用的。

> 分支：0602-lift-bookable，文件：/src/components/Bookables/BookablesList.js
>
> 代码清单 6.14　BookablesList: 3. 事件处理程序

```
export default function BookablesList ({bookable, setBookable}) {
  // 1. Variables
  // 2. Effect

  function changeGroup (e) {
    const bookablesInSelectedGroup = bookables.filter(    ← 过滤选定的
      b => b.group === event.target.value                      分组
    );
    setBookable(bookablesInSelectedGroup[0]);    ← 将新分组中第一条数据设
  }                                                  置为可预订信息

  function changeBookable (selectedBookable) {
    setBookable(selectedBookable);
    nextButtonRef.current.focus();
  }

  function nextBookable () {
    const i = bookablesInGroup.indexOf(bookable);
    const nextIndex = (i + 1) % bookablesInGroup.length;
    const nextBookable = bookablesInGroup[nextIndex];
    setBookable(nextBookable);
  }

  // 4. UI
}
```

当前的分组派生自选定的可预订信息；我们不再需要一个 group 状态值。因此当用户从下
拉列表中选择一个分组时，changeGroup 函数不会直接设置新的分组，而是在选定的分组里选
择第一条可预订信息作为其默认值。

```
setBookable(bookablesInSelectedGroup[0]);
```

setBookable updater 函数来自 BookablesView 组件，它会触发 BookablesView 重新渲染。
BookablesView 反过来触发 BookablesList 组件重新渲染，并将新选定的可预订信息作为 prop 传
递给它。BookablesList 组件使用可预订信息的 group 和 id 属性在下拉菜单中选择正确的分组，
并只显示该分组下的那些可预订信息，同时高亮显示列表中选定的可预订信息。

changeBookable 函数没有什么特别之处：它会设置选定的可预订信息并将焦点移到 Next 按钮上。nextBookable 函数会将可预订信息设置为当前组中的下一个，如果必要它还会回到分组中的第一个。

UI

我们不再在状态中保存 bookableIndex 值。代码清单 6.15 展示了如何使用可预订信息 id 来替代它。

分支：0602-lift-bookable，文件：/src/components/Bookables/BookablesList.js

代码清单 6.15　BookablesList: 4. UI

```
export default function BookablesList ({bookable, setBookable}) {
  // 1. Variables
  // 2. Effect
  // 3. Handler functions

  if (error) {
    return <p>{error.message}</p>
  }

  if (isLoading) {
    return <p><Spinner/> Loading bookables...</p>
  }

  return (
    <div>
      <select value={group} onChange={changeGroup}>
        {groups.map(g => <option value={g} key={g}>{g}</option>)}
      </select>

      <ul className="bookables items-list-nav">
        {bookablesInGroup.map(b => (
          <li
            key={b.id}
            className={b.id === bookable.id ? "selected" : null}
          >
            <button
              className="btn"
              onClick={() => changeBookable(b)}
            >
              {b.title}
            </button>
          </li>
        ))}
      </ul>
      <p>
        <button
          className="btn"
          onClick={nextBookable}
          ref={nextButtonRef}
          autoFocus
        >
```

使用 ID 检查可预订信息是否应该高亮显示

将可预订信息传递给 changeBookable 事件处理程序

```
        Next
      </button>
    </p>
  </div>
);
}
```

一些关键的 UI 更改发生在可预订信息列表。代码遍历与选定可预订信息同在一组的可预订信息。在分组中的可预订信息会一个接一个地赋值给变量 b。bookable 变量代表选定的可预订信息。如果 b.id 与 bookable.id 的值相同，那么列表中当前的可预订信息应当高亮显示，因此我们将其 class 设置为 selected：

```
className={b.id === bookable.id ? "selected" : null}
```

当用户通过单击选择一个可预订信息时，onClick 事件处理程序将整个可预订信息对象 b 传给 changeBookable 函数，而不只是可预订信息的索引：

```
onClick={() => changeBookable(b)}
```

这就是没有使用 reducer 的 BookablesList 组件。我们做了一些修改，使它更关注于显示可预订信息列表的功能，整体上它变得更简单。

你觉得哪种方法更易于理解呢？dispatch action 给父组件中的 reducer，还是在组件需要用到状态的地方管理大多数的状态？在第一种方法中，我们将 reducer 移到了上层的 BookablesView 组件，代码没有做太多的更改。我们是否可以使用第二种方法中简化变量的方法来简化 reducer 中的状态？无论你喜欢哪种实现，本章都提供给你了一个练习调用 useState、useReducer 和 useEffect hook 的机会，并探讨了向子组件传递 dispatch 与 updater 函数的一些细微差异。

练习 6.1

将 UsersList 组件拆分为 UsersList 和 UserDetails 组件。使用 UsersPage 组件来管理选定的用户，并将其传递给 UsersList 和 UserDetails 组件。你可以在分支 0603-user-details 中找到解决方案。

6.5　使用 useCallback 传递函数以避免重复定义

我们的应用程序在不断改进，各个组件互相配合一起提供功能，自然而然地，我们需要将状态值作为 prop 传递给子组件。正如本章介绍的，这些值可以包含函数。如果这些函数是来自于 useState 的 updater 或者 useReducer 的 dispatch 函数，那么 React 可保证它们的标识是稳定的。但是对于自己定义的函数，React 调用组件的本质是调用函数，这意味着每次渲染时函数都会被重新定义。本节将讨论这种重复定义可能引发的问题，并学习一种新的 hook——useCallback，以帮助解决此类问题。

6.5.1　使用 prop 传入的函数作为依赖项

在上节中，选定的可预订信息状态是在 BookablesView 组件中管理的。它将可预订信息及其 updater 函数——setBookable 传递给 BookablesList 组件。每当用户选择一个可预订信息时，BookablesList 都会调用 setBookable，并在 effect 中封装获取数据的代码，如下所示，此处的代码省略了 catch 代码块：

```
useEffect(() => {
  getData("http://localhost:3001/bookables")
    .then(bookables => {
      setBookable(bookables[0]);      ← 获取数据后，将当前的可预订
      setBookables(bookables);           信息设置为第一条数据
      setIsLoading(false);
    });                               ← 将 setBookable 函数添加到
}, [setBookable]);                       effect 依赖项中
```

我们将 setBookable updater 函数添加到 effect 的依赖项中。每当依赖项列表中的值改变时，effect 会重新执行。但是到目前为止，setBookable 一直是 useState 返回的 updater 函数，因此它保证了值不会改变；数据获取的 effect 只会执行一次。

父组件 BookablesView 将 updater 函数赋值给 setBookable 变量，并将其直接设置为 BookablesList 的一个 prop。不过在更新状态之前，我们经常会遇到对数值进行验证或运算的情况。假设 BookablesView 希望检查可预订信息是否存在，如果存在，就在更新状态前为其添加一个时间戳的属性。代码清单 6.16 中便有一个这样自定义的 setter。

代码清单 6.16　设置状态前，在 BookablesView 中验证并增加一个值

```
import {useState, Fragment} from "react";

import BookablesList from "./BookablesList";
import BookableDetails from "./BookableDetails";

export default function BookablesView () {
  const [bookable, setBookable] = useState();      ← 检查此可预订信
  function updateBookable (selected) {                息是否存在
    if (selected) {
    selected.lastShown = Date.now();               ← 添加一个时间戳属性
    setBookable(selected);  ← 设置这个状态
    }
  }
                                                   将我们的事件处理程序(即 updater
                                                   函数)通过 prop 传给组件
  return (
    <Fragment>
      <BookablesList bookable={bookable} setBookable={updateBookable}/>  ←
      <BookableDetails bookable={bookable}/>
    </Fragment>
  );
}
```

BookablesView 现在将自定义的 updateBookable 函数赋值给 BookablesList 的 setBookable prop。BookablesList 组件不关心这些细节，每当需要选择可预订信息时，它都会调用新的 updater 函数。那么，这会有什么问题？

如果更新代码使用新的 updater 函数，并加载 Bookables 页面，那么浏览器开发者工具的 Network 标签中会显示一些令人不安的的网络活动：代码会反复获取可预订信息，如图 6.14 所示。

☐ users	200	fetch	UserPick...	374 B	2....
☐ bookables	200	fetch	api.js:3	1.1 kB	2....
☐ bookables	200	fetch	api.js:3	374 B	2....
☐ bookables	200	fetch	api.js:3	374 B	2....
☐ bookables	200	fetch	api.js:3	374 B	2....
☐ bookables	200	fetch	api.js:3	374 B	2....
☐ bookables	200	fetch	api.js:3	374 B	2....
☐ bookables	200	fetch	api.js:3	374 B	2....
☐ bookables	200	fetch	api.js:3	374 B	2....
☐ bookables	(pending)	fetch	api.js:3	0 B	Pe...

图 6.14　开发者工具的 Network 标签中表明可预订信息正在反复地被获取

父组件 BookablesView 管理着选定的可预订信息状态，每当 BookablesList 加载可预订信息数据并设置它时，BookablesView 就会重新渲染；React 再次运行此代码，重新定义 updateBookable 函数，并将该函数的新版本传递给 BookablesList。BookablesList 中的 useEffect 调用发现 setBookable prop 是一个新的函数，便重新执行该 effect，重新获取可预订信息数据并再次设置可预订信息，这个循环周而复始。我们需要一种方法维护 updater 函数的标识，它不应该在每次渲染时改变。

6.5.2　使用 useCallback hook 维护函数的标识

若希望在每次渲染时都使用相同的函数(而不是每次都重新定义)，可以将函数传给 useCallback hook。React 每次渲染时都会从 hook 返回相同的函数，只有当依赖列表中的某个依赖项变化时，函数才会被重新定义。使用该 hook 的示例如下：

```
const stableFunction = useCallback(funtionToCache, dependencyList);
```

当依赖列表不改变时，useCallback 返回的函数是稳定的。依赖项改变时，React 会根据新的依赖项值重新定义、缓存和返回函数。代码清单 6.17 展示了如何使用新的 hook 解决无休止地获取数据的问题。

代码清单 6.17　使用 useCallback 维护稳定的函数标识

```
import {useState, useCallback, Fragment} from "react";    ◀── 导入 useCallback hook
import BookablesList from "./BookablesList";
```

```
import BookableDetails from "./BookableDetails";

export default function BookablesView () {
  const [bookable, setBookable] = useState();

  const updateBookable = useCallback(selected =>
    if (selected) {
      selected.lastShown = Date.now();
      setBookable(selected);
    }
  }, []);

  return (
    <Fragment>
      <BookablesList bookable={bookable} setBookable={updateBookable}/>
      <BookableDetails bookable={bookable}/>
    </Fragment>
  );
}
```

将 updater 函数
传给 useCallback

指定依赖项

将稳定的函数
作为 prop 传入

使用 useCallback 包装 updater 函数意味着 React 在每次渲染时都会返回相同的函数(除非依赖项的值有所改变)。但是这里使用了一个空的依赖列表，因此该值永远都不会改变，React 总是返回完全相同的函数。现在 BookablesList 中的 useEffect 发现 setBookable 依赖是稳定的，因此它不再会无休止地获取可预订信息数据。

当需要组件仅在 prop 改变时才触发渲染时，可以参照相同的方式使用 useCallback。也可以通过 React 的 memo 函数创建这样的组件，相关详情参阅 React 文档：https://reactjs.org/docs/react-api.html#reactmemo。

useCallback 可帮助记忆(memoize)函数。为了避免普遍性地重新定义和重新计算的问题，React 还提供了 useMemo hook，我们将在第 7 章中介绍它。

6.6　本章小结

- 如果多个组件共享相同的状态，那么可以将状态提升到组件树中它们共同的最近的父组件，然后将状态通过 prop 传入：

```
const [bookable, setBookable] = useState();
return (
  <Fragment>
    <BookablesList bookable={bookable}/>
    <BookableDetails bookable={bookable}/>
  </Fragment>
);
```

- 如果子组件需要更新共享状态，就将 useState 返回的 updater 函数传给子组件：

```
const [bookable, setBookable] = useState();
return <BookablesList bookable={bookable} setBookable={setBookable} />
```

- 解构 prop 参数，将其赋值给局部变量：

```
export default function ColorPicker({colors = [], color, setColor}) {
  return (
    // UI that uses colors, color and setColor
  );
}
```

- 考虑使用 prop 的默认值。如果 prop 未被设置，就使用默认值：

```
export default function ColorPicker({colors = [], color, setColor}) {
  return (
    // iterate over colors array
  );
}
```

- 检查 prop 值是否为 undefined 或 null。如果需要，就返回备用的 UI：

```
export default function ChoiceText({color}) {
  return color ? (
    <p>The selected color is {color}!</p>
  ) : (
    <p>No color has been selected!</p>
  );
}
```

- 不需要渲染任何内容时返回 null。
- 要让子组件更新父组件管理的状态，可将一个 updater 函数或 dispatch 函数传递给子组件。如果函数是在 effect 中使用，就将该函数加入到 effect 的依赖列表中。
- 要在每次渲染时维护相同的函数标识，可使用 useCallback hook 包装函数。React 只会在依赖项变化时才重新定义函数：

```
const stableFunction = useCallback(functionToCache, dependencyList);
```

第 *7* 章

使用useMemo管理性能

本章内容

- 使用 useMemo hook 避免重复的高开销计算
- 通过依赖数组控制 useMemo
- 在应用程序重复渲染时，考虑用户体验
- 获取数据时，处理竞态条件(race condition)
- 使用 JavaScript 带有方括号的可选链语法

React 非常强大，它使以高效、具有吸引力、响应迅速的方式渲染数据变得非常容易。简单地将原始数据显示在屏幕上的应用程序比较少见。无论应用程序是统计类的、金融类的、科学类的、娱乐类的还是异想天开类的，数据操作总是先于屏幕显示。

有时这种数据操作可能很复杂或很耗时。如果这些时间和资源的消耗对于将这些数据带到现实中是必要的，那么最终结果或许可以弥补这些成本。但是如果因数据计算降低了用户体验，那么就需要考虑如何提高代码效率。或许更高效的算法能够提高效率，或许算法已经很高效了无法做到更快。不管怎样，如果我们确定了计算的输出结果不会改变，就不应该多次执行该计算。在这种情况下，React 提供了 useMemo hook，以避免不必要的、浪费的计算工作。

本章将会实现一些非必要的计算资源密集型的变位词(anagram)生成算法，有意地消耗资源，引发浏览器崩溃的风险。我们将调用 useMemo 来避免用户遭遇严重卡顿的 UI 更新。然后我们会实现示例应用程序中的预订功能，调用 useMemo 来避免毫无意义地重复地生成预订信息槽。当根据选定的周和房间信息获取预订信息时，我们会研究如何在一个 useEffect 调用里处理多个请求和响应。

7.1 节的标题看起来有点乱；让我们看看它到底想教给我们什么样的 React Hooks 知识。

7.1　厨子不喜欢制作一人份的小蛋糕

假设你正在开发一个生成变位词的应用程序，它可以通过重新排列组合发现有趣的新的单词、名称和短语。到目前为止，它还处于早期的开发阶段，你已经拥有的应用程序可以根据源文本找出所有的字母组合。在图 7.1 中，还不太成熟的应用程序显示了文本 ball 的 12 个不同的变位词。可以在 CodeSandbox (https://codesandbox.io/s/anagrams-djwuy)查看该示例。

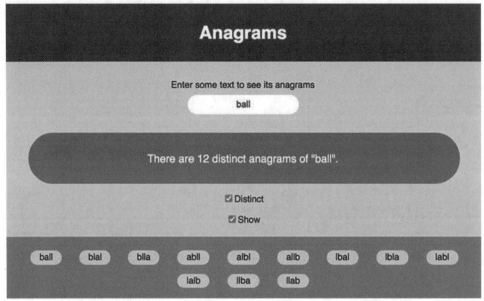

图 7.1　变位词应用程序根据用户输入的文本，统计出所有变位词的数量，并显示这些内容。用户能够统计所有变位词的数量或只统计不相同的数量，并支持在这两种方式间进行切换

可以在显示所有变位词和不同的变位词间进行切换。例如，"ball" 有重复的字母 "l"，交换它们的位置，得到的单词仍然是 "ball"。这两个完全相同的单词在 "所有" 的分类中会单独统计，而在 "不相同" 的分类中则不会。还可以隐藏生成的变位词，当输入文本的时候，让应用程序在后台找到新的变位词，但不必渲染出来。

需要注意的是，随着源文本字母数量的增加，变位词的数量也会陡增。n 个字母拥有 n!(n 的阶乘)种排列组合。对于 4 个字母的单词，它有 4×3×2×1=24 种组合。对于 10 个字母的单词则是 10!(3 628 800)种组合，如图 7.2 所示。应用程序限制最多输入 10 个字母——取消上限风险自负！

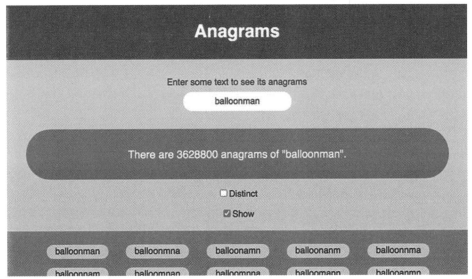

图 7.2　小心！随着源文本变长，变位词的数量会迅速增加。10 个字母的单词

会拥有超过 350 万个变位词

7.1.1　使用高开销算法生成变位词

一位同事为你提供了查找变位词的代码。算法如代码清单 7.1 所示。当然它还有改进的空间。但是无论使用何种算法，你都希望只有在绝对必要的情况下才执行如此高开销的计算。

线上示例：https://djwuy.csb.app/，代码：https://codesandbox.io/s/anagrams-djwuy

代码清单 7.1　查找变位词

```
export function getAnagrams(source) {      创建在源文本中查找
  if (source.length < 2) {                 所有字母组合的函数
    return [...source];
  }
  const anagrams = [];
  const letters = [...source];

  letters.forEach((letter, i) => {
    const without = [...letters];          在源文本的基础上删除一个
    without.splice(i, 1);                   字母，递归地调用该函数
    getAnagrams(without).forEach(anagram => {
      anagrams.push(letter + anagram);
    });
  });

  return anagrams;
                                           创建一个函数，移除
}                                          数组中重复的变位词
export function getDistinct(anagrams) {
  return [...new Set(anagrams)];
}
```

该算法取单词中的每个字母，然后加上剩下字母构成的所有变位词。因此，对于单词"ball"，它会以下方式进行查找：

"b" + "all" 的所有变位词

"a" + "bll" 的所有变位词

"l" + "bal" 的所有变位词

"l" + "bal" 的所有变位词

主应用程序调用 getAnagrams 和 getDistinct 获取需要显示的信息。代码清单 7.2 是一个较早的实现版本。你能发现什么问题吗？

代码清单 7.2　问题修复前的变位词应用程序

```
import React, { useState } from "react";          ← 导入变位词
import "./styles.css";                               查找函数
import { getAnagrams, getDistinct } from "./anagrams";

export default function App() {                    ← 管理源
  const [sourceText, setSourceText] = useState("ball");   文本状态
  const [useDistinct, setUseDistinct] = useState(false);
  const [showAnagrams, setShowAnagrams] = useState(false);   引入两个标志，
                                                              用来控制"显示
  const anagrams = getAnagrams(sourceText);                  不同的变位词"
  const distinct = getDistinct(anagrams);                    和"显示所有变
                                                              位词"的切换
  return (          使用变位词函数
    <div className="App">    生成数据
      <h1>Anagrams</h1>
      <label htmlFor="txtPhrase">Enter some text...</label>
      <input
        type="text"
        value={sourceText}
        onChange={e => setSourceText(e.target.value.slice(0, 10))}
      />
      <div className="count">
        {useDistinct ? (
          <p>
            There are {distinct.length} distinct anagrams.
          </p>
        ) : (
          <p>
            There are {anagrams.length} anagrams of "{sourceText}".
          </p>
        )}
      </div>

      <p>
        <label>
          <input
            type="checkbox"
            checked={useDistinct}
            onClick={() => setUseDistinct(s => !s)}
          />
```

限制字母的数量 →

显示变位词的数量

```
        Distinct
      </label>
    </p>
    <p>
      <label>
        <input
          type="checkbox"
          checked={showAnagrams}
          onChange={() => setShowAnagrams(s => !s)}
        />
        Show
      </label>
    </p>

    {showAnagrams && (
      <p className="anagrams">
        {distinct.map(a => (
          <span key={a}>{a}</span>
        ))}
      </p>
    )}
  </div>
  );
}
```
显示变位词列表

关键问题在于代码在每次渲染时都会调用高开销的变位词函数。但是变位词只会在源文本改变时变化。如果用户单击任何复选框、在所有变位词和不同的变位词间进行切换或是显示、隐藏变位词列表，那么此时不应再生成一次变位词。以下是当前的变位词函数调用：

```
export default function App() {
  // variables
  const anagrams = getAnagrams(sourceText);
  const distinct = getDistinct(anagrams);

  return ( /* UI */ )
}
```
每次渲染时这些高开销函数都会执行

我们需要一种方案使 React 仅当输出结果不同时才执行这些高开销函数。对于 getAnagrams 函数，只有 sourceText 值改变时才执行。对于 getDistinct 函数，只有 anagrams 数组改变时才执行。

7.1.2　避免多余的函数调用

代码清单 7.3 显示了线上示例的代码。它将高开销函数包装在 useMemo hook 调用中，并为每次的调用提供了一个依赖数组。

线上示例：https://djwuy.csb.app/，代码：https://codesandbox.io/s/anagrams-djwuy

代码清单 7.3　使用 useMemo 的变位词应用程序

```
import React, {useState, useMemo} from "react";  ◄────┐导入 useMemo hook
import "./styles.css";
import {getAnagrams, getDistinct} from "./anagrams";
```

调用 useMemo

```
export default function App() {
  const [sourceText, setSourceText] = useState("ball");
  const [useDistinct, setUseDistinct] = useState(false);
  const [showAnagrams, setShowAnagrams] = useState(false);

  const anagrams = useMemo(                  将高开销函数传
    () => getAnagrams(sourceText),          给 useMemo
    [sourceText]                             指定依赖列表
  );

  const distinct = useMemo(                  将 getDistinct 返回
    () => getDistinct(anagrams),            的值赋给一个变量
    [anagrams]
  );                                         仅当 anagrams 数组
                                             改变时重新执行
  return ( /* UI */ )                        getDistinct 函数
}                                            将getDistinct 的调用包
                                             装在另一个函数中
```

　　在此版本中，React 应该只在 sourceText 改变时调用 sourceText，只在 anagrams 改变时调用 getDistinct。用户可以随意进行切换，而不会重复地构建上百万个变位词，导致大量高开销函数的调用。

　　看到最后这个例子，你可能觉得没什么可学的了，然后将头埋进沙子里——鸵鸟。或是怯于询问更多的细节——老鼠？我？但是，勇敢一点，依靠 React，让我们来解决这些高开销调用的问题——useMemo！

7.2　通过 useMemo 记忆化高开销函数

　　假如有一个函数 expensiveFn，它需要大量时间和资源计算返回值，那么我们希望只有在绝对必要的时候才调用它。通过在 useMemo hook 中调用该函数，我们要求 React 根据给定的一组参数存储该函数的一个计算值。如果再次在 useMemo 中使用与之前相同的参数调用该函数，那么它应当返回存储的值。如果传入了不同的参数，那么在返回新值前，它会计算一个新值并更新存储。根据给定的一组参数存储计算结果的过程被称为记忆化。

　　当调用 useMemo 时，将待创建的函数和依赖列表传递给 useMemo，如图 7.3 所示。

　　依赖列表是一个数组，它应该包括参与函数计算的所有值。在每次调用时，useMemo 会将依赖列表与之前的列表进行对比。如果每次列表中的值相同且顺序相同，那么 useMemo 可能会返回存储的值。如果列表中的值有所改变，则 useMemo 会调用函数，存储计算结果，并返回函数的返回值。重申一下，useMemo 可能返回存储的值。React 保留在需要释放内存时清除存储的权利。因此即使依赖项没有变化，它也可能调用高开销函数。

　　如果省略了依赖列表，useMemo 就会总是执行函数，这违背了useMemo 的目的！如果传入一个空的数组，则依赖列表中的值永远不会改变，因此 useMemo 总是返回存储的值。不过

它也可能清除存储再次运行函数。但可以肯定的是，最好避免依赖这种不确定的行为。

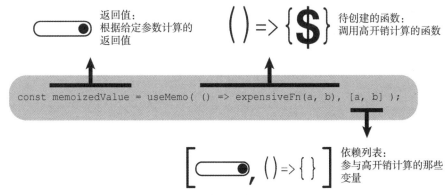

图 7.3　通过函数和依赖列表调用 useMemo hook

　　这就是 useMemo 的工作原理。我们会在 7.4 节预订应用程序的示例中看到它的作用，记忆化一个函数用来生成预订信息槽的网格。但是首先，应学会使用"状态共享"和 React Hooks 技巧将 Bookings 页面组件置于合适的位置，并传给它们所需的零碎信息，使它们能够很好地一起工作。

7.3　在 Bookings 页面上组织组件

　　到目前为止，预订应用程序中的 Bookables 和 Users 页面获得了所有的关注；是时候关注一下 Bookings 页面了！我们需要将第 6 章学到的状态共享的概念付诸实践，并确定什么组件管理什么状态，用户能够按不同的可预订对象和星期查看预订信息。

　　图 7.4 展示了 Bookings 页面的布局，它的左侧是可预订对象列表，其余部分是预订信息。我们有一个页面自身的 BookingsPage 组件，一个左侧列表的 BookablesList 组件和一个页面其余部分的 Bookings 组件。预订信息包括一个星期选择器、一块显示预订信息的网格区域和一块显示选定预订信息详情的区域。

　　图 7.4 中有预订信息网格和预订详情的占位符。在 7.4 节将实现整合 useMemo hook 的预订信息网格。第 8 章将完善预订详情页并介绍 useContext hook。本节先将这些片段组织到页面上。

　　本书通过预订应用程序介绍 React Hooks。为了节省时间和精力，我们更关注于介绍 hook，而不是如何编写预订应用程序，因为这些重复乏味且无益于学习 React。因此，有时本书设置了一些练习并提供了示例的 GitHub 仓库，你可以从中直接获取某个组件的最新代码。有了 Bookings 页面后，示例应用程序会变得越来越复杂，因此仓库中有些地方的改动并没有全部在本书中列出，我会在仓库中标示清楚。

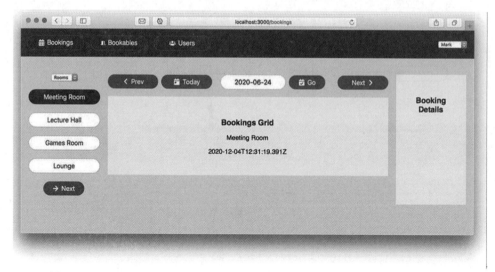

图 7.4 Bookings 页面包含两个组件：一个是可预订对象列表，另一个包含星期选择器、
预订信息网格和预订详情

表 7.1 列出了用于 Bookings 页面的组件，以及它们的主要功能和它们管理的共享状态。
第 8 章将使用 useContext hook 从 BookingDetails 组件中访问当前用户；虽然本章不使用 App
组件，但它仍包含在表格中，以便于查看组件的完整层次结构。

表 7.1　Bookings 页面的组件

组件	职责	管理的状态	hook
App	渲染页头的链接。渲染用户选择器。使用路由渲染正确的页面	当前用户	useState+Context API——详见第 8 章
BookingsPage	渲染 BookablesList 和 Bookings 组件	选定的可预订对象	useState
BookablesList	渲染可预订对象列表，可让用户选择一个可预订对象		
Bookings	渲染 WeekPicker、BookingsGrid 和 BookingDetails 组件	选定的星期和选定的预订信息	useReducer 和 useState
WeekPicker	允许用户按星期进行切换查看		
BookingsGrid	根据选定的可预订对象和星期显示包含预订信息槽的网格。使用现有的预订信息填充网格。高亮显示选定的预订信息		
BookingDetails	显示选定预订信息的详情		

我们将从 BookingsPage 组件开始;这个清单应该能帮助你很好地理解页面的结构和组件层次结构中的状态流。将分两个小节讨论这些问题,重点关注使用共享状态:

- 使用 useState 管理选定的可预订对象。
- 使用 useReducer 和 useState 管理选定的周和预订信息。

当表 7.1 中所有的组件准备就绪,应用程序便可以启用了。这个列表并不长,很快就能开工。

7.3.1　使用 useState 管理选定的可预订对象

第一个共享的状态是选定的可预订对象。BookablesList 和 Bookings 组件(Bookings 组件是WeekPickcr、BookingsGrid 和 BookingDetails 组件的容器)会使用它。它们最亲近的公共的父组件是 Bookings 页面本身。

如代码清单 7.4 所示,BookingsPage 组件调用 useState 以管理选定的可预订对象。BookingsPage也将 updater 函数 setBookable 传递给 BookablesList 组件,以便用户可以从列表中选择一个可预订对象。它不再直接导入 WeekPicker。

分支:0701-bookings-page,文件:src/components/Bookings/BookingsPage.js

代码清单 7.4　BookingsPage 组件

```
import {useState} from "react";
import BookablesList from "../Bookables/BookablesList";
import Bookings from "./Bookings";

export default function BookingsPage () {        ← 使用 useState hook 管理
  const [bookable, setBookable] = useState(null);    选定的可预订对象

  return (
    <main className="bookings-page">
      <BookablesList              ← 向子组件传递 bookable 以
        bookable={bookable}          便能够在列表中高亮显示
        setBookable={setBookable}  ← 传递 updater 函数以便用户
      />                              能够选定一个可预订对象
      <Bookings
        bookable={bookable}       ← 让 Bookings 组件根据选定的
      />                             可预订对象显示预订信息
    </main>
  );
}
```

该页面将选定的可预订对象传递给 Bookings 组件(接下来会创建)以便它能展示可预订对象的预订信息。为了展示正确的预订信息(并让用户创建新的预订),Bookings 组件还需要知道选定的星期。下面介绍如何管理这些状态。

7.3.2　使用 useReducer 和 useState 管理选定的星期和预订信息

用户通过星期选择器可以切换星期。他们能够向前或向后切换星期,或直接跳转到当前日

期所在的星期。他们还可以在输入框中输入一个日期，然后跳转到该日期所在的星期。为了能与预订信息的网格组件共享选定的日期，需要将星期选择器的 reducer 提升到 Bookings 组件，如代码清单 7.5 所示。

分支：0701-bookings-page，文件：src/components/Bookings/Bookings.js

代码清单 7.5　Bookings 组件

```
import {useState, useReducer} from "react";
import {getWeek} from "../../utils/date-wrangler";

import WeekPicker from "./WeekPicker";
import BookingsGrid from "./BookingsGrid";
import BookingDetails from "./BookingDetails";          ← 为星期选择器导
                                                           入现有的 reducer
import weekReducer from "./weekReducer";            ←

export default function Bookings ({bookable}) {     ←  从 prop 中解构当前的
                                                      可预订对象
  const [week, dispatch] = useReducer(       ←
    weekReducer, new Date(), getWeek               管理共享状态——选定
  );                                               的星期

  const [booking, setBooking] = useState(null);   ←
  return (                                             管理共享状态——选定
    <div className="bookings">                        的预订信息
      <div>
        <WeekPicker
          dispatch={dispatch}
        />

        <BookingsGrid
          week={week}
          bookable={bookable}
          booking={booking}
          setBooking={setBooking}
        />
      </div>

      <BookingDetails
        booking={booking}
        bookable={bookable}
      />
    </div>
  );
}
```

Bookings 组件导入了 reducer，并在调用 useReducer hook 时传入。它还调用 useState hook 以管理共享状态——选定的预订信息，该状态会与 BookingsGrid、BookingDetails 组件共享。

练习 7.1

更新 WeekPicker 组件使它可以接收 dispatch 作为 prop，而不必再亲自调用 useReducer。它

不需要显示选定的日期，因此可将该功能从其返回的 UI 的尾部删除，并删除所有多余的导入。可以在代码仓库中查看最新的版本(src/components/Bookings/WeekPicker.js)。

　　7.4 节会创建预订信息的网格组件，以显示真实的预订信息。当前的仓库分支只添加了几个占位符组件，以检验页面的结构是否工作正常。代码清单 7.6 展示了临时的预订信息网格组件。

分支：0701-bookings-page，文件：src/components/Bookings/BookingsGrid.js

代码清单 7.6　BookingsGrid 占位符

```
export default function BookingsGrid (props) {
  const {week, bookable, booking, setBooking} = props;

  return (
    <div className="bookings-grid placeholder">
      <h3>Bookings Grid</h3>
      <p>{bookable?.title}</p>
      <p>{week.date.toISOString()}</p>
    </div>
  );
}
```

代码清单 7.7 展示了临时的详情组件。

分支：0701-bookings-page，文件：src/components/Bookings/BookingDetails.js

代码清单 7.7　BookingDetails 占位符

```
export default function BookingDetails () {
  return (
    <div className="booking-details placeholder">
      <h3>Booking Details</h3>
    </div>
  );
}
```

　　一切就绪，应用程序应该可以恢复工作了。Bookings 页面应如图 7.4 所示(除非你更新了 CSS，或者使用自己的占位符)。

练习 7.2

　　对 BookablesList 做一点小的修改，删除将焦点移到 Next 按钮的代码。这将简化该组件，有利于以后的修改。可以在当前分支下的/src/components/Bookables/BookablesList.js 查看更新后的代码。

　　所有的组件已准备就绪，并且每个共享状态在页面何处管理已了然于心。是时候将新的 React Hooks 引入预订应用程序了。useMemo hook 将帮助我们只在必要时执行高开销的计算。让我们看看为何需要它以及它如何提供帮助。

7.4　使用 useMemo 高效创建预订信息网格组件

Bookings 页面的结构和组件层次结构确定后，便可以开始构建最复杂的 BookingsGrid 组件。本节将开发网格组件，它可以根据选定的星期显示预订信息槽，并且将现有的预订信息填充到网格内。图 7.5 展示了一个三行(时间段)五列(日期)的网格。网格中有 4 条预订信息，用户已经选定了其中一条。

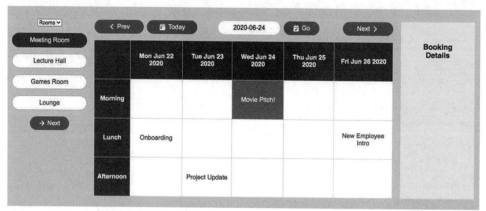

图 7.5　预订信息网格根据选定的可预订对象和星期展示预订信息

我们将分五个阶段开发这个组件：

(1) 生成由时间段和日期组成的表格——要转换数据，以使查询空的预订信息槽更容易。

(2) 生成预订信息的查询对象——要转换数据，以使查询现有的预订信息更容易。

(3) 提供一个 getBookings 数据加载的函数——它将发送 JSON 服务器的请求构建查询字符串。

(4) 创建 BookingsGrid 组件——这是本节的重点，也是需要 useMemo 帮助的地方。

(5) 解决在 useEffect 中获取数据时响应数据竞争的问题。

第五个阶段会查看在 useEffect hook 中如何管理多个请求的数据响应，最新的请求会取代前面的请求，以及如何管理错误。我们需要钻研很多内容，接下来先将日期和时间段的列表转换成二维的预订信息网格。

7.4.1　生成时间段和日期的网格

预订信息网格在表格中展示了空的预订信息槽和现有的预订信息，其中行表示时间段，列表示日期。图 7.6 展示了 Meeting Room 可预订信息槽的网格示例。

用户可以根据不同的时间段和天数预订不同的对象。当用户选择一个新的可预订对象时，BookingsGrid 组件需要为最新的时间段和日期生成一个新的网格。图 7.7 展示了当用户切换至 Lounge 时，生成的新网格。

	Mon Nov 30 2020	Tue Dec 01 2020	Wed Dec 02 2020	Thu Dec 03 2020	Fri Dec 04 2020
Morning					
Lunch					
Afternoon					

图 7.6　Meeting Room 的预订信息网格。它由时间段(行)和日期(列)组成

	Sun Nov 29 2020	Mon Nov 30 2020	Tue Dec 01 2020	Wed Dec 02 2020	Thu Dec 03 2020	Fri Dec 04 2020	Sat Dec 05 2020
Breakfast							
Morning							
Lunch							
Afternoon							
Evening							

图 7.7　Lounge 的预订信息网格。Lounge 在这周的 5 个时间段都是可用的

　　每个单元格对应着一个预订信息槽。我们希望网格数据是结构化的,以便能方便地访问特定的预订信息槽数据。例如,要访问时间段为 Breakfast,日期为 2020 年 8 月 3 日的数据,可通过以下方式获取数据:

```
grid["Breakfast"]["2020-08-03"]
```

对于空的预订信息槽,预订信息数据如下所示:

```
{
  "session": "Breakfast",
```

```
    "date": "2020-08-03",
    "bookableId": 4,
    "title": ""
}
```

在数据库中，每条可预订对象数据都指定了可被预订的时间段和天数。以下是 Meeting Room 的数据：

```
"id": 1,
"group": "Rooms",
"title": "Meeting Room",
"notes": "The one with the big table and interactive screen.",
"sessions": [1, 2, 3],
"days": [1, 2, 3, 4, 5]
```

days 代表一周中的天数，例如星期天=0，星期一=1，……，星期六=6。因此 Meeting Room 可以在时间段 1、2、3，星期一至星期五预订，如图 7.6 所示。为了获得预订的具体日期，而不仅仅是星期几，还需要希望显示那一星期的开始日期。为了获得具体的时间段名称，需要从配置文件 static.json 中导入包含时间段名称的数组。

代码清单 7.8 展示了网格生成函数 getGrid。调用它的代码需要传入当前可预订对象和选定星期的起始日期。

分支：0702-bookings-memo，文件：/src/components/Bookings/grid-builder.js

代码清单 7.8　网格生成函数

使用时间段名称和索引值创建一个包含时间段名称的数组   将时间段名称赋值给 sessionNames 变量

```
import {sessions as sessionNames} from "../../static.json";   ◄
import {addDays, shortISO} from "../../utils/date-wrangler";

export function getGrid (bookable, startDate) {   ◄   接收当前可预订对象和
                                                      星期起始日期作为参数
  const dates = bookable.days.sort().map(
    d => shortISO(addDays(startDate, d))              使用天数和起始日期创建
  );                                                  这一星期的日期数组

  const sessions = bookable.sessions.map(i => sessionNames[i]);

  const grid = {};

  sessions.forEach(session => {                       为网格的每个时间段
    grid[session] = {};                         ◄     分配一个对象
    dates.forEach(date => grid[session][date] = {   ◄
      session,                                        为每个日期和每个时
      date,                                           间段分配一个预订信
      bookableId: bookable.id,                        息对象
      title: ""
    });
  });
```

```
return {
  grid,                  为了方便，除了返回网格，
  dates,                 还返回了日期和时间段数组
  sessions
};
}
```

getGrid 函数首先将星期的天数和时间段索引映射到日期和时间段名称上。它使用简短的 ISO 8601 日期格式：

```
const dates = bookable.days.sort().map(
  d => shortISO(addDays(startDate, d))
);
```

utils/date-wrangler.js 已经包含了 shortISO 函数，同时还包含了 addDays 函数。shortISO 函数会返回给定日期 ISO 字符串的一部分：

```
export function shortISO (date) {
  return date.toISOString().split("T")[0];
}
```

对于 2020 年 8 月 3 日这样一个 JavaScript 日期对象，shortISO 会返回字符串"2020-08-03"。

清单中的代码还从 static.json 中导入了时间段名称，并将其赋值给 sessionNames 变量。时间段数据如下所示：

```
"sessions": [
  "Breakfast",
  "Morning",
  "Lunch",
  "Afternoon",
  "Evening"
]
```

可预订对象中每个时间段索引都能映射到它的时间段名称：

```
const sessions = bookable.sessions.map(i => sessionNames[i]);
```

因此，如果选定的可预订对象是 Meeting Room，那么 bookable.sessions 数组是[1, 2, 3]，并且 sessions 变为["Morning", "Lunch", "Afternoon"]。

在获取日期和时间段名称后，getGrid 使用嵌套的 forEach 循环构建预订时间段网格。也可以在这里使用数组的reduce方法，但是我发现forEach 语法在这个示例里会更简单一些。(reduce 的粉丝不必担心，接下来的代码会使用 reduce)。

7.4.2　生成预订信息的查询对象

我们还希望找到一种能够查询现有预订信息的方法。图 7.8 展示了预订信息网格，其中四个单元格有预订信息。

	Mon Jun 22 2020	Tue Jun 23 2020	Wed Jun 24 2020	Thu Jun 25 2020	Fri Jun 26 2020
Morning			Movie Pitch!		
Lunch	Onboarding				New Employee Intro
Afternoon		Project Update			

图 7.8   预订信息网格的四个单元格有预订信息

希望使用时间段名称和日期访问现有的预订信息数据，如下所示：

```
bookings["Morning"]["2020-06-24"]
```

该查询表达式应当返回 Movie Pitch!的预订信息数据，结构如下：

```
{
  "id": 1,
  "session": "Morning",
  "date": "2020-06-24",
  "title": "Movie Pitch!",
  "bookableId": 1,
  "bookerId": 2
}
```

但是服务器返回的预订信息数据是数组形式的。需要将数组转换为方便的查询对象。代码清单 7.9 在代码清单 7.8 的 grid-builder.js 文件中添加了一个新的函数 transformBookings。

分支：0702-bookings-memo，文件：/src/components/Bookings/grid-builder.js

代码清单 7.9   transformBookings 函数

```
export function transformBookings (bookingsArray) {          使用 reduce 遍历每条
                                                            预订信息，并构建预
  return bookingsArray.reduce((bookings, booking) => {      订信息的查询对象

    const {session, date} = booking;          从当前booking 对象中
                                              解构 session 和 date
    if (!bookings[session]) {             为每个新时间段
      bookings[session] = {};             添加一个属性
    }

    bookings[session][date] = booking;        将预订信息赋值给时间段和日期
```

```
     return bookings;
  }, {});  ◄────┐ 预订信息查询对象的初
}               │ 始值是一个空对象
```

transformBookings 函数使用 reduce 方法遍历数组中的每个预订信息并构建 bookings 查询对象，将当前预订信息分配给指定的查询对象槽。transformBookings 创建的查询对象仅包含已有的预订信息，不包含预订信息网格中的每个单元格。

现在已经有了生成网格的函数和将预订信息数组转换为一个查询对象的函数。但是预订信息从何而来？

7.4.3　提供数据加载函数 getBookings

BookingsGrid 需要根据选定的可预订对象和星期显示一些预订信息。虽然可以使用 BookingsGrid 组件 effect 中的 getData 函数，在那构建需要的 URL。不过还可以将数据访问函数放在 api.js 文件中。代码清单 7.10 展示了更新后的 getBookings 函数。

分支：0702-bookings-memo，文件：/src/utils/api.js

代码清单 7.10　getBookings API 函数

```
import {shortISO} from "./date-wrangler";  ◄──── 导入格式化日期的函数

export function getBookings (bookableId, startDate, endDate) {  ◄──────────┐
                                                                          │
  const start = shortISO(startDate);     │ 格式化日期，用于        导出新的 getBookings
  const end = shortISO(endDate);         │ 查询字符串              函数

  const urlRoot = "http://localhost:3001/bookings";

  const query = `bookableId=${bookableId}` +    │ 构建查询
    `&date_gte=${start}&date_lte=${end}`;        │ 字符串

  return getData(`${urlRoot}?${query}`);  ◄───┐ 获取预订信息，返回
}                                             │ 一个 promise
```

getBookings 函数接收三个参数：bookableId、startDate 和 endDate。它使用这些参数构建查询预订信息所需的查询字符串。例如，要查询 Meeting Room 2020 年 6 月 21 日星期日至 2020 年 6 月 27 日星期六的预订信息，查询字符串如下：

```
bookableId=1&date_gte=2020-06-21&date_lte=2020-06-27
```

运行的 json-server 会解析该查询字符串并将预订信息作为一个数组返回，以便将其转换为一个查询对象。

有了这些帮助函数，便可以构建 BookingsGrid 组件了。

7.4.4   创建 BookingsGrid 组件并调用 useMemo

BookingsGrid 组件能够根据给定的可预订对象和星期获取、展示预订信息，并且高亮显示选定的预订信息。它使用了三种 React Hooks：useState、useEffect 和 useMemo。本节和 7.4.5 节会将代码按组件拆分成多个代码清单，从导入函数开始介绍，代码清单 7.11 是构成这些功能的基本组件。

> 分支：0702-bookings-memo，文件：/src/components/Bookings/BookingsGrid.js
>
> 代码清单 7.11   BookingsGrid 组件的框架代码

导入 useMemo 以便记忆化网格

```
import {useEffect, useMemo, useState, Fragment} from "react";

import {getGrid, transformBookings} from "./grid-builder";

import {getBookings} from "../../utils/api";

import Spinner from "../UI/Spinner";

export default function BookingsGrid () {

  // 1. Variables
  // 2. Effects
  // 3. UI helper
  // 4. UI

}
```

导入新的网格函数

导入一个新的数据加载函数

代码导入了之前创建的帮助函数和三个 hook。接下来的几个代码清单将使用 useState hook 管理预订信息和所有错误状态，使用 useEffect hook 从服务器获取预订数据，使用 useMemo hook 降低生成网格数据的次数。

变量

Bookings 组件将选定的可预订对象、选定的星期和当前选定的预订信息连带它的 updater 函数一同传给 BookingsGrid 组件，如代码清单 7.12 中的粗体部分所示。

> 分支：0702-bookings-memo，文件：/src/components/Bookings/BookingsGrid.js
>
> 代码清单 7.12   BookingsGrid 组件：1. 变量

解构 prop

```
export default function BookingsGrid (
  {week, bookable, booking, setBooking}
) {
  const [bookings, setBookings] = useState(null);
  const [error, setError] = useState(false);

  const {grid, sessions, dates} = useMemo(
```

在局部处理预订信息数据

在局部处理加载错误

使用 useMemo 包装网格生成函数

```
    () => bookable ? getGrid(bookable, week.start) : {},  ←── 仅当 bookable
                                                              存在时，调用
    [bookable, week.start]  ←── 当可预订对象或星期改变         网格生成函数
);                              时，重新生成网格
// 2. Effects
// 3. UI helper
// 4. UI
}
```

BookingsGrid 组件通过两次调用 useState hook 来管理自己的预订信息和错误状态。然后它使用 7.4.2 节的 getGrid 函数生成网格，将返回的网格、时间段、日期数据赋值给局部变量。我们将 getGrid 视为高开销函数，使用 useMemo 包装它。请想想为什么要这样做？

当用户在 Booking 页面选择一个可预订对象时，Booking 组件会根据可预订对象的可用时间段和日期显示预订的网格槽。它将基于可预订对象的一些属性和选定的星期生成网格数据。在代码清单 7.13 中将看到，BookingsGrid 使用 fetch-on-render 和 data-loading 的策略在初始渲染完成后发送数据请求。网格如图 7.9 所示，它在左上角的单元格中显示了一个数据加载指示器，并在数据抵达之前降低了网格的透明度。

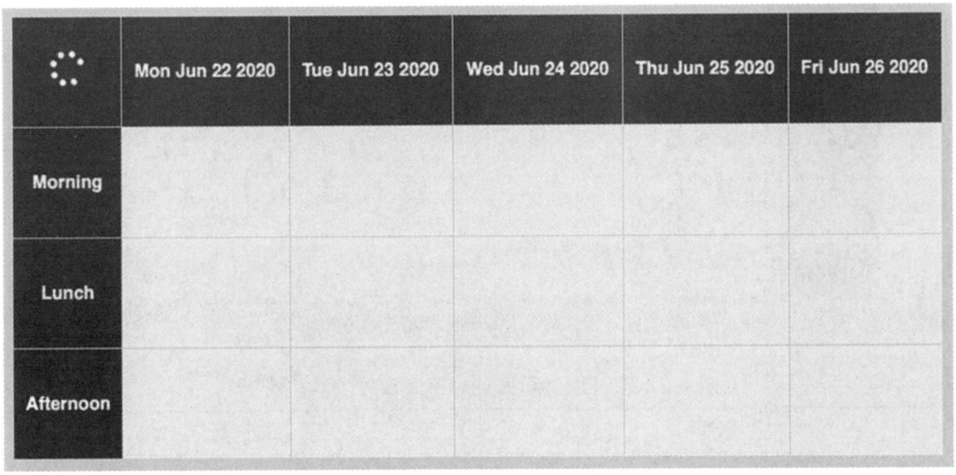

图 7.9　BookingsGrid 组件在左上角的单元格显示了一个加载指示器，并在数据获取过程中降低了
　　　　网格的透明度

当数据抵达时，网格会重新渲染，隐藏加载指示器，并根据选定的星期显示预订信息。图 7.10 显示网格中有四条预订信息。

当预订信息渲染完成，用户就可以自由地选择已有的预订信息或一个空的预订信息槽。在图 7.11 中，用户选中了 Movie Pitch!的预订信息，组件会再次重新渲染，并高亮显示该单元格。

如表 7.2 所示，该组件会在每次状态改变时渲染，即使预订信息槽底层的网格数据并没有变化。

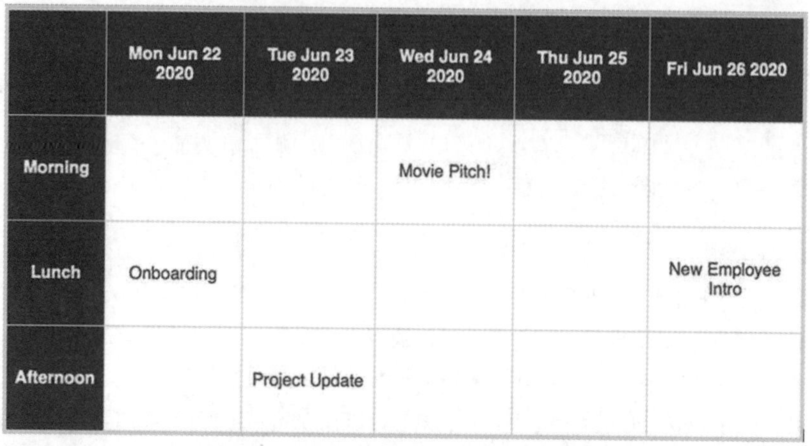

图 7.10　预订信息网格显示了四条预订信息

图 7.11　预订信息网格显示了选中的预订信息

表 7.2　预订信息网格针对不同事件的渲染行为

事件	渲染的部分
初始渲染	空网格
数据获取	加载指示器
数据加载完成	单元格中的预订信息
预订信息被选中	高亮显示选中部分

对于表中所列的事件，我们不希望在每次重新渲染时都重新生成底层的网格数据，因此使用 useMemo hook 指定可预订对象和该星期的开始日期作为依赖项：

```
const {grid, sessions, dates} = useMemo(
  () => bookable ? getGrid(bookable, week.start) : {},
  [bookable, week.start]
);
```

通过使用 useMemo 包装 getGrid 函数，可要求 React 存储生成的网格查询对象，并仅当可预订对象和开始日期改变时，再次调用 getGrid。对于表 7.2 中的三个重渲染场景(不包括初始渲染)，React 应当返回存储的网格数据，从而避免不必要的计算。

在现实中，考虑到生成网格的大小，并不真的需要 useMemo。现代浏览器、JavaScript 和 React 几乎不会注意到这些必需的工作。另外在引入 React 的存储函数、返回值和依赖项方面还会带来一些的开销，因此并不希望记忆化所有的函数。但是，在前面章节变位词的示例中，高开销的函数有时可能对性能产生负面影响，因此最好将 useMemo hook 放在你的工具箱中。

尽管本章的主要内容是 useMemo hook，但是在 useEffect 调用中进行数据获取也是一项非常有用的技术，值得单独开辟一节进行介绍。让我们看看如何避免多个请求和响应互相纠缠。

7.4.5　在 useEffect 中获取数据时处理多个响应竞争的情况

当与预订应用程序进行交互时，用户可能会不停地单击，并在可预订对象和星期之间快速地切换，造成大量的数据请求。我们希望仅显示最后选择的数据。遗憾的是，我们不能控制数据何时从服务器返回，旧的请求可能先于最近的请求到达，从而使显示的数据与用户的选择不同步。

可以尝试取消请求中的请求。但在响应的数据不是太大时，更容易的做法是让请求自行运行，在数据抵达时忽略不需要的数据。本节会完成 BookingsGrid 组件，获取预订信息，并构建用于显示的 UI。

effect

BookingsGrid 会根据所选的可预订对象和星期加载预订信息。代码清单 7.13 展示了如何在 useEffect 中调用帮助方法 getBookings 和 transformBookings。当星期或者可预订对象改变时，effect 就会运行。

分支：0702-bookings-memo，文件：/src/components/Bookings/BookingsGrid.js

代码清单 7.13　BookingsGrid 组件: 2. Effects

```
export default function BookingsGrid (
  {week, bookable, booking, setBooking}
) {
  // 1. Variables

  useEffect(() => {              使用一个变量跟踪预订信息
    if (bookable) {              是否为当前的预订信息数据
      let doUpdate = true;  ◄

    setBookings(null);
    setError(false);
    setBooking(null);                    调用数据获取函数 getBookings

    getBookings(bookable.id, week.start, week.end)  ◄
```

```
        .then(resp => {
          if (doUpdate) {                          ◄────  检查预订信息是否是
            setBookings(transformBookings(resp)); ◄──     当前的预订信息
          }
        })
        .catch(setError);                                 创建预订信息查询对象并
                                                          将其设置为组件的状态
      return () => doUpdate = false; ◄───
    }                                       返回 cleanup 函数,
  }, [week, bookable, setBooking]); ◄───    将数据设为无效

  // 3. UI helper                           当可预订对象或星期
  // 4. UI                                  改变时,运行该 effect
}
```

代码使用 doUpdate 变量匹配每个请求及其数据。该变量初始值为 true:

```
let doUpdate = true;
```

对于一个特定的请求,then 子句中的回调函数只有在 doUpdate 仍然为 true 时才会更新状态:

```
if (doUpdate) {
  setBookings(transformBookings(resp));
}
```

当用户选择一个新的可预订对象或者切换新的星期时,React 会重新运行该组件,并重新运行该 effect 加载新选定的数据。而前一个请求中的数据将不再需要。在重新运行 effect 时,React 会调用与前一个 effect 相关的 cleanup 函数。effect 使用该 cleanup 函数让请求中的数据失效:

```
return () => doUpdate = false;
```

当先前请求的预订信息抵达时,相关 getBookings 调用中的 then 子句会发现数据已经过时,于是不会更新状态。

如果预订信息是当前请求的数据,那么 then 子句会通过将响应数据传给 transformBookings 函数,以把线性的预订信息数组转换为一个可查询结构的对象。并通过 setBookings 函数将查询对象设置为一个本地的状态。

UI 帮助函数

预订信息网格中的内容和行为取决于是否有预订信息需要显示和用户是否选中了一个单元格。图 7.12 展示了两个空的单元格和一个有预订信息——Movie Pitch!的单元格。

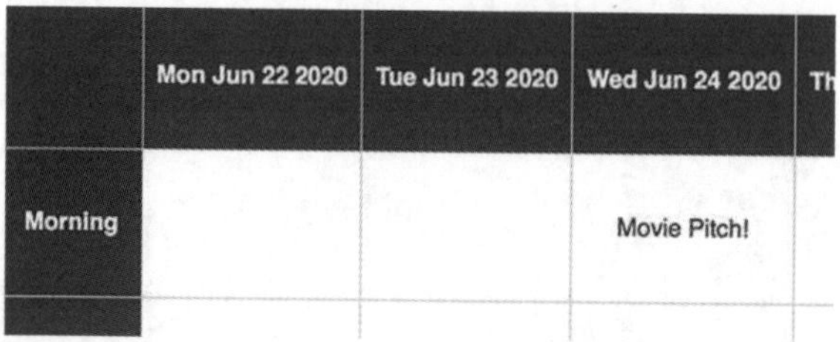

图 7.12   网格中的单元格展示已有的预订信息和由时间段和日期组成的底层网格数据

当用户选中某个单元格时，无论该单元格显示的是存在的预订信息还是空的预订信息槽，单元格都会高亮显示。图 7.13 展示了用户选定 Movie Pitch!预订信息后的网格样式。CSS 样式和单元格的 class 属性用于改变单元格的外观。

图 7.13　使用不同的 CSS 样式渲染选定的单元格

代码清单 7.14 中有一个 cell 帮助函数，它用于返回预订信息网格中的单个单元格。它使用 bookings 和 grid 两个查询对象获取单元格数据，设置单元格的 class，如果有预订信息，则附加一个事件处理程序。cell 函数位于 BookingsGrid 组件内，可以访问 booking、bookings、grid 和 setBooking 变量。

分支：0702-bookings-memo，文件：/src/components/Bookings/BookingsGrid.js

代码清单 7.14　BookingsGrid 组件：3. UI 帮助函数

```
export default function BookingsGrid (
  {week, bookable, booking, setBooking}
) {
  // 1. Variables
  // 2. Effects

  function cell (session, date) {
    const cellData = bookings?.[session]?.[date]        首先检查 bookings 查询对象，
      || grid[session][date];                          然后再检查 grid 查询对象

    const isSelected = booking?.session === session     使用可选链的语法，因为这
      && booking?.date === date;                        里 booking 可能为空

    return (
      <td
        key={date}
        className={isSelected ? "selected" : null}
        onClick={bookings ? () => setBooking(cellData) : null}     ◄
      >
                                                         仅当有预订信息加载时，为其
        {cellData.title}                                 设置一个事件处理程序
      </td>
    );
  }

  // 4. UI
}
```

单元格中的数据要么来自 bookings 查询对象中已有的预订信息，要么来自 grid 查询对象中空的预订信息槽。该代码使用带有方括号的可选链语法为 cellData 变量分配正确的值：

```
const cellData = bookings?.[session]?.[date] || grid[session][date];
```

bookings 查询对象仅包含已有的预订信息数据，而 grid 查询对象包含所有的时间段和日期数据。因此只需要在 bookings 对象上使用可选链，不需要在 grid 对象上使用。

仅当预订信息存在时，才会为其设置单击事件的处理程序。而当用户切换可预订对象或星期，加载预订信息时，事件处理程序会被设置为 null，此时用户无法与网格进行交互。

UI

BookingsGrid 组件的最后一部分是返回 UI。一如既往，UI 由状态驱动。需要检查预订信息网格的槽是否生成完毕，预订信息是否加载完成，是否有错误产生。然后再返回备选的 UI(加载中的提示文本)或额外的 UI(一条错误信息)，或通过设置 class 来显示、隐藏或高亮显示元素。图 7.14 展示了预订信息网格的三种状态：

  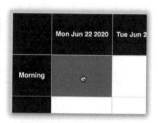

(1) 当网格处于非激活状态时，用户不能选择单元格　　(2) 当网格处于激活状态时，用户可以选择一个单元格　　(3) 当单元格被选中时，它会高亮显示

图 7.14　单元格的显示取决于网格是否处于激活状态以及单元格是否被选中。当预订信息加载时，UI 会显示加载指示器，此时网格处于非激活状态

(1) 没有预订信息。网格会显示一个加载指示器。网格处于非激活状态，用户无法与网格进行交互。

(2) 预订信息加载完成。网格会隐藏加载指示器。网格处于激活状态，用户可以与网格进行交互。

(3) 预订信息加载完成。网格会隐藏加载指示器。网格处于激活状态，用户已经选定了一个单元格。

在图 7.15 中，日期表头的正上方有一条错误信息。

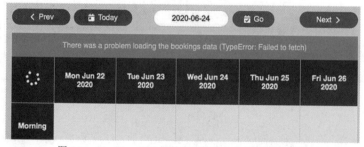

图 7.15　BookingsGrid 组件在网格的上方显示错误信息

代码清单 7.15 显示了处理错误的部分，通过 class 名称控制网格是否处于激活状态，并调用 UI 帮助函数 cell 获取每个单元格的 UI。

分支：0702-bookings-memo，文件：/src/components/Bookings/BookingsGrid.js

代码清单 7.15　BookingsGrid 组件: 4. UI

```
export default function BookingsGrid (
  {week, bookable, booking, handleBooking}
) {
  // 1. Variables
  // 2. Effects
  // 3. UI helper

  if (!grid) {
    return <p>Loading...</p>
  }

  return (
    <Fragment>
      {error && (
        <p className="bookingsError">
          {`There was a problem loading the bookings data (${error})`}
        </p>
      )}

      <table
        className={bookings ? "bookingsGrid active" : "bookingsGrid"}
      >
        <thead>
          <tr>
            <th>
              <span className="status">
                <Spinner/>
              </span>
            </th>
            {dates.map(d => (
              <th key={d}>
                {(new Date(d)).toDateString()}
              </th>
            ))}
          </tr>
        </thead>

        <tbody>
          {sessions.map(session => (
            <tr key={session}>
              <th>{session}</th>
              {dates.map(date => cell(session, date))}
            </tr>
          ))}
        </tbody>
      </table>
    </Fragment>
  );
}
```

如果有错误，则在网格的顶部展示一块显示错误的区域

预订信息数据加载完成后，添加一个 active 类

在左上角的单元格中添加一个加载指示器

使用 UI 帮助函数生成所有单元格

如果 bookings 不为空，那么表格会被分配一个 active 类。此时 CSS 会隐藏加载指示器并将单元格的透明度设置为 1。

在代码中，要在组件内自行检查错误状态，并确定返回什么样的 UI。还可以使用 React 的错误边界指定发生错误时的 UI，并在数据加载过程中使用 React 的 Suspense 组件指定回退 UI，与各个组件分开。第 II 部分将使用错误边界捕获错误，使用 Suspense 组件捕获加载数据的 promise。

但是在此之前，需要创建 BookingDetails 组件，以展示所有的预订信息槽或现有的用户点选的预订信息。新的组件需要访问应用程序的当前用户，而该信息一直存储在 App 根组件中。我们将借助 React 的 Context API 和 useContext hook 获取当前用户值，而不是通过多层组件 prop 透传的方式。

7.5 本章小结

- 使用 useMemo hook 避免非必要的高开销计算的重复运行。
- 将希望记忆化的高开销函数传递给 useMemo：

```
const value = useMemo(
  () => expensiveFn(dep1, dep2),
  [dep1, dep2]
);
```

- 将高开销函数的依赖列表传递给 useMemo hook：

```
const value = useMemo(
  () => expensiveFn(dep1, dep2),
  [dep1, dep2]
);
```

- 如果依赖数组中的值在每次调用时都没有改变，那么 useMemo 可以直接返回存储的高开销函数的执行结果。
- 不要依赖 useMemo，它不总是使用记忆的值。如果需要释放内存，React 就可能会丢弃存储的结果。
- 使用 JavaScript 带有方括号的可选链语法访问的可能是 undefined 的变量属性。它包含一个句号，即使与方括号一起使用也是如此。

```
const cellData = bookings?.[session]?.[date]
```

- 在 useEffect 调用中获取数据时，可使用一个局部变量和 cleanup 函数匹配数据请求和它的响应：

```
useEffect(() => {
  let doUpdate = true;
```

```
fetch(url).then(resp => {
  if (doUpdate) {
    // 根据返回的响应数据执行更新操作
  }
});

return () => doUpdate = false;
}, [url]);
```

　　如果组件使用新的 url 重新渲染，前一次渲染的 cleanup 函数就会将前一次渲染的 doUpdate 变量设置为 false，以阻止前一次的 then 方法回调使用旧数据执行的更新。

第 *8* 章

使用Context API管理状态

本章内容

- 通过 Context API 及其 Provider 组件提供状态
- 使用 useContext hook 消费 context 状态
- 当状态值更新时，避免非必要的重新渲染
- 创建自定义的 context provider
- 将共享状态拆分为多个 context

我们已经学习了如何在组件中封装状态，如何将状态提升到共享的父组件，如何在表单中使用状态，如何跨越每次渲染持久化状态，如何从数据库中获取并创建状态，并且使用了大量的 hook 帮助设置和处理这些状态。我们的方法是让状态尽可能地接近使用它的组件。但是有许多组件内嵌在不同的组件树分支中，它们需要访问相同的状态，例如主题、本地化信息或认证用户的详细信息，这种情况并不罕见。React 的 Context API 提供了一种方式，能够直接将这些状态发送给内嵌的组件，而不必通过多个中间层(这些中间层可能并不关心这些状态)传递下去。

本章将介绍 Context API、它的 context 对象、Provider 组件和 useContext hook。重点讲解预订应用程序示例，该示例的多个组件需要相同的状态信息：当前用户的详细信息。这为阐明 Context API 的机制做好了铺垫，我们将学习为何、何时、何地以及如何为这些子树上的组件提供状态值，如何简单地使用 useContext hook 消费这些值。最后，再将 context 的功能包装在自定义 context 和 provider 组件中，这些学习会帮助我们深入了解 React 的渲染行为，特别是在使用特殊的 children prop 时。

相信你对本章的内容已有了大概的了解，我们将为那些内嵌的组件提供所需的状态，让我们开始吧！

8.1   从上层的组件树中获取状态

在我们的示例应用程序中，Bookings 页面允许用户选择可预订对象和星期。然后页面上的
预订网格会显示所有可用的预订信息槽，并用现有的预订信息填充匹配的单元格。在如图 8.1
所示的 Bookings 页面中，用户选择了 Meeting Room，然后选定了 Movie Pitch!预订信息。

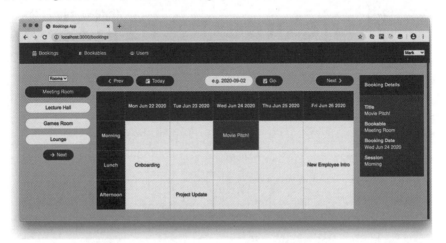

图 8.1   当用户选定一条预订信息后，预订详情组件(右侧)会显示所选预订对象的详情

第 7 章使用 BookingDetails 的占位符组件显示选定预订对象的详情。图 8.1 也展示了本章
要实现的 BookingDetails 组件：它会列出选定预订信息的一些属性，如标题和预订日期。不过，
如果页面是首次加载，没有预订信息选中时，该组件就会显示一条消息，引导用户选择一条预
订信息或一个预订信息槽，如图 8.2 所示。

图 8.2   在用户选定预订信息前，预订详情组件(右侧)会显示消息 "select a booking or a booking slot.(请选择一条
预订信息或一个预订信息槽)"

在本章中，我们接替了 BookingDetails 占位符组件的职责，并促使组件完成以下三项任务：

- 当页面首次加载时，显示一条行为召唤(call-to-action)的消息。
- 在用户选定一条预订信息时，显示预订的详情。
- 显示一个用于编辑用户预订信息的编辑按钮。

第三项任务会促使我们研究 Context API，使当前用户的值对整个应用程序中的所有组件可用。为什么 BookingDetails 组件需要知道用户信息？让我们一起找寻答案。

8.1.1　当页面首次加载时显示一条行为召唤的消息

在 Bookings 页面加载后，用户选定预订信息前，BookingDetails 组件会显示一条行为召唤的消息，如图 8.3 所示。

图 8.3　当页面首次加载时，BookingDetails 会向用户显示一条 "Select a booking or a booking slot" 的消息

如代码清单 8.1 所示，BookingDetails 组件会检查选定的预订信息，然后返回一条行为召唤的消息或者是返回一条现有的预订信息。返回现有预订信息的 UI 由另一个组件 Booking 负责，将在 8.1.2 节介绍。

分支：0801-booking-details，文件：/src/components/Bookings/BookingDetails.js

代码清单 8.1　BookingDetails 组件显示一条预订信息或一条消息

```
import Booking from "./Booking";          ← 导入 Booking 组件

export default function BookingDetails ({booking, bookable}) {   ←
  return (                                              将 booking prop 和 bookable
    <div className="booking-details">                   prop 赋值给局部变量
      <h2>Booking Details</h2>
                                         当有一条预订信息选中
      {booking ? (      ←                 时，展示预订详情
        <Booking      ←                  使用 Booking 组
          booking={booking}               件显示预订详情
          bookable={bookable}
        />
      ) : (
        <div className="booking-details-fields">
          <p>Select a booking or a booking slot.</p>   ←  如果未选中任何预
        </div>                                            订信息，就显示一
      )}                                                  条消息
```

```
    </div>
  );
}
```

代码清单 8.1 使用 JavaScript 三元运算符(a？b：c)返回合适的 UI，或预订信息，或一条
消息：

```
{booking ? (
  // 若存在一条预订信息，则返回预订信息的 UI
) : (
  // 若没有预订信息，则返回提示消息的 UI
)}
```

后续章节会添加第三种 UI——带有输入框和提交按钮的表单。不过目前这里是二选一的情
况：要么显示预订信息要么显示消息。让我们看看预订信息 UI 的代码。

8.1.2　当用户选定预订信息时显示预订信息详情

一旦用户留意到提示，并选定了一条现有的预订信息，组件会显示它的详情；Movie Pitch!
预订信息的详情如图 8.4 所示(如果没有任何预订信息的数据，就请从代码仓库的 db.json 中获
取，如果还需要最新的 App.css，也可以从仓库中获取)。

图 8.4　BookingDetails 根据选定的预订信息和可预订对象展示详情信息

这些详情包含一些来自预订信息的字段和一个来自可预订对象的字段。如代码清单 8.2 所
示，Booking 组件接收选定的预订信息和可预订对象作为 prop 传入，并返回由一系列标签和段
落组成的预订详情。

分支：0801-booking-details，文件：/src/components/Bookings/Booking.js

代码清单 8.2　Booking 组件

```
import {Fragment} from "react";                              将 booking prop 和 bookable
                                                             prop 赋值给局部变量
export default function Booking ({booking, bookable}) {

  const {title, date, session, notes} = booking;            将 booking 的属性
                                                            赋值给局部变量
  return (
    <div className="booking-details-fields">
      <label>Title</label>
      <p>{title}</p>

      <label>Bookable</label>                     显示选中的可预订
      <p>{bookable.title}</p>                      对象的信息

      <label>Booking Date</label>
      <p>{(new Date(date)).toDateString()}</p>          格式化日期属性

      <label>Session</label>
      <p>{session}</p>

      {notes && (                          如果预订信息中包含备注，
        <Fragment>                         就显示备注字段
          <label>Notes</label>
          <p>{notes}</p>
        </Fragment>
      )}
    </div>
  )
}
```

到此，若用户尚未选择预订信息，界面就会显示行为召唤的消息；一旦做出选择，则会渲染 Booking 组件。BookingDetails 组件可以顺利地在两者之间切换。这是该组件三个任务目标中的前两个。第三个有一点棘手，问题出在哪呢？

8.1.3　显示一个用于编辑用户预订信息的按钮——问题

新建的 BookingDetails 组件能够成功地显示选定可预订信息的详情。棒极了！但如果计划改变、会议取消或者时间冲突，那么用户应当能够编辑自己的预订信息，更新或者直接删除它们。我们需要添加一个按钮，就像图 8.5 右侧的 Booking Details 标题旁的按钮，这样用户就可以切换到编辑预订模式了。

图 8.6 是单独的 BookingDetails 组件，它在组件标题的右侧显示了一个编辑按钮（一个文档编辑的图标）。问题是，我们希望仅当用户选定了自己的预订信息时才显示这个按钮。对于其他用户，按钮应当是隐藏的。因此 BookingDetails 组件需要知道当前用户的 id，以便与选定预订信息的 bookerId 进行比对。

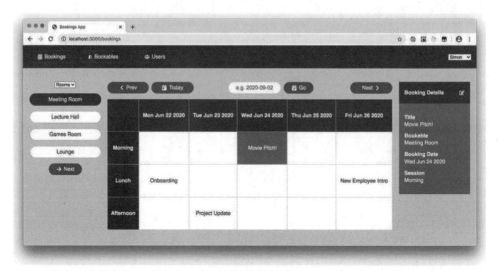

图 8.5　当用户选定自己的预订信息时，预订详情组件(右侧)会显示一个编辑按钮——位于标题
　　　　右侧的编辑图标

图 8.6　预订详情组件的标题右侧会显示一个编辑按钮

当前的用户状态一直位于应用程序组件层次结构的顶层——App 组件中。我们可以通过中间组件向下传递用户信息(App 传给 BookingsPage，BookingsPage 传给 Bookings，Bookings 传给 BookingDetails)，但是中途的这些组件并不关心用户状态，而 UserPicker 需要用户状态(UsersPage 组件很快也会用到)。这种情况下，分布在应用程序中的多个组件需要共用一个状态值。

Context API 提供了另一种方法，让同一状态为多方可用。那么如何提供这些希望共享的状态呢？

8.1.4　显示一个用于编辑用户预订信息的按钮——解决方案

若要将当前的用户信息共享给所有需要该信息的组件，可先使用 React 的 Context API 创建一个 UserContext 对象。然后将 context 放在它自己的文件/src/components/Users/UserContext.js 中共享。如此一来，用户状态值的提供方(App 组件)和消费方(包括 BookingDetails 组件)都能够导入 context 来设置或读取其状态值，如代码清单 8.3 所示。

分支：0802-user-context，文件：/src/components/Users/UserContext.js
代码清单 8.3　创建并导出用于用户状态的 context 对象

```
import {createContext} from "react";

const UserContext = createContext();

export default UserContext;
```

好了，完成！我们使用了 createContext 方法，并将它返回的 context 赋值给 UserContext 变量。context 对象——UserContext 是整个应用程序共享当前用户值的关键：App 组件使用它设置值，而消费组件使用 useContext hook 读取它的值。

为了使用新的 context 对象为预订应用程序提供用户状态，需要在三个关键方面更新 App 组件：

(1) 导入 context 对象。

(2) 调用 useState hook 以管理当前用户状态。

(3) 使用该 context 的 Provider 组件包装 Router 组件。

代码清单 8.4 展示了更新后的代码。

分支：0802-user-context，文件：/src/components/App.js
代码清单 8.4　导入 context 对象，在 App 组件中提供该对象的值

```
import {useState} from "react";          ◀──── 导入 useState hook

// unchanged imports


import UserContext from "./Users/UserContext";   ◀──── 导入需要共享的 context

export default function App () {
  const [user, setUser] = useState();     ◀──── 使用 useState hook
                                               管理用户状态
  return (
    <UserContext.Provider value={user}>   ◀──── 将应用程序的 UI 包装在
      <Router>                                 context provider 中
        <div className="App">
          <header>
            <nav>
            // unchanged nav
            </nav>

            <UserPicker user={user} setUser={setUser}/>  ◀────
          </header>                               将用户状态及其
                                                  updater 函数传递
          <Routes>                                给 UserPicker
          // unchanged routes
          </Routes>
        </div>
```

```
    </Router>
  </UserContext.Provider>
  );
}
```

App 组件导入了 UserContext 对象，然后将 UI 包装在该 context 的 Provider 组件中，这使得用户状态的值对组件树中的所有组件可用：

```
<UserContext.Provider value={user}>
  // all app UI
</UserContext.Provider>
```

provider 不需要包装整个组件树。如代码所示，应用程序可以将 user 和 setUser 作为 prop 传递给 UserPicker 组件，我们可以仅将那些路由包装在 provider 中。

```
<Router>
  <div className="App">
    <header>
      // nav and user picker
    </header>

    <UserContext.Provider value={user}>
      <Routes>
        // routes
      </Routes>
    </UserContext.Provider>
  </div>
</Router>
```

不过在后面的内容中，我们会将用户选择器从 prop 切换至使用 context，因此将整个组件树包装在 provider 中是有用的。目前，UserPicker 组件接收选定的用户及其 updater 函数作为 prop。代码清单 8.5 展示了如何使用这些 prop。

分支：0802-user-context，文件：/src/components/Users/UserPicker.js

代码清单 8.5　在 UserPicker 中接收 user 及其 updater 函数

```
import {useEffect, useState} from "react";          将 user prop 和
import Spinner from "../UI/Spinner";                 setUser prop 赋
                                                     值给局部变量
export default function UserPicker ({user, setUser}) {
  const [users, setUsers] = useState(null);

  useEffect(() => {
    fetch("http://localhost:3001/users")
      .then(resp => resp.json())
      .then(data => {
        setUsers(data);          加载用户的同时将
        setUser(data[0]);        当前用户前置
      });
  }, [setUser]);                 添加 setUser 作为依赖项
  function handleSelect(e) {
```

```
      const selectedID = parseInt(e.target.value, 10);        使用 id 查
      const selectedUser = users.find(u => u.id === selectedID);  找选中的
                                                                用户对象
      setUser(selectedUser);  ◄────  设置选中的用户
    }

    if (users === null) {
      return <Spinner/>
    }

    return (                          为下拉列表指定一个事件处理程序
      <select
      className="user-picker"
      onChange={handleSelect}  ◄
      value={user?.id}          ◄────  设置当前选中的值
    >                                                    为每个 option
                                                         设置一个值
      {users.map(u => (
        <option key={u.id} value={u.id}>{u.name}</option>  ◄
      ))}
    </select>
  );
}
```

UserPicker 组件从数据库中加载用户数据。一旦获取到数据，就会调用作为 prop 传入的 setUser 函数来设置当前用户。由于状态更新，因此 App 组件会重新渲染，并将更新后的用户设置为用户 context provider 的值。由于 App 会重新渲染，因此它的子组件也会重新渲染。这包括所有消费 context 的子代组件，它们将获取新的 context 值。UserPicker 也会显示选中的用户，将其设置为 UI 中 HTML select 元素的值(注意每个 option 元素都有一个 value 属性，其值是用户的 ID)。

为了看清整个 context 更新的过程，需要一个组件消费用户的 context 值。让我们从 BookingDetails 组件开始，如代码清单 8.6 所示。还记得吗？我们需要使用当前的用户状态值来确定是否显示编辑按钮，如图 8.7 所示。

图 8.7　BookingDetails 组件的右侧有一个编辑按钮

分支：0802-user-context，文件：/src/components/Bookings/BookingDetails.js

代码清单 8.6   从 context 中读取用户信息的 BookingDetails 组件

```
import {useContext} from "react";          ◄──── 导入 useContext hook

import {FaEdit} from "react-icons/fa";     ◄──── 导入编辑按钮的图标

import Booking from "./Booking";

import UserContext from "../Users/UserContext";   ◄──┤ 导入共享的 context

export default function BookingDetails ({booking, bookable}) {

  const user = useContext(UserContext);   ◄──

  const isBooker = booking && user && (booking.bookerId === user.id);

  return (                                使用共享的 context 调用 useContext，
    <div className="booking-details">     并将值赋给 user 变量
      <h2>
        Booking Details
        {isBooker && (        ◄──          仅当预订信息属于当前用
          <span className="controls">     户时，显示编辑按钮
            <button
              className="btn"             渲染出一个按钮，但是还没
            >                             有绑定事件处理程序
              <FaEdit/>    ◄──
            </button>
          </span>
        )}                    将前面导入的编辑图标
      </h2>                   用作按钮的图标

      {booking ? (
        // booking
      ) : (
        // message
      )}
    </div>
  );
}
```

检查预订信息是否属于当前用户（箭头指向 `const isBooker` 及 `{isBooker && (`）

该组件导入了 UserContext 的 context 对象，并将其传给 useContext hook，同时把 hook 返回的值赋值给 user 变量。当 BookingDetails 获取到用户和预订信息时，它会检查预订信息是否属于当前用户：

```
const isBooker = booking && user && (booking.bookerId === user.id);
```

如果是当前用户的预订信息，那么 isBooker 的值就被设为 true，该组件会在标题后显示编辑按钮：

```
<h2>
  Booking Details
```

```
{isBooker && (
  // edit button UI
)}
</h2>
```

该按钮还没有实际的功能，但是当当前用户(在用户选择器中选中的用户)是选定的预订信息的用户时，按钮就会显示。可以通过选择不同的用户和不同的预订信息来测试显示和隐藏的逻辑(当加载完 Bookings 页面，单击星期选择器中的 Go 按钮时，它会跳转到一个默认的日期——如果使用仓库中的 db.json 作为数据源，那么它已经创建了一些预订的数据)。

练习 8.1

更新 Users 页面，当你切换到该页面时，它能自动地显示当前用户的详细信息。例如，如图 8.8 所示，当前用户是 Clarisse，稍后切换至 Users 页面，页面会显示 Clarisse 的详细信息，并且在用户列表中选中 Clarisse。

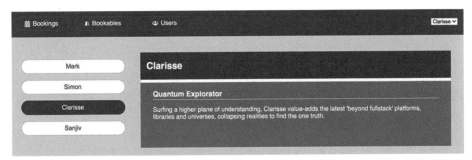

图 8.8　用户选择器(右上)会选定 Clarisse 作为当前用户。当访问者切换至 Users 页面时，用户列表(左侧)
　　　　会自动选中 Clarisse，并且显示她的详细信息(右侧)

请使用 BookingDetails 组件中使用的相同的 UserContext 对象，并调用 useContext 获取当前用户信息。你可以在 Github 仓库的 0803-users- page 分支找到完整的代码。

在预订应用程序中，React 的 Context API 可以很方便地共享选中的用户状态。但是它也带来了一些问题：共享的值不止一个，怎么办？或是带有多个属性的复杂对象？调用 setUser 时能否避免触发整个组件树的重新渲染？在寻找这些答案的同时，让我们更深入地了解 React 渲染的一些细微差异。

8.2　使用自定义的 provider 和多个 context

我们已成功地为嵌套在组件树深处的组件提供共享状态，并使用 context 对象的 Provider 组件提供状态值，消费组件通过调用带有相同 context 对象的 useContext 来访问这些状态值。无论何时状态值改变，都会触发消费组件重新渲染。如果只有使用 context 共享状态的消费组件重新渲染，那就太好了。然而在预订应用程序中，在 App 组件中更新用户状态会导致整个组件树的重新渲染。这不只是消费组件会更新，那些不关心用户状态的组件也会更新。

本节将研究四种扩展 context 用法的方式。第一种，使用对象作为状态值，但这会引发一些问题；第二种和第三种，使用自定义的 provider 和多个 context，这有助于解决以上问题；最后一种，为 context 指定默认值。

8.2.1　将对象用作 context provider 的值

在代码清单 8.4 中，App 组件使用 useState hook 管理当前用户的状态。通过设置 context 对象 Provider 组件的 value prop，用户状态将对其所有的子代组件可用：

```
<UserContext.Provider value={user}>
  // app JSX
</UserContext.Provider/>
```

其中一个子代组件 UserPicker 需要 user 状态值及其 updater 函数 setUser。由于它不只是需要用户状态值，因此可使用旧的 prop 的方式满足它的功能需求：

```
<UserPicker user={user} setUser={setUser}/>
```

传入 prop 是可行的。当前的应用程序版本工作得很好，并且数据流向易于跟踪。但是鉴于已设置了用户状态值在应用程序的 context 中可用，不妨现在更新 UserPicker 组件来消费这些状态。我们希望这样使用它：

```
<UserPicker/>
```

不过 UserPicker 需要用户状态值和 setUser 函数。能否将它们放在 context 中呢？当然可以！

```
<UserContext.Provider value={{user, setUser}}>
  // app JSX
</UserContext.Provider/>
```

现在，将一个 JavaScript 对象赋值给 provider，消费该值的组件必须从该值对象中解构出自己需要的属性。例如，BookingDetails 组件需获取用户状态值，如下所示：

```
const {user} = useContext(UserContext);
```

赋值语句现在使用花括号包裹变量。这并不麻烦。但是 UsersPage 组件(练习 8.1 更新后的 UsersPage 组件)呢？它之前将 context 值赋给了 loggedInUser 变量。这也没有问题：

```
const {user : loggedInUser} = useContext(UserContext);
```

冒号的语法可以让我们在解构一个对象时将属性分配给一个不同的变量名。在上面的代码片段中，context 的 user 属性值被赋给了 loggedInUser 变量。

最后使用 context 值的组件是 UserPicker 组件。它需要 user 和 setUser 的 updater 函数，实际上，这也是我们将 context 值切换为使用一个对象的原因。没问题，可以在解构时将所有需要的属性赋值给局部变量：

```
const {user, setUser} = useContext(UserContext);
```

以上三个不同的组件使用三种不同的方式访问 context 的值。8.2.2 节会再进一步为用户 context 开发自定义 provider。以上讨论的将 context 值切换至对象的代码参见练习 8.2 解决方案的分支。

练习 8.2

更新 App.js，使 App 组件可以设置一个包含 user 和 setUser 属性的对象，以此作为用户 context 的 Provider 组件的 value prop 值。更新 BookingDetails、UsersPage 和 UserPicker 组件，通过解构语法使用新的对象值。可以在 Github 仓库的 0804-object-value 分支查看完整的代码。

8.2.2　将状态移到自定义 provider 中

预订应用程序的当前用户是通过 UserPicker 组件确定的(尽管在实际应用程序中，用户会登录)。当前用户的状态值由 App 组件管理；这也是 context provider ——UserContext.Provider 包装组件树的地方。当用户访问站点并在用户选择器中选择一个用户时，UserPicker 组件会调用 setUser 更新 App 组件中用户的状态值。React 注意到状态已变化便会触发管理该状态的组件 App 重新渲染。而 App 的重新渲染，又会导致其所有的子组件重新渲染，如图 8.9 所示。

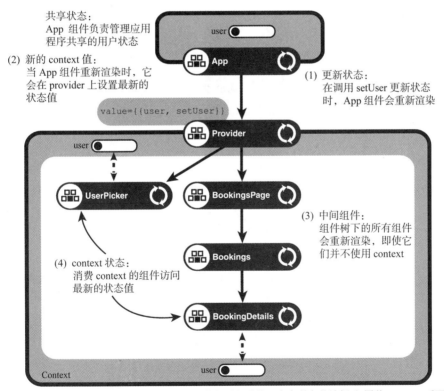

图 8.9　调用 App 组件的 setUser 会触发整个组件树重新渲染。灰色的条状边框(包围着 Provider 后面的组件)代表 context：UserPicker 和 BookingDetails 从 context 中获取用户的状态值

重新渲染本身并没有什么不好——我们只关注状态，React 负责调用组件，diffing(对比

DOM),更新 DOM——如果应用程序运行良好,那么没有必要使代码复杂化。但是,如果组件树中的组件越来越慢、越来越复杂,就可能希望避免那些对 UI 没有影响的重新渲染。我们需要一种方式,能够更新 context provider 值而又不会引发组件树中所有组件的级联更新。我们希望 context 消费方(调用 useContext 的组件)的重新渲染是因为 provider 值的变化,而不是因为整个组件树正在重新渲染。那么能否避免在 App 组件中更新状态呢?

要回答这个问题,需要很好地理解 React 的渲染行为。我们分以下四个部分讨论这些概念以及如何应用它们:

- 创建一个自定义的 provider。
- 使用 children prop 渲染包装的组件。
- 避免不必要的渲染。
- 使用自定义的 provider。

创建自定义的 provider

如果在 App 中管理 user 状态只是为了将其传给 UserContext.Provider,并且我们已经有了一个单独的 UserContext 文件,那么为什么不在管理 context 的地方管理状态呢?能否创建一个 UserProvider 组件,使用它来包装组件树,并自己管理用户状态呢?当然可以!如代码清单 8.7 所示的便是我们的自定义 provider 组件——UserProvider。

> 分支:0805-custom-provider,文件:/src/components/Users/UserContext.js
>
> 代码清单 8.7   导出自定义的 provider 和用户 context

```
import {createContext, useState} from "react";          导出 context 对象以便其他组
                                                         件可以导入它
const UserContext = createContext();
export default UserContext;
                                                         将特别的 children prop
                                                         赋值给一个局部变量
export function UserProvider ({children}) {
  const [user, setUser] = useState(null);               在该组件内管理用户状态

  return (
    <UserContext.Provider value={{user, setUser}}>      设置一个对象作
      {children}                                        为 context 的值
    </UserContext.Provider>                  在 provider 内渲染子组件
  );
}
```

UserContext 仍然是默认的导出,因此直接导入和使用它的文件不需要修改。不过目前 context 文件还有一个命名导出(named export)——UserProvider,它是自定义的 provider 组件。该自定义 provider 调用 useState 管理用户状态值,并返回一个 updater 函数。它将状态值和函数包装在一个对象中作为共享的 context 传递给 UserContext.Provider 组件:

```
<UserContext.Provider value={{user, setUser}}>
  {children}
</UserContext.Provider>
```

在使用自定义 provider 时，我们将部分或整个应用程序包装在 JSX 中。所有被包装的组件都可以访问 provider 设置的值(如果它们使用 UserContext 调用 useContext)：

```
<UserProvider>
  // 应用程序组件
</UserProvider>
```

下面了解一下有关 children prop 的更多细节。

使用 children prop 渲染包装的组件

当一个组件包装其他组件时，React 会把被包装的组件赋值给包装组件的 children prop。例如，下面是一个 Wrapper 组件，它有一个子组件 MyComponent：

```
<Wrapper>
  <MyComponent/>
</Wrapper>
```

当 React 调用 Wrapper 组件来获取它的 UI 时，会将子组件 MyComponent 作为 children prop 传递给 Wrapper(React 一直都是这么做的，我们只是现在才用到 children prop)。

```
function Wrapper ({children}) {          ◄——— React 将所有的子组件
                                              赋值给 children prop
  return <div className="wrapped">{children}</div>   ◄——— 在返回 UI 时使用子组件
}
```

在返回 UI 时，Wrapper 使用了 React 赋给它的 children 组件。UI 如下所示：

```
<div className="wrapped"><MyComponent/></div>
```

对于这个 Wrapper 示例，children 是单个组件。如果 Wrapper 包装了多个兄弟组件，那么 children 是一个包含组件的数组。在 React 文档中，可以找到更多使用 children prop 的内容：https://reactjs.org/docs/react-api.html#reactchildren。

回到 App 组件，React 将 UserProvider 包装的组件赋值给 UserProvider 的 children prop。UserProvider 使用 children prop 确保 UserContext.Provider 依旧能够渲染自定义 UserProvider 包装的那些组件：

```
export function UserProvider ({children}) {    ◄——— React 将被包装的组件
  const [user, setUser] = useState(null);           赋值给 children prop

  return (
    <UserContext.Provider value={{user, setUser}}>
      {children}          ◄——— 为 context 渲染包装在
    </UserContext.Provider>      provider 中的组件
  );
}
```

以上代码将子组件包装在用户 context 的 provider 中，并且设置了 provider 的 value，使 user 状态值和 setUser 函数对所有被包装的子组件可见。现在 context 和状态存放在同一位置。这对于代码的组织结构、理解和可维护性都是有利的。除此之外，这还有一个好处。

避免不必要的渲染

当某个子代组件(如用户选择器)调用 setUser 更新 UserProvider 组件的用户状态值时，React 会注意到状态的改变并触发管理该状态的组件 UserProvider 重新渲染。但是对于 UserProvider，它所有的子组件并不会重新渲染，如图 8.10 所示。

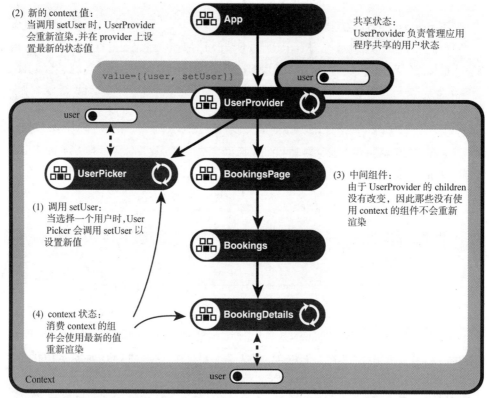

图 8.10　当 UserProvider 重新渲染时，只有 context 的消费方会重新渲染，不会触发整个组件树重新渲染

这看起来可能有点不符合预期，但这是 React 的标准渲染行为；这里并没有应用任何特别的记忆化函数。当 App 管理用户状态时，是什么让 UserProvider 的行为不同于 App 组件呢？是什么阻止了 React 渲染 provider 的子组件？

这是因为 UserProvider 通过 prop 访问它的子组件，组件内部的状态更新不会改变它的 prop。当某个子代组件调用 setUser 时，children 的标识不会改变。它和之前的对象完全一致。由于没有必要重新渲染所有子组件，因此 React 不会重新渲染它们。

但是 context 的消费方除外！context 消费方总是在距离 context 最近的 provider 的值改变时重新渲染。我们的自定义 provider 提供了一个 updater 函数给它的消费方。当某个组件调用 updater 函数时，该自定义 provider 会重新渲染，更新它的 context 值。React 知道 provider 的 children 没有改变，因此不会重新渲染它们。但是，任何消费该 context 的组件会因 provider 上的值的改变而重新渲染(而不是因为整个组件树重新渲染而重新渲染)。

使用自定义 provider

既然我们使用自定义 provider 维护用户状态值，那么可以简化 App 组件，删除 useState 的导入和调用的代码，同时在 provider 上设置一个值。代码清单 8.8 展示了更精简的代码。还需注意，我们不再需要设置 UserPicker 的 prop；在练习 8.2 中，UserPicker 已经切换到使用 context。

> **分支：0805-custom-provider，文件：/src/components/App.js**
>
> **代码清单 8.8　在 App 组件中使用自定义 provider**

```
// remove import for useState
// unchanged imports
                                              导入自定义 provider
import {UserProvider} from "./Users/UserContext";

export default function App () {         将应用程序的 UI 包装
  return (                               在 provider 内
    <UserProvider>
      <Router>
        <div className="App">
          <header>
            // nav
                                  不需要将 prop 传递给
                                  用户选择器组件
            <UserPicker/>
          </header>

          <Routes>
            // routes
          </Routes>
        </div>                      将应用程序的 UI 包装
      </Router>                      在 provider 内
    </UserProvider>
  );
}
```

在 JSX 中，由于 UserProvider 包装了 Router 组件，因此 Router 组件是作为 children prop 传给 UserProvider 组件的，而自定义 provider——包装在 UserContext.Provider 中的 UserProvider，是实际的 context 提供方，这样应用程序中的所有组件都能访问用户的 context。第 9 章将从消费方的角度，学习如何使用自定义 hook，使其更方便与 Context API 协同工作。

自定义 provider 会将一个对象{user, setUser}赋值给 context provider 组件。下节将看到以这种方式使用单个对象的缺点。

8.2.3　使用多个 context

既然已拥有了跨整个应用程序共享状态值的方法，你可能希望为应用程序的状态创建一个单独的庞大的仓库，并且让任何位置的组件都能消费这些臃肿的状态值。但是从句子的夸张表述中，不难看出这并不总是最佳方法。如果一个组件需要一些状态，应尝试在组件内管理它们。

将组件的状态保持在组件内部可以使组件更易于使用和复用。如果在开发时遇到兄弟组件需要相同的状态，就可以将状态提升至共享的父组件，然后将其再通过 prop 传入。如果在状态和使用它的组件之间有多个层级的嵌套组件，那么在使用 Context API 之前，你可以考虑组件的组合。React 提供了一些关于组合的文档：http://mng.bz/PPjY。

如果你发现确实有一些状态不常改变且被大量的不同层级的组件使用，那么 Context API 可能比较合适。即便如此，context 只提供单个的状态对象可能是低效的。假设你的 context 状态值如下所示：

```
value = {
  theme: "lava",
  user: 1,
  language: "en",
  animal: "Red Panda"
};
<MyContext.Provider value={value}><App/></MyContext.Provider>
```

在你的组件层级结构中，有些组件使用 theme，有些使用 user，有些使用 language，还有一些使用 animal。问题在于，如果其中单个属性值改变(假如 theme 的值从 lava 改变为 cute)，那么所有消费此 context 的组件都将重新渲染，即使它们对改变的值并不关心。一个内嵌的组件只希望获得它需要的状态。幸运的是，有一个简单的解决方案。

跨多个 provider 拆分 context 值

可根据需要使用任意多的 context，内嵌的组件可根据 context 的消费需要调用 useContext hook。当每个共享的值都有自己的 provider 时，provider 看起来如下所示：

```
<ThemeContext.Provider value="lava">
  <UserContext.Provider value=1>
    <LanguageContext.Provider value="en">
      <AnimalContext.Provider value="Red Panda">
        <App/>
      </AnimalContext.Provider>
    </LanguageContext.Provider>
  </UserContext.Provider>
</ThemeContext.Provider>
```

然后，内嵌组件仅消费那些它们需要的值，并在它们选中的那些值改变时触发重新渲染。以下两个组件分别访问了两个 context 值：

```
function InfoPage (props) {
  const theme = useContext(ThemeContext);
  const language = useContext(LanguageContext);

  return (/* UI */);
}

function Messages (props) {
  const theme = useContext(ThemeContext);
```

```
const user = useContext(UserContext);

// subscribe to messages for user

return (/* UI */);
}
```

为多个 context 使用一个自定义 provider

你希望 provider 能够尽可能地靠近消费其 context 的组件,使用 provider 包装一个子组件树而不是整个应用程序。然而有时候,context 确实是在整个应用程序中使用的,那么 provider 可以放在根组件上或靠近根组件的位置。根组件的代码通常不会改变太多,因此不必担心内嵌多个 provider;也不必将这种内嵌视为“封装地狱(wrapper hell)”或“毁灭金字塔(pyramid of doom)”。如果你愿意,并且倾向于将 provider 放置在一起,便可以创建一个自定义 provider,将多个 provider 分组放在同一地方,如下所示:

```
function AppProvider ({children}) {
  // 此处可能需要管理某些状态

  return (
    <ThemeContext.Provider value="lava">
      <UserContext.Provider value=1>
        <LanguageContext.Provider value="en">
          <AnimalContext.Provider value="Red Panda">
            {children}
          </AnimalContext.Provider>
        </LanguageContext.Provider>
      </UserContext.Provider>
    </ThemeContext.Provider>
  );
}
```

然后应用程序便可以使用该 provider 了:

```
<AppProvider>
  <App/>
</AppProvider>
```

如 8.2.2 节介绍的那样,使用带 children prop 的自定义 provider 同样能避免子组件不必要的重新渲染。

为状态值及其 updater 函数使用单独的 context

当某个 context provider 的值改变时,消费它的组件会重新渲染。而一个 provider 可能因为父组件的重新渲染而重新渲染。如果 provider 的值是一个对象——此对象会在 provider 每次渲染时重新创建,那么即使分配给该对象的属性值保持不变,对象的值在每次渲染时也会改变。

再来看一下预订应用程序中的自定义 UserProvider 组件:

```
export function UserProvider ({children}) {
  const [user, setUser] = useState(null);
```

```
  return (
    <UserContext.Provider value={{user, setUser}}>
      {children}
    </UserContext.Provider>
  );
}
```

每次渲染时，会将一个新的对象赋值给该 value prop

将一个对象{user, setUser}赋值给 provider 的 value prop。每次组件渲染时，它都是一个新的被赋值的对象，即使 use 和 setUser 两个属性相同。每当 UserProvider 重新渲染时，context 的消费方——UserPicker、UsersPage 和 BookingDetails 都会重新渲染。

此外，将对象用作值时，如果一个内嵌的组件仅使用了该对象的某一个属性，那么当其他的属性改变时，它仍然会重新渲染。虽然在我们的示例中这不是问题；setUser 永远不会改变，并且只有 UserPicker 会用到 setUser 和 user 属性。但是当要构建一个合适的登录系统时，可以轻松地创建一个退出登录按钮，它不需要当前的用户信息，不过这需要调用 setUser 函数。没有必要在每次用户改变时都重新渲染这个按钮。

因此，这里有两个问题：

- 每次渲染时，会将一个新的对象赋值给 provider。
- 改变该值的某个属性值会导致没有消费该属性值的组件重新渲染。

通过使用两个 context(而不是在自定义 provider 中使用一个 context)可以解决这些问题，如代码清单 8.9 所示。

分支：0806-multiple-contexts，文件：/src/components/Users/UserContext.js
代码清单 8.9   为状态值及其 updater 函数使用单独的 provider

```
import {createContext, useState} from "react";

const UserContext = createContext();
export default UserContext;

export const UserSetContext = createContext();

export function UserProvider ({children}) {
  const [user, setUser] = useState(null);

  return (
    <UserContext.Provider value={user}>
      <UserSetContext.Provider value={setUser}>
        {children}
      </UserSetContext.Provider>
    </UserContext.Provider>
  );
}
```

为设置当前用户的函数创建一个单独的 context

将 user 设置为 provider 的值

在自己的 provider 上将 updater 函数设置为 provider 的值

现在不会在每次渲染时重新创建 user 和 setUser 了，并且已为每个值创建了单独的 context 和 provider，这样，某个值的消费方也不会受到另一个值改变的影响。

同时，最新的分支更新了消费组件的代码；它们不再需要从一个对象中解构出其中的值，并且 UserPicker 导入并使用了新的 UserSetContext context 对象。

8.2.4　为 context 指定一个默认值

使用 Context API 涉及 provider 和消费方：provider 负责设置一个值，消费方负责读取这个值。但是这两块独立的部分协同工作需要建立起信任。如果使用一个 context 对象调用 useContext，但是在更高层级的组件树上没有设置相应的 provider，那么该怎么办？如果可以的话，在创建一个 context 对象时，就为这种情况指定一个默认值，如下所示：

```
const MyContext = createContext(defaultValue);
```

如果没有设置相应的 provider，useContext hook 就会返回 context 对象的默认值。当你的应用程序需要指定一个默认的语言或主题时，这会很有用。provider 的值可用来覆盖默认值，但即使不引入 provider，应用程序仍然可以正常工作。

8.3　本章小结

- 对于那些被许多组件使用但很少改变的值，可以考虑使用 Context API。
- 可通过创建 context 对象来管理特定的状态值，以供组件访问：

  ```
  const MyContext = createContext();
  ```

- 导出 context 对象，使其对其他的组件可用(或者是在与 provider 和消费组件相同的作用域上创建 context 对象)。
- 在 provider 和消费组件文件中导入 context 对象。
- 将需要访问共享状态值的组件树包装在 context 对象的 provider 组件中，将状态值设置为 prop：

  ```
  <MyContext.Provider value={value}>
    <MyComponent />
  </MyContext.Provider>
  ```

- 使用 useContext hook 访问 context 值，并将 context 对象传递给 useContext hook：

  ```
  const localValue = useContext(MyContext);
  ```

  当 context 值改变时，消费组件都会重新渲染。
- 还可以在创建 context 时，为其指定一个默认值：

  ```
  const MyContext = createContext(defaultValue);
  ```

  如果上层的组件树没有为此 context 设置 provider，useContext hook 就会返回默认值。
- 对于那些不会经常一起使用的状态值，请使用多个 context。这样，消费其中某个值的组件可以独立于消费其他值的组件重新渲染。
- 创建自定义 provider 以管理共享的状态值。
- 在自定义组件中使用 children prop，以避免没有消费 context 的子代组件重新渲染。

第 *9* 章

创建自定义hook

本章内容

- 将功能提取到自定义 hook 中
- 遵循 React Hooks 的规则
- 使用自定义 hook 消费 context 值
- 使用自定义 hook 封装数据请求功能
- 探索更多自定义 hook 的示例

React Hooks 能够简化组件代码,并提升组件的封装性、可靠性以及可维护性。Hooks 令 React 能够全方位协助函数式组件管理状态,深入到从挂载、渲染直到卸载的全生命周期事件中。在函数式组件中使用 hook,能够将逻辑相关的代码整合在一处,从而避免类组件中生命周期函数内部及其相互之间的不相关代码混杂在一起的问题。

Quiz 组件具有两个功能:加载提问数据,订阅用户服务。图 9.1 展示了基于类组件形态的 Quiz 组件和基于函数式组件形态的 Quiz 组件在代码结构上的差异。类组件将各个功能分布在不同的方法中,而 Quiz 函数式组件则利用 useState 或者 useReducer 管理本地状态,并通过 useEffect 包装了加载提问数据以及订阅用户服务的功能。

到此为止,函数式组件中包括了用于管理状态和副作用的 hook。与类组件相比,Quiz 函数式组件看起来更简洁、也更容易理解。但是,类似将一个很长的函数拆分为多个较短的函数,我们可以将 hook 中的内容剥离出组件,抽象为自定义 hook,这能简化组件代码,为功能复用打好基础。例如,对于 Quiz 组件来说,可以使用 useFetch hook 请求数据,使用 useUsers hook 订阅服务。

本章将介绍自定义 hook,其中一些示例会基于之前已经学习过的内容(第 4 章中的 useEffect 示例,包括如何使用 hook 请求数据),而另外一些则会改造之前的代码(第 8 章开发的能够读取 context 的 hook)。这些示例展示了如何利用参数令自定义 hook 更灵活,以及如何使用 hook 返回一系列函数、数组和对象等有价值的内容。然而，hook 的整洁性和灵活性也会伴随着一些限制，9.2 节会将这些限制总结为 hook 的规则。

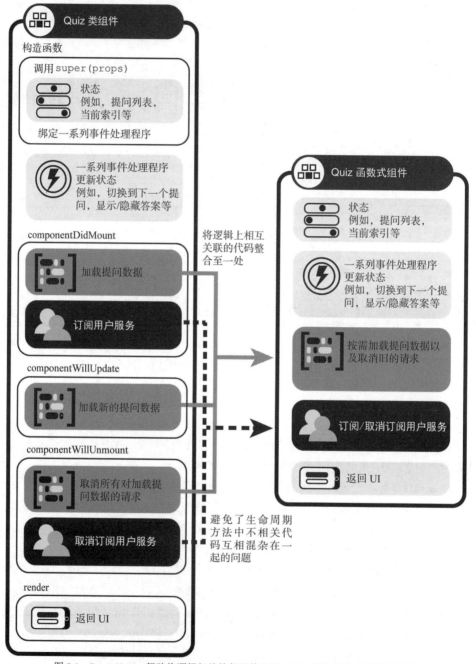

图 9.1　React Hooks 帮助将逻辑相关的代码整合至一处，避免了生命周期方法中不相关代码互相混杂的问题

在开始深入了解规则或者预订应用程序之前，首先详细了解自定义 hook 的优点，之后再开发两个自定义 hook：useRandomTitle 和 useDocumentTitle。

9.1　将功能提取到自定义 hook 中

React Hooks 能够帮助我们管理函数式组件的本地状态，也可以读取应用程序的 context，或者在生命周期函数内部执行以及清除副作用。将逻辑相关的代码整合在一处，要好过将其分散在不同的类方法中。这种整合能令我们更好地使用各种功能。我们可以将通用代码提取到独立的函数中，以简化组件。图 9.2 展示了如何提取 Quiz 组件中的关键功能：加载提问数据以及订阅用户服务，这两个功能可以被提取到两个函数或者两个自定义 hook——useFetch 和 useUsers 中。

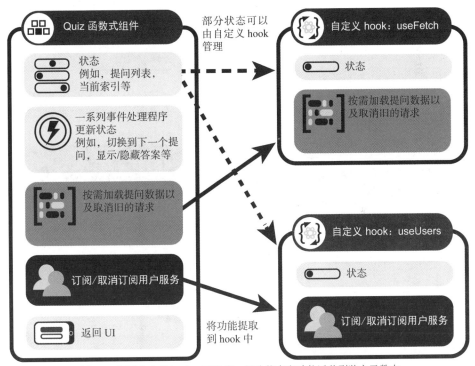

图 9.2　通过自定义 hook，可以将一部分状态和功能迁移到独立函数中

通过对自定义 hook 进行恰当的命名，Quiz 组件的代码体积会更小，也更容易理解，如图 9.3 左侧所示。应该可以很清楚地看到，Quiz 组件调用 useUsers 获取用户信息，调用 useFetch 请求数据。

将功能迁移到自定义 hook 也可以实现在多个组件之间复用这些功能，图 9.3 展示了第二个组件 Chat，该组件调用了相同的 useUsers hook。我们可以在团队内部共享通用的 hook，甚至可以对外发布这些 hook，提供给全世界的开发者。

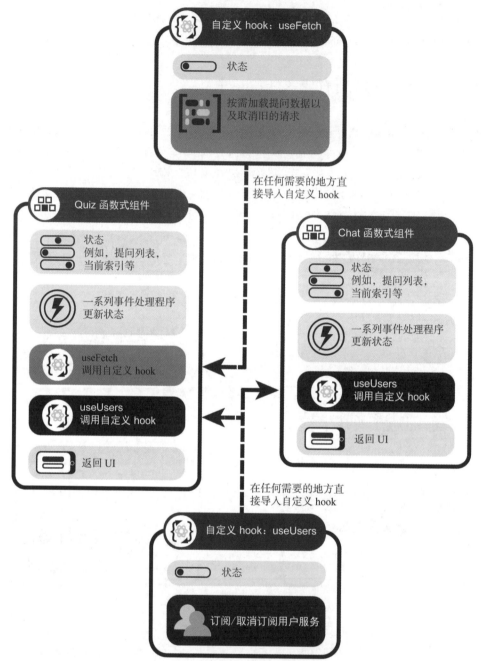

图9.3　自定义 hook 可以应用于多个组件中

对于一些库的作者来说,他们可以将关键的功能开发成 hook,提供给函数式组件使用。我们在第 10 章中会看到相关的例子——使用 React Router 进行路由以及使用 React Query 请求数据。本节将会重温第 4 章中一个简单的组件,该组件能在 effect 中修改页面的标题。我们需要进行下述改动：

- 重新组织通用功能。
- 在组件外部声明自定义 hook。
- 在自定义 hook 中调用自定义 hook。

在我们创建第一个示例的过程中，首先遇到的就是自定义 hook 命名规则的问题。对自定义 hook 的命名需要遵循 9.2 节介绍的规则。

9.1.1　重新组织通用功能

SayHello 组件能够在页面的标题中显示问候语。在首次加载时，组件会随机展示问候语，以及一个 SayHi 按钮。如图 9.4 所示，单击 Say Hi 按钮时，会更新问候语。

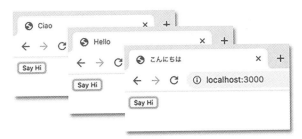

图 9.4　分别将浏览器页面标题设置为三种不同的问候语

组件主要执行以下两项任务：

- 从问候语列表中选择一条问候语。
- 将选中的问候语设置为页面标题。

下节会将设置页面标题的代码提取到自定义 hook——useDocumentTitle 中，将随机分配标题的代码提取到第二个自定义 hook——useRandomTitle 中。如代码清单 9.1 所示，SayHello 为改造之前的代码，其中调用了 useEffect hook 设置页面标题(代码清单中的 effect 将 index 声明为依赖。只有 index 改变时，才会设置标题)。

> 线上示例：https://jhijd.csb.app，代码：https://codesandbox.io/s/sayhello-jhijd
>
> **代码清单 9.1　更新浏览器标题**

```
import React, {useState, useEffect} from "react";    ← 导入 useEffect hook

function SayHello () {
  const greetings = ["Hello", "Ciao", "Hola", "こんにちは"];
  const [index, setIndex] = useState(0);     将执行 effect 的函数作为
                                             参数传递给 useEffect
  useEffect(() => {
    document.title = greetings[index];    ← 在 effect 中更新
  }, [index]);                              浏览器标题

  只有 index 改变，才会更新标题
```

```
function updateGreeting () {
  setIndex(Math.floor(Math.random() * greetings.length));
}

return <button onClick={updateGreeting}>Say Hi</button>
}
```

不同项目或者不同页面中都可能会用到设置文档标题的功能。作为函数，hook 能够让我们轻松地提取并共享其中的功能。组件可以向 hook 传递参数，而 hook 可以向组件返回一系列的状态和函数，组件则可以使用这些返回执行内部任务。接下来看看这个流程是如何运作的。

9.1.2　在组件外部声明自定义 hook

设置页面标题是一个很简单的示例，只要你愿意，就可以很容易地再次实现这个 effect。但是正是这种简单性，能够让我们专注于对自定义 hook 的提取，而不会纠结于 effect 究竟产生了怎样的影响。代码清单 9.2 中展示了一个与代码清单 9.1 同样简洁的 SayHello 组件。在代码清单 9.2 中，effect 被转移到了组件之外的一个单独的函数中：useDocumentTitle。

代码清单 9.2　将 effect 提取到 useDocumentTitle hook 中

```
import React, {useState, useEffect} from "react";     将自定义 hook 声明为一个函
                                                       数，函数的命名以"use"开头
function useDocumentTitle (title) {
  useEffect(() => {                    在自定义 hook 中调用原生
    document.title = title;            的 useEffect hook
  }, [title]);            只有标题改变，才
}                        会更新页面标题

export default function SayHello () {
  const greetings = ["Hello", "Ciao", "Hola", "こんにちは"];
  const [index, setIndex] = useState(0);

  function updateGreeting () {
    setIndex(Math.floor(Math.random() * greetings.length));
  }
                                  调用自定义 hook，将需要展示的
                                  标题作为参数传入 hook 中
  useDocumentTitle(greetings[index]);

  return <button onClick={updateGreeting}>Say Hi</button>
}
```

代码清单 9.2 在组件外部声明了自定义 hook，但组件和自定义 hook 还在同一个文件中。你可以并且应该定期地将自定义 hook 转移到它自己的文件中(或者将多个工具类型的 hook 放在同一个文件中)，这样就可以按需在任何组件中导入这些 hook 了。

我们可以直接调用自定义 hook：useDocumentTitle。当使用 hook 时，为了能够在组件中更顺畅地运行 hook，需要遵循一些的规则(9.2 节将详细讨论这些规则)，将所有 hook 都以"use"开头正是在践行其中一条规则。这一命名规则非常重要，在此特以补充说明的形式列出。

> **以"use"开头命名自定义 hook**
>
> 为了能够清晰地标识出某一个函数是自定义 hook，应该遵循 hook 的一系列规则，hook 的命名需要以 use 开头，例如：useDocumentTitle、useFetch、useUsers，或者 useLocalStorage。

自定义 hook 不仅仅能给组件"赋能"，也可以脱离组件独立运行。归根结底，我们所做的仅仅是在函数中调用函数而已。

9.1.3　在自定义 hook 中调用自定义 hook

在刚刚开发的自定义 hook 中，你可能会发现有一些功能可以被提取到它们自己的自定义 hook 中，也就是说在一个 hook 中调用另外一个或者多个 hook。这些 hook 可以将多个值返回给调用它们的组件，组件可以用这些值渲染 UI 或者更新由 hook 控制的状态。例如，对于代码清单 9.2 中的 SayHello 组件来说，可以提取出一个能够"随机选择问候语"的功能。代码清单 9.3 展示了用于设置标题的 SayHello 组件。该组件的代码非常简洁，是经过修改后的最终版本。在代码中，设置标题这一关键功能被提取到了 useRandomTitle hook 中。如代码清单 9.4 所示，可以在其他文件中导入 useRandomTitle hook。

> 线上示例：https://ynmc2.csb.app/，代码：https://codesandbox.io/s/userandomtitle-ynmc2
>
> **代码清单 9.3　一个更加小巧的 SayHello 组件，能够设置页面标题**

```
import React from "react";
import useRandomTitle from "./useRandomTitle";    ← 导入自定义 hook

const greetings = ["Hello", "Ciao", "Hola", "こんにちは"];    ← 将要使用的问候语
                                                            作为参数传递给自
export default function SayHello () {                        定义 hook，并将自定
  const nextTitle = useRandomTitle(greetings);    ←         义hook返回的函数赋
                                                            值给一个变量
  return <button onClick={nextTitle}>Say Hi</button>    ← 每当按钮被单击
}                                                          时，调用 hook 返回
                                                          的函数，更新页面
                                                          标题
```

代码清单 9.3 将问候语列表作为参数传递给了 useRandomTitle hook，useRandomTitle hook 可以从问候语列表中选择一个作为页面标题。调用 useRandomTitle hook 返回那个函数就会生成下一条标题。我们将如何生成标题提取到了 hook 中，同时合理地选择 hook，恰当地为变量命名，令组件代码更易理解。图 9.5 展示了在组件中调用一个 hook，而这个 hook 又调用了另外一个 hook 的场景。

代码清单 9.4 展示了 useRandomTitle hook 的代码。useRandomTitle hook 中调用了另外两个 hook：一个是 React 内置的 hook——useState；另一个是自定义 hook——useDocumentTitle。如代码清单 9.5 所示，useDocumentTitle hook 已经被迁移到了单独的文件中。

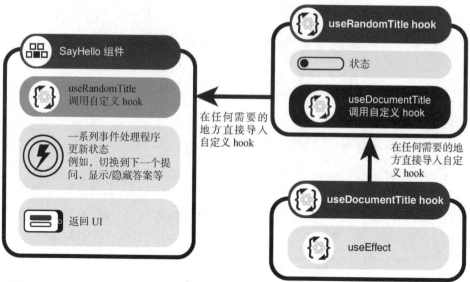

图 9.5　简化后的 SayHello 组件，在其中调用了 useRandomTitle hook，而在 useRandomTitle hook 中
又调用了 useDocumentTitle hook

线上示例：https://ynmc2.csb.app/，代码：https://codesandbox.io/s/userandomtitle-ynmc2

代码清单 9.4　在自定义 hook useRandomTitle 中调用 useDocumentTitle

在 hook 外部定义这个函数

```
import {useState} from "react";
import useDocumentTitle from "./useDocumentTitle";   ← 导入自定义 hook

const getRandomIndex = length => Math.floor(Math.random() * length);

export default function useRandomTitle (titles = ["Hello"]) {   ←
                                                              提供一个默认问候语列表
  const [index, setIndex] = useState(
    () => getRandomIndex(titles.length)   ←
  );                                         随机返回问候语索引作为
                                             状态 index 的初始值

  useDocumentTitle(titles[index]);

  return () => setIndex(getRandomIndex(titles.length));   ←
}
```

调用导入的自定义 hook，　　　　　　　　　　　　返回一个函数，以便使用该
更新文档标题　　　　　　　　　　　　　　　　　hook 的代码能更新标题

在自定义 hook useRandomTitle 中使用 useState hook 管理可显示标题的索引。使用 useRandomTitle hook 时，并不需要了解它是如何管理最新标题的，只需要调用这个 hook 获得最新的标题并显示即可。代码可以使用 useRandomTitle hook 返回的函数获取下一个标题。自定义 hook useRandomTitle 中还调用了之前的自定义 hook——useDocumentTitle，如代码清单 9.5 所示，可以从 useDocumentTitle hook 自己的文件中导出该 hook。

线上示例：https://ynmc2.csb.app/，代码：https://codesandbox.io/s/userandomtitle-ynmc2

代码清单 9.5　　从其他文件中导出 useDocumentTitle hook

```
import {useEffect} from "react";

export default function useDocumentTitle (title) {    ◀——  为标题指定一个参数
  useEffect(() => {
    document.title = title;                 只有当title的值改变时
  }, [title]);                              才更新文档标题
}
```

将传入的值设置为文档标题

代码清单 9.3～9.5 共同展示了自定义 hook 如何调用其他自定义 hook，并仅为组件返回所需。当我们为这种提取/抽象的封装模式激动时，还需要了解 React 如何管理这些 hook 的调用，以及如何确保它们按照预期工作。是的，这是有一套规则的！

9.2　遵循 hook 的规则

截至本章，我们已经了解了 hook 的很多优点。其优化组织和条理化代码的方式，以及高效的代码提取和代码复用的承诺，都很吸引人。然而，为了让 hook 言出必行，React 团队给出了一些有趣的实施决策。通常，React 都不会给 JavaScript 代码强加限制，但是对于 hook，他们确实制定了一些规则。

- 以"use"作为开头命名自定义 hook。
- 仅在组件的最顶层调用 hook。
- 只从 React 函数式组件中调用 hook。

当调用 useState 和 useEffect 这类 hook 时，React 会帮助你管理状态和副作用，执行批量更新、计算 UI 差异以及规划如何更改 DOM。为了能够令 React 成功且可靠地追踪组件的状态，在组件中调用 hook 时，开发者需要确保调用 hook 的顺序和 hook 的数量一致。以下这三条 hook 的规则能够保证每次渲染时都按照相同的顺序调用 hook。

hook 的规则：
- 以"use"作为开头命名自定义 hook。
- 仅在组件的最顶层调用 hook。
- 只从 React 函数式组件中调用 hook。

接下来，让我们仔细了解最后两条规则。

9.2.1　仅在组件的最顶层调用 hook

组件每次运行时，调用 hook 的行为都应该是一致的，这非常重要。不能在某些条件下调用某个 hook，而在另外一些条件下不调用这个 hook。在组件每次运行的过程中，都要保证调用相同的 hook。为了确保 hook 的调用一致性，请遵循下面这些约定：

- 不要将 hook 放入条件语句中。
- 不要将 hook 放入循环中。
- 不要将 hook 放入嵌套函数中。

上述三种场景中的任何一种都可能导致跳过 hook 的执行，或者改变组件调用 hook 的次数。

如果只想在某些条件下才应用某个 effect，而这些条件并没有在依赖数组中声明，那么请把这些条件判断放入 effect 函数内部。千万不要这么做：

```
if (condition) {
  useEffect(() => {
    // 应用 effect
  }, [dep1, dep2]);        不要将对 hook 的调
}                           用放到条件判断中
```

在条件判断中放入 effect 可能会导致：在某些条件下跳过 effect。必须保证 effect 总是被调用。因此，可以这样修改：

```
useEffect(() => {
  if (condition) {
    // 执行任务           将条件判断放到
  }                      hook 调用的内部
}, [dep1, dep2]);
```

上面的代码总是会调用 hook，但是会在执行 effect 任务之前进行条件判断。

9.2.2　只从 React 函数式组件中调用 hook

hook 能够令函数式组件保持状态，并管理这些组件何时使用或者触发副作用。使用了 hook 的组件应该更容易理解、维护和共享。这些组件的状态应该是可预测的、可靠的。状态在组件内部发生预期内的改变时，对于组件来说应该是可见的，即使你可能将状态变更提取到了自定义 hook 中，这种改变对于组件来说也应该是可见的。为了让组件更加合理地运行，你应该：

- 在 React 函数式组件内部调用 hook。
- 从自定义 hook(以 "use" 开头)中调用 hook。

不要在其他普通的 JavaScript 函数中调用 hook。应始终保证仅在函数式组件和自定义 hook 中调用 hook。

9.2.3　使用 ESLint 插件检查 hook 的规则

毋庸置疑，这些 "规则" 将会为我们带来一些开发成本。但是我认为 hook 的价值远远超

过这三条规则带来的约束。有一款名为 eslint-plugin-react-hooks 的 ESLint 插件能够尽可能地减少你在开发中对于这些规则的关注。如果你的项目使用了 create-react-app 作为框架，那么项目中已经内置了这款插件。

9.3　更多关于自定义 hook 的示例

第 4 章介绍了一些关于副作用的示例：获得窗口的尺寸，使用本地存储以及请求数据。尽管我们在 useEffect 中调用这些副作用，但是实际上它们仍然在组件内部定义。如果这些副作用是通用的，那么可以将其单独提取出来并分享给他人。

本节将会再创建几个自定义 hook：

- useWindowSize——返回文档窗口的高度和宽度。
- useLocalStorage——使用浏览器本地存储的 API 获取数据、设置数据。

9.4 节将开发一个能够获取上下文的自定义 hook。9.5 节将开发一个可以轻松请求数据的自定义 hook。

作为函数，hook 的功能就是按需返回任何类型的值。之前已经学习过的 useDocumentTitle 并不返回任何值，而 useRandomTitle 返回一个函数。接下来的两个示例将会返回两种其他类型的值：useWindowSize 返回一个对象，而 useLocalStorage 则返回一个数组。当你学习完这些示例后，可以同时思考对于自定义 hook 以及使用这些自定义 hook 的组件来说，不同的返回类型是如何工作的。首先让我们从一个返回对象的 hook 开始，该返回的对象中包含了窗口的长度和宽度。

9.3.1　使用 useWindowSize hook 获取窗口尺寸

假如你希望开发这样一种功能：测量浏览器窗口宽度和高度并显示结果，若用户缩放窗口，屏幕上显示的尺寸还可以自动更新。图 9.6 展示的是同一个窗口展示的两种不同尺寸。

如第 4 章所述，这个功能需要添加/删除窗口 resize 事件监听器。可以利用自定义 hook 简化组件获得浏览器窗口尺寸的过程。如代码清单 9.6 所示的是一个简化后的 WindowSizer 组件。

线上示例：https://zswj6.csb.app/，代码：https://codesandbox.io/s/usewindowsize-zswj6

代码清单 9.6　一个用于展示窗口宽度和高度的小型组件

```
import React from "react";
import useWindowSize from "./useWindowSize";          ◄── 导入自定义 hook

export default function WindowSizer () {
  const {width, height} = useWindowSize();            ◄── 调用 hook，并将 hook 返回
                                                          的尺寸赋值给变量
  return <p>Width: {width}, Height: {height}</p>       ◄── 在 UI 中显示尺寸
}
```

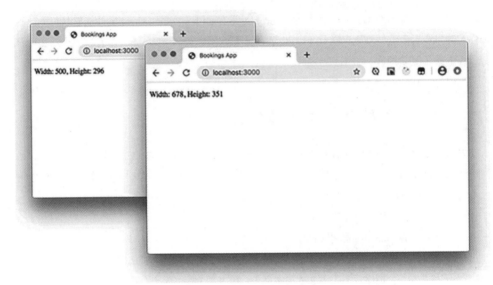

图 9.6　当窗口缩放时，显示其宽度和高度

　　WindowSizer 组件中只需要一行代码就能获取窗口的尺寸。WindowSizer 组件并不关心尺寸是如何获得的，也不需要设置或者删除任何事件监听器。

```
const {width, height} = useWindowSize();
```

　　任何项目或者组件需要获取窗口尺寸都可以导入并使用这个自定义 hook。代码清单 9.7 中展示了useWindowSize内部的实现。其功能与第 4 章中展示窗口尺寸的组件是一样的，然而对于 useEffect 的调用以及与事件相关的代码都已从组件中移除了。

线上示例：https://zswj6.csb.app/，代码：https://codesandbox.io/s/usewindowsize-zswj6

代码清单 9.7　自定义 hook：useWindowSize

```
import {useState, useEffect} from "react";          定义一个函数，这个函数
                                                    返回了窗口的尺寸
function getSize () {
  return {
    width: window.innerWidth,          从 window 对象中读取
    height: window.innerHeight          尺寸
  };
}

export default function useWindowSize () {
  const [size, setSize] = useState(getSize());
  useEffect(() => {
    function handleResize () {          更新状态，触发
                                        重新渲染
      setSize(getSize());
    }


    window.addEventListener('resize', handleResize);          为 resize 事件注册
                                                              一个事件监听器
```

```
      return () => window.removeEventListener('resize', handleResize);
    }, []);

      return size;
}
```

将一个空数组作为依赖
参数传递

返回一个清除函数，
移除事件监听器

返回一个包含
尺寸的对象

在调用 useEffect 时，依赖数组是一个空的数组(这表示 useEffect 中的 effect 仅在组件首次挂载时被调用一次)，useEffect 返回了一个清除函数(用于在组件被卸载时移除事件监听器)。自定义 hook——useWindowSize 会返回一个对象，其有两个属性：width 和 height。接下来将介绍另外一个自定义 hook——useLocalStorage。与 useWindowSize 的返回不同的是，useLocalStorage 会返回一个数组，其中包括两个元素——这点与 useState hook 类似。

9.3.2　使用 useLocalStorage hook 获取/设置值

我们将以第 4 章的第三个 useEffect 示例为基础，开发第四个自定义 hook。我们有一个用户选择器，可以从下拉菜单中选择其中一个用户。被选中的用户将会被存储在浏览器的本地存储中，这样当用户再次访问时，页面能够记住他上一次的选择，如图 9.7 所示。

(1) 当页面首次加载时，下　　　(3) 选择一个用户　　　　　(5) 刷新页面
　　拉菜单选中默认用户

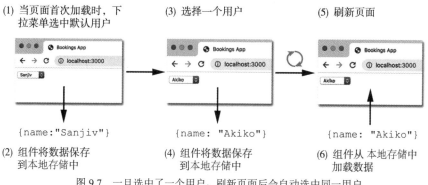

{name:"Sanjiv"}　　　　　{name: "Akiko"}　　　　　{name: "Akiko"}

(2) 组件将数据保存　　　　(4) 组件将数据保存　　　　(6) 组件从 本地存储中
　　到本地存储中　　　　　　　到本地存储中　　　　　　　加载数据

图 9.7　一旦选中了一个用户，刷新页面后会自动选中同一用户

我们想在自定义 hook 中实现两个功能：从本地存储设置和检索选中的用户。如代码清单 9.8 所示，useLocalStorage hook 会将一个数组返回给 UserPicker 组件，数组中包括两个元素：用户和一个 updater 函数。

线上示例：https://zkl7p.csb.app/，代码：https://codesandbox.io/s/uselocalstorage-zkl7p

代码清单 9.8　使用 localStorage 的用户选择器组件

```
import React from "react";
import useLocalStorage from "./useLocalStorage";

export default function UserPicker () {
  const [user, setUser] = useLocalStorage("user", "Sanjiv");
```

导入自定义 hook

调用 hook，参数为
一个键值及其对
应的初始值

```
  return (
   <select value={user} onChange={e => setUser(e.target.value)}>
    <option>Jason</option>
    <option>Akiko</option>
    <option>Clarisse</option>
    <option>Sanjiv</option>
   </select>
  );
}
```

使用 hook 返回的状态
以及 updater 函数

UserPicker 组件使用数组解构的方式将保存的用户以及 updater 函数赋值给局部变量 user
和 setUser。同样，UserPicker 组件不需要关心自定义 hook 内部的实现。组件只需要知道能够
从 hook 那里获得已保存的用户(这样，组件就可以在下拉菜单中选中对应的用户)以及 updater
函数(这样，组件就可以在更改选择后保存新的用户)。代码清单 9.9 展示了 useLocalStorage hook
的实现。

线上示例：https://zkl7p.csb.app/，代码：https://codesandbox.io/s/uselocalstorage-zkl7p

代码清单 9.9　自定义 hook：useLocalStorage

```
import {useEffect, useState} from "react";

export default function useLocalStorage (key, initialValue) {
 const [value, setValue] = useState(initialValue);

 useEffect(() => {
  const storedValue = window.localStorage.getItem(key);

  if (storedValue) {
   setValue(storedValue);
  }
 }, [key]);
 useEffect(() => {
  window.localStorage.setItem(key, value);
 }, [key, value]);
 return [value, setValue];
}
```

将键值以及初始值作为
useLocalStorage 的参数

在本地管理状态

根据键值从
本地存储中
获取数据

如果从本地存储中检索
到值，那么将其更新到本
地状态

当变量 key 变化时
重新运行这个 effect

将最新的值保存到本
地存储中

如果变量 key 或者变量 value 发生
变化，则重新运行这个 effect

返回一个数组

上述代码利用 useState hook 在本地管理选中的用户。还使用了两个 useEffect hook 调用，
其中一个用于从本地存储中检索保存的数据，另一个则是用来保存发生了更改的数据。第 4 章
详细介绍了如何使用这两个 effect 操作本地存储，保存和检索被选中的用户，如有需要可自行
翻阅。本章将继续讨论第 8 章中介绍的 context。

9.4　使用自定义 hook 消费 context 值

第 8 章介绍了如何利用 React 的 Context API 在整个应用程序范围内或者应用程序的子树中

共享数据。具体做法是将组件包装在一个 context 的 provider 中，并将要共享的数据设置为这个 provider 的 value 属性。如果组件想要消费 context 的值，就需要导入 provider 的 context 对象，并将其传递给 useContext hook。在预订应用程序中，多个组件都用到了当前登录用户的信息，因此可以创建一个自定义 provider，在应用程序范围内共享用户信息。

　　消费 context 的组件并不需要知道值从何而来，或者值是如何得来的。可以在自定义 hook 中实现这些细节。对于预订应用程序来说，可为其创建一个名为 useUser 的 hook，useUser 能够提供当前登录用户的信息，以及对应的 updater 函数，任何组件都可以使用这个 updater 函数更新用户信息。我们将采用下面类似的方式使用 useUser：

```
const [user, setUser] = useUser();
```

或者，对于仅需要用户信息的组件，可以这样使用：

```
const [user] = useUser();
```

代码清单 9.10 基于第 8 章的自定义 UserProvider。这段代码最终导出了之前定义的 provider 以及本次新开发的自定义 hook：

分支：0901-context-hook，文件：/src/components/Users/UserContext.js

代码清单 9.10　自定义 hook：useUser

```
import {createContext, useContext, useState} from "react";

const UserContext = createContext();          不要导出 context
const UserSetContext = createContext();

export function UserProvider ({children}) {
  const [user, setUser] = useState(null);

  return (
    <UserContext.Provider value={user}>
      <UserSetContext.Provider value={setUser}>
        {children}
      </UserSetContext.Provider>
    </UserContext.Provider>
  );
}

export function useUser () {              ← 导出自定义 hook
  const user = useContext(UserContext);        在 hook 内部
  const setUser = useContext(UserSetContext);   消费 context

  if (!setUser) {
    throw new Error("The UserProvider is missing.");   ← 如果 provider 不存在，
  }                                                         则抛出一个异常

  return [user, setUser];    ← 返回一个数组，其中包括了两
}                               个元素，分别是上面两个
                                context 的数据
```

自定义 hook——useUser——将会消费 provider 中设置的两个 context 值，返回一个数组，其中包括两个元素，分别是用户值以及对应的 updater 函数。此外，还将会检查组件的上层是否有 provider 组件，如果没有则抛出一个异常。

现在自定义 hook 已经准备就绪，可以着手简化需要获取当前用户信息的三个组件了：UserPicker、UsersPage 以及 BookingDetails。在这些组件中，不再需要导入它们消费的 context。它们需要简单地导入并调用 useUser hook 即可。代码清单 9.11 展示了 UserPicker 组件的代码。

分支：0901-context-hook，文件：/src/components/Users/UserPicker.js

代码清单 9.11   从 UserPicker 组件中调用 useUser hook

```
import {useEffect, useState} from "react";    ←── 删除未使用的导入
import Spinner from "../UI/Spinner";

import {useUser} from "./UserContext";    ←── 导入自定义 hook

export default function UserPicker () {
  const [user, setUser] = useUser();    ←── 调用 hook，将用户信息以及对应的
  const [users, setUsers] = useState(null);         updater 函数赋值给局部变量

  useEffect(() => {
    // unchanged
  }, [setUser]);

  function handleSelect (e) { /* unchanged */ }

  if (users === null) {
    return <Spinner/>
  }

  return ( /* unchanged UI */ );
}
```

调用 useUser 将会返回一个数组，可以将其中的内容解构到定义好的变量中。在 UserPicker 组件中，可将内容解构到 user 和 setUser 这两个变量中。

BookingDetails 组件只需要使用 user，因此在调用 useUser hook 时，代码如下所示：

```
const [user] = useUser();
```

而在 UserPage 组件中，使用 context loggedInUser 为当前用户命名，因此在调用 useUser hook 时，代码如下所示：

```
const [loggedInUser] = useUser();
```

将更多的功能迁移到自定义 hook 之后，组件本身变得更加简单，开始渐渐变得与展示型组件类似，仅仅是接收状态，并将其展示出来。在 hook 之前，展示型组件会将业务逻辑转移到外层组件中。而有了 hook 之后，业务逻辑更容易被封装、重用以及共享。

练习 9.1

修改 UserPage 和 BookingDetails 组件，将其中调用的 useContext hook 替换为 useUser hook。最新的代码可以查看当前分支：0901-context-hook。

9.5　使用自定义 hook 封装数据请求

通常在一个应用程序中，会有很多组件需要展示数据，这些数据一般都是经过网络或者互联网从数据源获取的。随着应用程序功能逐渐丰富，组件使用的数据会在彼此之间产生交叉。我们可能需要集中存储数据，以便能够更有效地检索、缓存以及更新数据(第 10 章将会介绍 React Query 库)。但是从目前来看，组件各自请求自己所需数据的方式很好地支持了应用程序的功能，通常我们会在组件的 useEffect hook 中请求数据。对于不同组件的来说，请求数据的差异仅仅是 URL 的不同而已。

本节将创建一个用于请求数据的自定义 hook。我们将 URL 传入 hook 中，hook 返回数据以及状态值。如果请求发生错误，还会返回异常对象。可以采用下面这种方式使用该 hook：

```
const {data, status, error} = useFetch(url);
```

如上面的代码所示，useFetch 返回了一个对象，其三个属性正是我们所需。在我们的示例应用程序中，该 hook 同样适用于请求用户信息或者请求可预订信息。然而对于预订信息来说，还需要做一些额外的工作对其进行改造。我们将会创建一个特殊的 hook 用来请求预订信息。本节将会被划分为下面三个部分：

- 创建一个 useFetch hook。
- 使用 useFetch hook 返回的数据和状态值。
- 创建一个专用的数据请求 hook——useBookings。

可以在多个项目中使用 useFetch hook，下面介绍 useFetch 的细节。

9.5.1　开发 useFetch hook

useFetch hook 的参数是一个 URL。它可返回一个对象，其中包括 data、status 和 error 三个属性，如代码清单 9.12 所示。它使用 useState hook 管理数据(undefined、基本类型、对象或数组)、状态(idle、loading、success 或 error)和错误对象(null 或 JavaScript 错误对象)。与前面章节中的组件一样，该 hook 使用 useEffect 中的 getData API 函数。

分支：0902-use-fetch，代码：/src/utils/useFetch.js

代码清单 9.12　useFetch hook

```
import {useEffect, useState} from "react";
import getData from "./api";

export default function useFetch (url) {
```

```
const [data, setData] = useState();

const [error, setError] = useState(null);
const [status, setStatus] = useState("idle");
```
将 status 变量的初始
值设置为 "idle"

```
useEffect(() => {
  let doUpdate = true;
```
在发送请求之前，将 status
变量的值设置为 "loading"
```
  setStatus("loading");
  setData(undefined);
  setError(null);

  getData(url)
    .then(data => {
      if (doUpdate) {
        setData(data);
        setStatus("success");
      }
    })
    .catch(error => {
      if (doUpdate) {
        setError(error);
        setStatus("error");
      }
    });

  return () => doUpdate = false;
}, [url]);

return {data, status, error};
}
```
如果数据成功返回，就将 status 变
量的值设置为 "success"

如果请求数据失败，就将 status
变量的值设置为 "error"

　　useFetch 使用了一个名为 status 的字符串变量，而不是 isLoading 和 isError 这类的布尔类型变量(这里，与将状态的枚举字符串分散在应用程序的各个文件中相比，更好的做法是将这些状态枚举值从各自的文件中提取出来作为变量集中管理，在需要的地方直接导入它们。但是在我们的示例中，为了让示例更简单一点，我们直接在文件中声明字符串，这种方式更简单，但也更容易出错)。我们在组件中调用 useFetch，检查返回的状态，从而决定如何渲染 UI。接下来将更新 BookablesList 组件，看看究竟如何使用 useFetch 返回的 status 值。

9.5.2　使用 useFetch hook 返回的 data、status 和 error 属性

　　我们在设计 useFetch 时，返回的不仅仅包括数据，还包括了一个字符串类型的 status 属性以及对象类型的 error 属性。可以根据 status 属性决定 UI 如何展示。代码清单 9.13 修改了 BookablesList 组件，使用 status 属性决定组件到底是显示异常信息、加载图标还是可预订信息列表。

分支：0902-use-fetch，代码：/src/components/Bookables/BookablesList.js

代码清单 9.13　从 BookablesList 组件中调用 useFetch hook

```
import {useEffect} from "react";
import {FaArrowRight} from "react-icons/fa";
```

```
import Spinner from "../UI/Spinner";                           导入新开发的 useFetch hook

import useFetch from "../../utils/useFetch"; ←

export default function BookablesList ({bookable, setBookable}) {

  const {data : bookables = [], status, error} = useFetch(    调用 useFetch, 解
    "http://localhost:3001/bookables"                         构其返回的对象
  );

  const group = bookable?.group;
  const bookablesInGroup = bookables.filter(b => b.group === group);
  const groups = [...new Set(bookables.map(b => b.group))];

  useEffect(() => {                          在加载可预订信息时, 选中
    setBookable(bookables[0]);               第一个可预订信息
  }, [bookables, setBookable]);

  function changeGroup (event) { /* unchanged */ }
  function nextBookable () { /* unchanged */ }      检查 status 变量, 判断
                                                     请求是否异常
  if (status === "error") {
    return <p>{error.message}</p>       显示 error 对象中的
  }                                     message 属性

  if (status === "loading") {                              检查 status 变量, 判断是否
    return <p><Spinner/> Loading bookables...</p>         正在加载可预订信息
  }

  return ( /* unchanged UI */ );
}
```

在代码清单 9.13 中, 调用 useFetch, 解构其返回的对象, 将其中的属性赋值给局部变量:

```
const {data : bookables = [], status, error} = useFetch(
  "http://localhost:3001/bookables"
);
```

将 data 属性赋值给 bookables 变量, 如果 data 属性是 undefined, 那么将空数组作为 bookables
变量的默认值。

```
data : bookables = []
```

回过头查看代码清单 9.12 中 useFetch 的实现, 你会发现在使用 useState 时, 并没有为 data
设置初始值。这样, 每个新的数据请求开始时, data 都会被显式地设置为 undefined。useFetch
返回的 data 可能获取自服务端, 也可能是 undefined。在解构一个对象时, 如果对象中某个属性
的值是 undefined, JavaScript 就会为这个属性设置一个默认值。BookablesList 组件就是利用了
这个特性, 当 data 是 undefined 时, 将 bookables 设置为一个空数组。

练习 9.2

修改 UserPicker 组件和 UsersList 组件, 在其中调用 useFetch, 从数据库中获取用户列表。

根据 status 的值决定显示何种 UI。再一次提醒，当前的分支 0902-use-fetch 中已经包括了修改好的文件。

9.5.3　创建专用的数据请求 hook：useBookings

利用自定义 hook，可以封装功能并在多个组件之间共享。例如前面开发的 useFetch hook，可以在任何组件中轻松地使用 useFetch 请求数据。在 BookablesList、UserPicker 和 UsersList 这三个组件中，我们仅在组件首次挂载时使用 useFetch 加载数据。不过，从交互的角度考虑，应该根据用户选择重新请求数据。例如，预订表格中会显示预订的房间和日历，如图 9.8 所示。用户可以重新选择预订房间和日历，因此需要请求最新的数据，这样才能保证所有内容都是同步的。

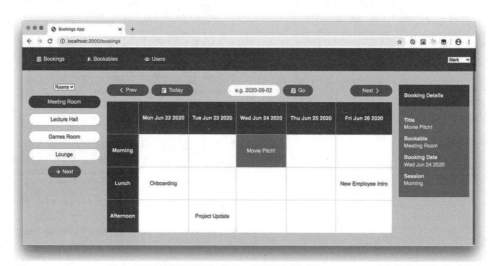

图 9.8　BookingsGrid 组件可以按星期显示预订信息，上面图中展示了 2020-06-24 这个星期被预订的会议室

可以按星期为周期生成一个表格，在其中显示一个星期已经预订的房间。为了能够在绘制表格时更容易些，可以将预订信息转换成为表单的格式。这样，就不仅仅是请求预订信息这么简单。可以将代码划分为三个模块：

- useBookings——一个自定义 hook，能够加载并转换预订信息格式。
- useGrid——一个自定义 hook，能够为预订信息槽生成一个空网格。
- BookingsGrid——升级后的该组件可调用上述两个自定义 hook。

这三个模块之间的关系如图 9.9 所示，其中包括了一个组件、三个自定义 hook 以及两个内置的 React hook。

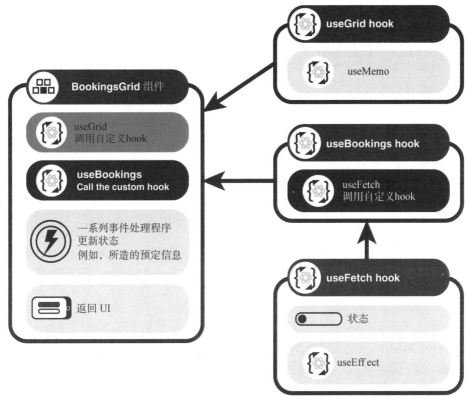

图 9.9 调用 useBookings 和 userGrid 这两个自定义 hook 的 BookingGrid 组件，以及调用 useFetch 自定义 hook 的 useBookings hook。其中还用到了 React 的 useMemo hook 和 useEffect hook

下面深入研究这三个模块的代码，首先介绍 bookingsHooks.js 文件中的两个自定义 hook：useBookings 和 useGrid。

useBookings

接下来介绍一个专用自定义 hook 的适用场景。代码清单 9.14 展示了 useBookingshook 的代码。useBookingshook 使用预订 ID 以及起始时间请求相关的预订信息数据。在其中还用到了我们之前定义的 transformBookings 函数，该函数可将数据以某种预订信息网格更好使用的格式返回。

分支：0903-use-bookings，代码：/src/components/Bookings/bookingsHooks.js

代码清单 9.14　useBookings hook

导入自定义 hook：useFetch

```
import {shortISO} from "../../utils/date-wrangler";
import useFetch from "../../utils/useFetch";
import {transformBookings} from "./grid-builder";

export function useBookings (bookableId, startDate, endDate) {
  const start = shortISO(startDate);
  const end = shortISO(endDate);
```

使用参数指定请求的数据

```
const urlRoot = "http://localhost:3001/bookings";

const queryString = `bookableId=${bookableId}` +
  `&date_gte=${start}&date_lte=${end}`;
const query = useFetch(`${urlRoot}?${queryString}`);

return {
  bookings: query.data ? transformBookings(query.data) : {},
  ...query
};
}
```

根据指定数据拼接查询字符串

调用带指定 URL 的 useFetch hook

在返回前转换加载的数据

useBookings hook 将 bookableId、startDate 以及 endDate 的值转换为 start 和 end 字符串,并按我们的数据服务器 json-server 能理解的格式为需要的指定数据创建 URL:

```
const queryString = `bookableId=${bookableId}&date_gte=${start}&date_lte=${end}`;
```

在代码清单 9.14 中,因本书印刷格式的需要,查询字符串被拆分为两行,不过最终生成的字符串都一样。useBookings hook 接着将生成的 URL 传给 useFetch hook,以便获取之后赋值给query 的对象中包装的 data、status 和 error 这三个值。

```
const query = useFetch(`${urlRoot}?${queryString}`);
```

最终,与 useFetch hook 类似,useBookings hook 返回一个对象,内容包括数据值、状态值以及错误值。useBookings hook 是一个专业的数据请求 hook,因此我们将 data 属性重命名为bookings。当然也可以继续将其命名为 data 以保持 useFetch 的一致性,但是鉴于 useBookings hook 仅用于请求预订信息数据,称它 bookings 似乎更好。useBookings hook 返回的对象中依旧包括了 data 属性,这是因为 query 对象(包括了 data、status 和 error 三个属性)同样也传入了返回的对象中。

useGrid

可以规定只能在一个星期中的特定一天或者一天中的特定时段进行预订。BookingsGrid 组件可以为用户展示最新的可预订信息。我们使用 useMemo hook 包装了对 getGrid 的调用,这样只在可预订信息发生变化时,才会重新执行网格的创建。虽然这段代码在 BookingsGrid 中可以正常工作,然而可以进一步简化组件,将这部分的功能提取到自定义 hook——useGrid 中,如代码清单 9.15 所示。

分支:0903-use-bookings,代码:/src/components/Bookings/bookingsHooks.js

代码清单 9.15　useGrid hook

```
import {useMemo} from "react";
import {getGrid} from "./grid-builder";

export function useGrid (bookable, startDate) {
  return useMemo(
    () => bookable ? getGrid(bookable, startDate) : {},
```

```
    [bookable, startDate]
  );
}
```

将 useGrid 和 useBookings 这两个 hook 放到同一个 BookingsGrid 文件中，是因为它们只在 BookingsGrid 中才会被用到。不过，接下来将会开发更多与预订相关的 hook 以及工具函数，因此可以创建一个专门的文件 bookingsHooks.js 管理这些代码。在本书的大部分示例中，我个人更倾向于将函数、hook 以及组件分别放到不同的文件中，但这并不是一个强制规定。你可以根据个人以及团队的实际情况，选择一种最适合的方式。

现在，已经开发完了所有的 hook，接下来在 BookingsGrid 中使用这些 hook 返回的数据(包括 bookings、status、error、grid、sessions 和 dates)。

BookingsGrid

首先修改 BookingsGrid 组件，在其中使用我们之前定义的两个自定义 hook：useBookings 和 useGrid。如代码清单 9.16 所示，功能已经被内聚到自定义 hook 中，因此 BookingsGrid 组件本身只需要关注如何显示网格和预订信息。

分支：0903-use-bookings，代码：/src/components/Bookings/BookingsGrid.js

代码清单 9.16　BookingsGrid 组件

```
import {Fragment, useEffect} from "react";
import Spinner from "../UI/Spinner";          ← 导入新的自定义 hook

import {useBookings, useGrid} from "./bookingsHooks"; ←

export default function BookingsGrid (
  {week, bookable, booking, setBooking}
) {
  const {bookings, status, error} = useBookings(   调用带指定可预订对象和
    bookable?.id, week.start, week.end              日期的 useBookings hook
  );

  const {grid, sessions, dates} = useGrid(bookable, week.start); ←

  useEffect(() => {
    setBooking(null);            ← 当切换星期或者可    调用带指定可预
  }, [bookable, week.start, setBooking]);   预订房型时，重设   订对象和日期的
                                          已选内容        useGrid hook
  function cell (session, date) {
    const cellData = bookings[session]?.[date]
      || grid[session][date];

    const isSelected = booking?.session === session
      && booking?.date === date;

    return (
      <td
        key={date}
        className={isSelected ? "selected" : null}
```

```
        onClick={
          status === "success"                        ←──── 根据 status 变量的值判断
            ? () => setBooking(cellData)                    是否可以预订
            : null
        }
      >
        {cellData.title}
      </td>
  );
}

if (!grid) {
  return <p>Waiting for bookable and week details...</p>
  }
  return (
    <Fragment>                                根据 status 变量的值
      {status === "error" && (    ←───────── 判断是否发生异常
        <p className="bookingsError">
          {`There was a problem loading the bookings data (${error})`}  ←───┐
        </p>                                                                │
      )}                                                          显示异常信息│
      <table
        className={
          status === "success"              ←──── 根据 status 变量的值设置
            ? "bookingsGrid active"                网格的种类
            : "bookingsGrid"
        }
      >
        <thead>{ /* unchanged */ }</thead>
        <tbody>{ /* unchanged */ }</tbody>
      </table>
    </Fragment>
  );
}
```

组件中使用 useBookings 返回的 status 和 error 值渲染网格，并且能够在出现问题时显示异常信息。

我们把很多功能迁移到自定义 hook 后，组件会越来越简洁，也更容易在多个组件之间共享这些功能。在本章中，我们用来作为示例的自定义 hook 变得越来越复杂，然而复杂度仅仅停留在功能实现的层面。在第 10 章中，我们将介绍用于路由以及请求数据的第三方 hook，还将了解如何在自定义 hook 中轻松地调用第三方库。

9.6　本章小结

- 利用 React Hooks，可以在组件之外创建自定义 hook，这有助于简化组件，共享功能。
- 为了能够清楚地表示某一个函数是自定义 hook，我们要遵守 hook 的规则，将函数的名字以 "use" 开头。如 useDocumentTitle、useFetch、useUsers 和 useLocalStorage。
- 很重要的一点是，要保证组件每次渲染时调用的 hook 都是一致的，不能仅在特定情况下才调用某些 hook，而在其他情况下不调用这些 hook，也不应该在组件每次渲染时调用数量不一致的 hook。为了确保每次调用的 hook 都是一致的，请遵循以下规则：

— 不要将 hook 放入条件判断中。

— 不要将 hook 放入循环中。

— 不要将 hook 放入嵌套函数中。

- 如果需要在特定条件下执行副作用，那么请在 effect 中添加条件检查：

```
useEffect(() => {
  if (condition) {
    // perform task.
  }
}, [dep1, dep2]);
```

- 只在函数式组件或者自定义 hook 中调用 hook，不要在普通的 JavaScript 函数中调用 hook。

- ESLint 插件 eslint-plugin-react-hooks 够帮助你发现代码中错误使用 hook 的地方。如果你的项目使用 create-react-app 作为框架，那么项目中已经内置了这款插件。

- 请在 hook 内部管理与该 hook 功能相关的状态和 effect，并且仅为组件返回其需要的值。

```
function useWindowSize () {
  const [size, setSize] = useState(getSize());

  useEffect(() => {/* perform effect */}, []);

  return size;
}
```

- 为 hook 传递其所需的值后，hook 可以根据需求返回适合的任何类型的数据，例如基本类型、函数、对象或者数组，甚至不返回任何东西：

```
useDocumentTitle("No return value");
const nextTitle = useRandomTitle(greetings);
const [user, setUser] = useUser();
const {data, status, error} = useFetch(url);
```

第 *10* 章

使用第三方hook

本章内容

- 充分利用第三方 hook
- 利用 React Router 的 useParams hook 和 useSearchParams hook 访问 URL 中的状态
- 利用 React Router 的 useNavigate hook 切换到新路由
- 利用 React Query 的 useQuery hook 高效地请求和缓存数据
- 利用 React Query 的 useMutation hook 更新服务器的数据

在第 9 章中，我们介绍了利用自定义 hook 从组件中提取功能的方法，这提升了功能的复用性并简化了组件。自定义 hook 提供一种简单、可读的方式，使我们可以从函数式组件内部调用各种功能，无论是修改页面标题或者管理本地存储的组件状态值这类简单任务，还是请求数据或者与应用程序状态管理器交互这类日趋复杂的任务。很多库都已经迅速地提供了相关功能的 hook，以便函数式组件能够充分使用库功能，本章将会尝试使用其中一部分hook优化预订示例应用程序。

在前面的章节中，预订应用程序使用 React Router 切换其内部的页面组件，包括预订信息组件、可预订对象组件以及用户组件。但是 React Router 能够处理更加复杂的场景，10.1 节和10.2 节将会介绍 React Router 提供的三个 hook。首先是 useParams hook，它能够识别 Bookables 页面 URL 路径中的 ID，并根据 ID 显示相关的可预订对象信息。其次是 useNavigate hook，当用户单击 Next 按钮或者选择一个不同的分组时，useNavigate hook 能够导航到一个新的 URL。第三个是 useSearchParams hook，可以利用 useSearchParams hook 获得或者设置 URL 中查询字符串的查询参数，从而指定 Bookings 页面上的可预订对象 ID 以及日期。

当我们使用 useFetch hook 加载数据时，并没有考虑到缓存和重新请求的问题。缓存和重新请求能够帮助我们更加高效地获取数据以及更新 UI。是时候优化这部分的功能了，React Query

能够用最少的配置完成一些显著的改进。在 10.3 节中，我们将会尝试使用 useQuery hook 和 useMutation hook，useMutation hook 主要用于发送那些修改服务端数据的请求。

首先我们介绍第一个第三方 hook，看看如何访问 URL 中的状态。

10.1 利用 React Router 访问 URL 中的状态

React Router 为我们提供了具有导航能力的组件(如 Router、Routes、Route 和 Link)，可以使用这些组件匹配 URL 路由与 UI。当用户访问一个 URL 时，React Router 会渲染与该 URL 匹配的 React 组件，并且如你所见，利用 hook 组件能够使用 URL 中的任意参数。若想了解更多相关知识，可访问 https://reactrouter.com，图 10.1 展示了该网站的首页。

图 10.1　React Router 网站首页：Learn Once，Router Anywhere

预订应用程序中包括三个页面：Bookings 页面、Bookables 页面和 Users 页面。我们已经使用 React Router 针对不同的 URL 展示这三个页面，URL 分别是：/bookings、/bookables 以及 /users。我们在 App.js 中声明了 URL 与页面组件的对应关系，代码如下：

```
<Routes>
  <Route path="/bookings" element={<BookingsPage/>}/>
  <Route path="/bookables" element={<BookablesPage/>}/>
  <Route path="/users" element={<UsersPage/>}/>
</Routes>
```

但是，此时你的老板找到你，提出了新的要求：希望用户能够直接访问具体的可预订对象以及日期的可预订表格页面。例如，如果用户想要展示 ID 为 3 的可预订对象，那么可以访问下面的 URL：

```
/bookables/3
```

如果用户只想看与 2020 年 6 月 24 日有关的信息，那么可以访问下面的 URL：

```
/bookings?bookableId=3&date=2020-06-24
```

上面这些 URL 中包括了应用程序的状态，无论是部分 URL 路径(/bookables/3)或者是查询字符串中的查询参数(bookableId=3&date=2020-06-24)。10.2 节将会在 Bookings 页面中使用 useSearchParams hook 和查询字符串。本节会首先修改 Bookables 页面，重点学习 URL 路径、useParams hook 和 useNavigate hook。本节将会被拆分为几个部分，每个部分对应一个组件，如表 10.1 所示：

表 10.1　本节中会修改的四个组件

节	组件	修改
10.1.1	App	设置路由，开启嵌套路由功能
10.1.2	BookablesPage	在 Bookables 页面上添加嵌套路由
10.1.3	BookablesView	使用 useParams hook 获取 URL 参数
10.1.4	BookablesList	使用 useNavigate hook 实现导航功能

首先学习参数，让我们更新 App.js，在其中添加新路由。

10.1.1　设置路由并开启嵌套路由功能

显示、编辑以及创建可预订对象信息，分别对应下面三个 URL：

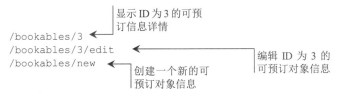

```
                    显示 ID 为 3 的可预
                    订信息详情
/bookables/3
/bookables/3/edit                        编辑 ID 为 3 的
/bookables/new                           可预订对象信息
                    创建一个新的可
                    预订对象信息
```

图 10.2 展示了上述三个路由中其中两个所对应的组件：ID 为 3 的可预订信息详情页面、创建可预订信息的表单。

```
创建可预订对象的表单
/bookables/new

/bookables/3
ID 为 3 的可预订对象信息
详情
```

图 10.2　不同的 URL 展示了不同的页面。/bookables/3 展示了 ID 为 3 的可预订对象信息详情，而 /bookables/new 展示了创建可预订对象的表单

截至目前，我们设计了一系列以/bookables 作为开头的路由，接下来需要修改 App.js，以便能够根据不同的路由渲染 BookablesPage 组件。如代码清单 10.1 所示，我们将 path 属性修改为/bookables /*。

分支：1001-bookables-routes，文件：/src/components/App.js

代码清单 10.1　扩展 App 组件中的 BookablesPage 路由

```
// imports

export default function App () {
  return (
    <UserProvider>
      <Router>
        <div className="App">
          <header>
            {/* unchanged */}
          </header>

          <Routes>
            <Route path="/bookings" element={<BookingsPage/>}/>
            <Route path="/bookables/*" element={<BookablesPage/>}/> ◄──┐ 匹配所有以bookables
            <Route path="/users" element={<UsersPage/>}/>             开头的 URL
          </Routes>
        </div>
      </Router>
    </UserProvider>
  );
}
```

现在任何以/bookables/开头的路径都会渲染 BookablesPage 组件。这个小小的改动令我们能够在 BookablesPage 组件中设置嵌套路由。

10.1.2　为 Bookables 页面添加嵌套的路由

通过 React Router，可以基于 location 或者 URL 渲染不同的组件。Route 组件可用于为渲染的组件匹配 path。代码清单 10.1 规定任何以/bookables 开头的路径都应该渲染 BookablesPage 组件。代码清单 10.2 设置了一些用于显示 Bookables 页面中特定组件的嵌套路由(我们还在代码仓库中添加了 BookableEdit 组件和 BookableNew 组件，如此一来，这两个组件将会被编译到应用程序中。关于这部分的内容，将会在 10.3 节讨论)。

分支：1001-bookables-routes，文件：/src/components/Bookables/BookablesPage.js

代码清单 10.2　BookablesPage 组件中的嵌套路由

```
import {Routes, Route} from "react-router-dom";

import BookablesView from "./BookablesView";
import BookableEdit from "./BookableEdit";
import BookableNew from "./BookableNew";
```

```
export default function BookablesPage () {          指定一组嵌套路由
  return (
    <Routes>  ◄
      <Route path="/:id">  ◄          根据路由的参数，获取
        <BookablesView/>             指定的可预订对象 ID
      </Route>
      <Route path="/">  ◄          即便未指定 ID，也会渲染
        <BookablesView/>          BookablesView 组件
      </Route>
      <Route path="/:id/edit">  ◄          该路由的参数用于显示某个
        <BookableEdit/>              指定可预订对象 ID 的编辑表单
      </Route>
      <Route path="/new">  ◄          包含新建可预订信息
        <BookableNew/>             表单的一个独立路由
      </Route>
    </Routes>
  );
}
```

代码清单 10.2 使用 Route 的起始标签和结束标签(没有使用 element prop 指定组件)，只是为了说明可以将某个路由匹配的 UI 封闭在 JSX 里而不需要通过 prop 传入。其中增加了两个路由用于渲染 BookablesView 组件，还增加了另外的两个路由用于创建和编辑可预订对象。代码清单 10.2 的第一个 Route 包含一个参数，用于获取需要显示的可预订对象 ID：

```
<Route path="/:id">  ◄          匹配表单 /bookables/:id
  <BookablesView/>             的 URL
</Route>
```

上面这些路由都是嵌套在 BookablesPage 组件内部的。当 URL 匹配到/bookables/*时，React Router 将会渲染 BookablesPage 组件，而当 URL 匹配到/bookables/:id 这种格式的 URL 时将会渲染 BookablesView 组件。例如，当访问/bookables/3 时，React Router 将会渲染 BookablesPage 组件，以及其中的 BookablesView 组件。React Router 将会把参数 id 设置为 3。那么，我们怎么能够在被渲染的组件中获得这些参数呢？下面就该我们的第一个第三方 hook 登场了!

10.1.3　利用 useParams hook 获取 URL 参数

React Router 的 useParams hook 会返回一个对象，其中包含了与 URL 参数相关的一系列属性。可以在 Route 组件的 path 属性中设置 URL 参数。假设有一个 Route 组件，如下所示：

```
<Route path="/milkshake/:flavor/:size" element={<Milkshake/>}/>
```

path 属性包括了两个参数，分别是 flavor 和 size。如果一个奶昔爱好者访问了下面的 URL：

```
/milkshake/vanilla/medium
```

那么 React Router 将会渲染 Milkshake 组件。在 Milkshake 组件内部调用 useParams，useParams hook 将会返回一个对象，其属性分别对应上面两个参数。

```
{
  flavor: "vanilla",
  size: "medium"
}
```

Milkshake 组件可以获取这些参数——将它们赋值给局部变量即可：

```
const {flavor, size} = useParams();
```

嗯，我想来一杯奶昔，不过还得等一等。先回到正题，继续查看可预订对象页面。

我们一共有三个组件需要被渲染，其中一个在 Bookables 页面中。而另外两个组件：BooablesView 和 BookableEdit，只有知道了具体的可预订对象 ID 才能渲染它们。URL 中声明了可预订对象 ID。代码清单 10.3 展示了 BookablesView 组件。之前我们仅使用 useState 管理选中的可预订对象，但是现在我们使用第 9 章的 useFetch hook 获取所有的可预订数据，并且通过读取 URL 上的 id 参数来管理选中的可预订对象。(这些修改会暂时中断应用程序。)

分支：1001-bookables-routes，文件：/src/components/Bookables/BookablesView.js
代码清单 10.3   BookablesView 组件通过 URL 获取 ID

```
import {Link, useParams} from "react-router-dom";  ◀── 导入 useParams hook
import {FaPlus} from "react-icons/fa";

import useFetch from "../../utils/useFetch";  ◀── 导入我们的自定义
                                                 hook——useFetch
import BookablesList from "./BookablesList";
import BookableDetails from "./BookableDetails";
import PageSpinner from "../UI/PageSpinner";
                                                         使用 useFetch 检
export default function BookablesView () {                索可预订对象
  const {data: bookables = [], status, error} = useFetch(  ◀──
    "http://localhost:3001/bookables"
  );

  const {id} = useParams();  ◀── 将 ID 参数赋值给局
                                  部变量
  const bookable = bookables.find(
    b => b.id === parseInt(id, 10)  ◀── 根据 ID 获取指定的
  ) || bookables[0];                    可预订对象

  if (status === "error") {
    return <p>{error.message}</p>
  }

  if (status === "loading") {
    return <PageSpinner/>
  }

  return (
    <main className="bookables-page">
      <div>
        <BookablesList
          bookable={bookable}
```

```
      bookables={bookables}
      getUrl={id => `/bookables/${id}`}      ←── 此处提供了一个函数，该函数用
    />                                            来生成可预订对象页面的 URL

    <p className="controls">
      <Link    ←──                            添加一个链接，该链接可以跳转
        to="/bookables/new"                   到新建可预订对象的表单
        replace={true}
        className="btn">
        <FaPlus/>
        <span>New</span>
      </Link>
    </p>
  </div>

  <BookableDetails bookable={bookable}/>
 </main>
);
}
```

BookablesView 组件调用 React Router 的 useParams 自定义 hook，用它获取一个具有 URL 中所有参数的对象。它使用对象解构的语法将 id 参数赋值给一个具有相同名称的局部变量：

```
const {id} = useParams();
```

返回的参数是字符串类型的，但是每个可预订对象的 id 属性是数字类型的，因此在从可预订数组中查找特定的可预订对象时，使用 parseInt 进行转换：

```
const bookable = bookables.find(
  b => b.id === parseInt(id, 10)
) || bookables[0];
```

如果没有查询到匹配的可预订对象，就将可预订对象数组中的第一条记录作为选中的可预订对象。当可预订对象列表加载成功，并且没有发生错误时，BookablesView 组件会渲染 BookablesList 和 BookableDetails 组件。它将一个用于生成可预订对象页面 URL 的函数传给 BookablesList。接下来看看如何使用该函数，同时第二个 React Router 的自定义 hook —— useNavigate 即将登场。

10.1.4　使用 useNavigate hook 导航

React Router 的 useNavigate hook 会返回一个函数，可以使用此函数设置新的 URL，使路由渲染与新路径相关的 UI(记住，我们使用的是 beta 版本的 React Router 6，因此该 API 可能还会有所变动。如果确实发生了改变，我就会在 GitHub 仓库中添加额外的更新代码)。假设应用程序展示的是关于奶昔的组件，而用户喜欢喝珍珠奶茶。为了能够从奶昔页面跳转到珍珠奶茶页面，奶昔组件需要以下代码：

```
const navigate = useNavigate();      ←── 将设置 URL 的函数赋值给 navigate 变量

navigate("/bubbletea");      ←── 使用该函数设置一个新的 URL
```

将设置 URL 的函数赋值给局部变量 navigate,组件便可以使用它设置 URL。例如可以在事件处理程序中调用该函数。同样,还可以渲染指向新 URL 的 Link 组件。接下来在预订应用程序中尝试这两种方式。

在 BookablesView 组件中,现在通过 URL 指定选中的可预订对象,而不是通过调用 useState 来获取选中的可预订对象及其 updater 函数。以下是 ID 为 1 时可预订对象页面的 URL:

```
/bookables/1
```

要切换到新的可预订对象页面,只需要设置一个新的 URL:

```
/bookables/2
```

要更新此状态,需要一个指向新 URL 的链接或者一个能够跳转到新 URL 的函数(如通过 Next 按钮触发):

```
// JSX
<Link to="/bookables/2">Lecture Hall</Link>  ◄──── 使用 React Router 的 Link 组件
// js
navigate("/bookables/2");  ◄──── 使用 React Router 的 useNavigate hook
                                 返回的函数
```

图 10.3 展示了应用程序跳转到/bookables/1 页面时的样子。左侧的 BookablesList 组件展示了组选择器、当前组中的可预订对象列表以及 Next 按钮。BookablesView 组件还在 BookablesList 组件外渲染了一个 New 按钮。

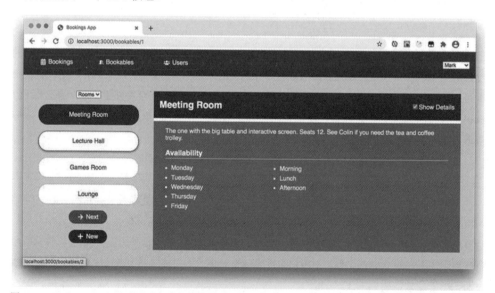

图 10.3 BookablesView 组件渲染 New 按钮和可预订对象列表,每个可预订对象实际是一个链接,它可以跳转到一个新的 URL。而 Next 按钮和组选择器则通过调用函数的方式更改 URL

可预订对象的链接和 New 按钮由 Link 组件渲染得到，而该组下拉选择框和 Next 按钮通过事件处理程序实现跳转。表 10.2 列出了所有元素，以及其功能的实现方式。

表 10.2　实现跳转功能的元素和组件

元素或组件	文本	行为
select	Rooms	调用 navigate 函数
Link	Meeting Room	将链接设置为/bookables/1
Link	Lecture Hall	将链接设置为/bookables/2
Link	Games Room	将链接设置为/bookables/3
Link	Lounge	将链接设置为/bookables/4
button	Next	调用 navigate 函数
Link	New	将链接设置为/bookables/new

代码清单 10.4 展示了使用这两种跳转方式的 BookablesList 组件。我们在不同的页面上 (Bookables 和 Bookings 页面)使用该组件，这些页面的 URL 拥有不同的结构。BookablesList 组件需要知道如何根据可预订对象的 ID 生成对应的 URL，因此它们的父组件需要传递一个函数 getUrl，用于生成特定页面的 URL。

分支：1001-bookables-routes，文件：/src/components/Bookables/BookablesList.js

代码清单 10.4　使用了两种跳转方式的 BookablesList 组件

导入 useNavigate hook

该组件接受当前的可预订对象、可预订对象列表和 getUrl 函数作为它的 prop

```
import {Link, useNavigate} from "react-router-dom";
import {FaArrowRight} from "react-icons/fa";

export default function BookablesList ({bookable, bookables, getUrl}) {
  const group = bookable?.group;
  const bookablesInGroup = bookables.filter(b => b.group === group);
  const groups = [...new Set(bookables.map(b => b.group))];


  const navigate = useNavigate();
```

调用 useNavigate hook，将导航函数赋值给一个变量

```
  function changeGroup (event) {
    const bookablesInSelectedGroup = bookables.filter(
      b => b.group === event.target.value
    );
    navigate(getUrl(bookablesInSelectedGroup[0].id));
  }
```

跳转到新分组中第一个可预订对象的 URL

```
  function nextBookable () {
    const i = bookablesInGroup.indexOf(bookable);
    const nextIndex = (i + 1) % bookablesInGroup.length;
    const nextBookable = bookablesInGroup[nextIndex];
```

```
    navigate(getUrl(nextBookable.id));     ◄──  跳转到当前分组中下一个
  }                                             可预订对象的 URL
  return (
    <div>
      <select value={group} onChange={changeGroup}>
        {groups.map(g => <option value={g} key={g}>{g}</option>)}
      </select>

      <ul className="bookables items-list-nav">
        {bookablesInGroup.map(b => (
          <li
            key={b.id}
            className={b.id === bookable.id ? "selected" : null}
          >
            <Link                          ◄──  使用 React Router 的
              to={getUrl(b.id)}                  Link 组件指定链接
              className="btn"
              replace={true}
            >
              {b.title}
            </Link>
          </li>
        ))}
      </ul>
      <p>
        <button
          className="btn"
          onClick={nextBookable}
          autoFocus
        >
          <FaArrowRight/>
          <span>Next</span>
        </button>
      </p>
    </div>
  );
}
```

左侧注释：使用 getUrl 函数为每个链接生成 URL

(此刻应该可以加载Bookables页面和Users页面了，Bookings页面除外)使用 useNavigate hook 返回的函数更新 URL，切换到选中的可预订对象页面。代码清单 10.4 将该函数赋值给一个名为 navigate 的局部变量，之后 changeGroup 和 nextBookable 函数会调用 navigate (而不是像 BookablesList 以前的版本中那样调用 setBookable updater 函数)。例如，以下是 changeGroup 函数调用 navigate 函数的代码，它使用新选中分组的第一条可预订对象的 URL 作为 navigate 函数的入参。

```
function changeGroup (event) {
  const bookablesInSelectedGroup = bookables.filter(
    b => b.group === event.target.value
  );
  navigate(getUrl(bookablesInSelectedGroup[0].id));
}
```

changeGroup 将传给 BookablesList 的 getUrl 函数当作一个属性。Bookables 页面的 getUrl 函数如下所示:

```
id => `/bookables/${id}`
```

该函数只是在 URL 末尾添加了 id。而 Bookings 页面将使用一个不同的 getUrl 函数, 因为它需要根据 Bookings 页面的 URL 指定参数, 该页面会用到查询字符串和 React Router 的 useSearchParams hook。让我们跳到 10.2 节:

```
navigate("/react-hooks-in-action/10/2");
```
　　　　　　　　　　　　　　　　　　　　←——跳转到本章的 10.2 节

10.2　获取和设置查询字符串中的查询参数

上节学习了如何使用 Route 组件的 path 属性为应用程序提取状态值。本节将介绍另一种在 URL 中保存状态的方法: 查询字符串中的查询参数。以下是一个包含了两个查询参数的 URL:

```
/path/to/page?key1=value1&key2=value2
```

URL 末尾以问号开头加粗的部分是查询字符串。查询参数是 key1 和 key2。这种键值对通过 "&" 字符区分每个参数。如果需要, 就添加更多的参数, 添加或删除参数都是很容易的。当需要在 URL 上指定状态时, 需要考虑以下三个问题:

- 希望参数化哪些状态值。
- 如何处理缺少的参数或参数无效的情况。
- 当状态需要更新时, 如何更新 URL。

在学习 React Router 如何处理查询参数之前(10.2.1 节介绍如何获取查询参数, 10.2.2 节介绍如何设置查询参数), 先简单思考一下示例应用程序 Bookings 页面的需求和上述三点的关系。

为了显示 Bookings 页面包含 2020 年 6 月 24 日(日期格式为 2020-06-24)那个星期 Meeting Room(ID 为 1)的预订网格, 我们希望跳转到下面的链接:

```
/bookings?bookableId=1&date=2020-06-24
```

因此, URL 中的查询参数是 date 和 bookableId。图 10.4 展示了此 URL 的 Bookings 页面, 左侧高亮显示了 URL 中指定的可预订对象, 预订网格显示了 URL 中指定日期的内容。

但是用户访问的 URL 可能不包含日期和可预订对象的 ID, 因此当参数缺失时, 需要抛出或上报一个错误或者使用合适的默认值。我们将使用表 10.3 列出的状态值策略。

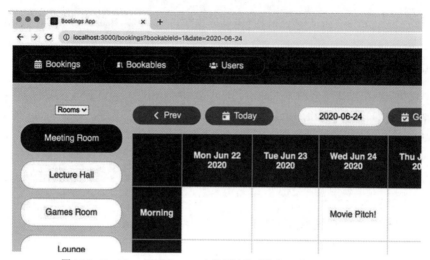

图 10.4　Bookings 页面在 URL 中使用键值对指定可预订对象和日期

表 10.3　不同 URL 的状态值策略

URL	状态
/bookings?bookableId=1&date=2020-06-24	使用指定的日期和指定的可预订对象
/bookings?date=2020-06-24	使用指定的日期和第一个可预订对象
/bookings?bookableId=1	使用当天的日期和指定的可预订对象
/bookings	使用当天的日期和第一个可预订对象

　　无论用户输入了什么状态，都需要保证状态值是有效的。date 必须是一个日期，bookableId 必须是一个整数。我们会将无效的参数值作为缺失的值来处理，再遵循表中的状态值策略进行处理。

　　当选择一个可预订对象(从列表项中选择、切换不同的组或单击 Next 按钮)或者切换到不同的星期(在星期选择器中选取)时应当更新 URL，设置合适的 date 和 bookableId 状态值，并重新渲染页面。

　　使用查询字符串涉及获取和设置查询参数的操作。React Router 提供 useSearchParams hook 实现上述的功能。接下来的两节将学习如何获取和设置查询参数，同时更新 Bookings 页面，使用其 URL 上的状态。

10.2.1　从查询字符串获取查询参数

　　若要实现此功能，BookingsPage 组件需要知道选中的可预订对象和用户希望查询的星期。这两个状态值都会包含在 URL 中，如下所示：

```
/bookings?bookableId=1&date=2020-08-20
```

我们希望通过名称获取每个查询字符串中的参数值，如下面的粗体部分所示：

```
searchParams.get("date");
searchParams.get("bookableId");
```

那么如何获取 searchParams 对象呢？React Router 提供了 useSearchParams hook，它返回一个包含 get 方法的对象(通过该方法可以访问查询参数)和一个设置查询参数的函数：

```
const [searchParams, setSearchParams] = useSearchParams();
```

由于不再需要使用 useState 管理该状态，而是让用户直接在 URL 中输入状态，因此需要谨慎地验证这些状态的有效性。在 BookingsPage 和 Bookings 组件中使用 useSearchParams hook 前，创建一个自定义 hook 来获取、转义这些参数。

创建 useBookingsParams hook

在代码清单 10.5 中，我们创建了新的 useBookingsParams hook，它会在 URL 中查询 date 和 bookableId 参数并进行验证，以确保 date 是一个有效的日期，bookableId 是一个整数。该 hook 放在 bookingsHooks.js 文件中。

分支：1002-get-querystring，文件：/src/components/Bookings/bookingsHooks.js

代码清单 10.5　使用 useBookingsParams hook 访问查询参数

```
import {useSearchParams} from "react-router-dom";
import {shortISO, isDate} from "../../utils/date-wrangler";

export function useBookingsParams () {
  const [searchParams] = useSearchParams();           // 获取一个 searchParams 对象

  const searchDate = searchParams.get("date");        // 使用 searchParams 对象获取 date 参数
  const bookableId = searchParams.get("bookableId");  // 使用 searchParams 对象获取 bookableId 参数

  const date = isDate(searchDate)                      // 如果 date 参数无效，那么使用当前的日期
    ? new Date(searchDate)
    : new Date();

  const idInt = parseInt(bookableId, 10);             // 尝试将 bookableId 转换为整数
  const hasId = !isNaN(idInt);
  return {
    date,
    bookableId: hasId ? idInt : undefined            // 如果 bookableId 不是整数，将其设置为 undefined
  };
}
```
确认 date 参数是一个有效日期

10.2.2 节会更新 useBookingsParams hook 以支持其设置查询字符串。但目前并不需要设置查询字符串，因此代码清单 10.5 中 hook 的代码仅解构了 useSearchParams 返回的第一个参数：

```
const [searchParams] = useSearchParams();
```

一旦获取了 searchParams 对象，就可以调用其 get 方法以查询字符串中的参数值。通过以

下代码获取我们关心的两个字段值：

```
const searchDate = searchParams.get("date");
const bookableId = searchParams.get("bookableId");
```

当完成值有效性的校验后，该 hook 会返回一个带有 date 和 bookableId 属性的对象。调用该 hook 的组件可以对其返回值进行解构：

```
const {date, bookableId} = useBookingsParams();
```

在 BookingsPage 组件中使用查询参数

以 BookingsPage 为例，组件只需要添加一行代码便可以获取所需的两个查询参数，如代码清单 10.6 所示。

分支：1002-get-querystring，文件：/src/components/Bookings/BookingsPage.js

代码清单 10.6　BookingsPage 组件获取查询字符串中的查询参数

```
import useFetch from "../../utils/useFetch";
import {shortISO} from "../../utils/date-wrangler";
import {useBookingsParams} from "./bookingsHooks";        ← 导入自定义 hook——
                                                             useBookingsParams
import BookablesList from "../Bookables/BookablesList";
import Bookings from "./Bookings";
import PageSpinner from "../UI/PageSpinner";

export default function BookingsPage () {
  const {data: bookables = [], status, error} = useFetch(
    "http://localhost:3001/bookables"
  );

  const {date, bookableId} = useBookingsParams();          ← 调用 useBookingsParams，
                                                             并解构其返回的对象

  const bookable = bookables.find(
    b => b.id === bookableId                                ← 使用 bookableId 参数查找
  ) || bookables[0];                                         选中的可预订对象
  function getUrl (id) {
    const root = `/bookings?bookableId=${id}`;
    return date ? `${root}&date=${shortISO(date)}` : root;  ←
  }
                                                             在使用 date 前，检查 date
  if (status === "error") {                                  值是否已经定义
    return <p>{error.message}</p>
  }

  if (status === "loading") {
    return <PageSpinner/>
  }

  return (
    <main className="bookings-page">
      <BookablesList
        bookable={bookable}
```

```
      bookables={bookables}
      getUrl={getUrl}
    />
    <Bookings
      bookable={bookable}
    />
  </main>
  );
}
```

如果 bookableId 的值为 undefined(URL 上没有对应的参数或无法转换为整数)或者没有与该 ID 匹配的预订对象，就采取回退的方式，使用服务器返回的可预订对象列表中的第一条记录作为选中的可预订对象：

```
const bookable = bookables.find(
  b => b.id === bookableId)
) || bookables[0];
```

当用户指定一个无效的 ID 时，列表仍然会展示默认的可预订对象，这可能会让用户感到困惑，因此你也可以为无效值抛出或报告一个错误。

BookingsPage 组件会将一个 getUrl 函数传递给 BookablesList 组件(我们已经在 10.1 节中更新了代码以接受这个 prop)，这样一来，BookablesList 便可以为当前页面生成合适的 URL：

```
function getUrl (id) {
  const root = `/bookings?bookableId=${id}`;
  return date ? `${root}&date=${shortISO(date)}` : root;
}
```

getUrl 函数使用的 date 值派生自 URL 查询参数，因此在添加至 URL 之前需要确保 date 不是假值(falsy)。

在 Bookings 组件中使用日期查询参数

Bookings 组件也需要使用指定的日期；它会生成一个表示包含指定日期所在星期的对象，并在以下三种场景下使用这个 week 对象：

(1) 根据指定的星期获取预订信息。

(2) 如果用户切换至另一个星期，就将选定的预订信息设置为 null。

(3) 将 week 对象传给 BookingsGrid 组件。

如代码清单 10.7 所示，Bookings 组件调用新的 useBookingsParams hook 获取 URL 中的日期，同时也加粗了与星期相关的代码。

分支：1002-get-querystring，文件：/src/components/Bookings/Bookings.js

代码清单 10.7　Bookings 组件访问查询字符串中的查询参数

```
import {useEffect, useState} from "react";      导入自定义 hook——
                                                useBookingsParams
import {getWeek, shortISO} from "../../utils/date-wrangler";
import {useBookingsParams, useBookings} from "./bookingsHooks"; ◄——
```

```
import WeekPicker from "./WeekPicker";
import BookingsGrid from "./BookingsGrid";
import BookingDetails from "./BookingDetails";

export default function Bookings ({bookable}) {
  const [booking, setBooking] = useState(null);

  const {date} = useBookingsParams();
  const week = getWeek(date);
  const weekStart = shortISO(week.start);

  const {bookings} = useBookings(bookable?.id, week.start, week.end);
  const selectedBooking = bookings?.[booking?.session]?.[booking.date];

  useEffect(() => {
    setBooking(null);
  }, [bookable, weekStart]);

  return (
    <div className="bookings">
      <div>
        <WeekPicker/>

        <BookingsGrid
          week={week}
          bookable={bookable}
          booking={booking}
          setBooking={setBooking}
        />
      </div>

      <BookingDetails
        booking={selectedBooking || booking}
        bookable={bookable}
      />
    </div>
  );
}
```

调用 useBookingsParams 并将日期赋值给一个局部变量

使用 date 生成 week 对象

创建一个日期字符串作为依赖项

根据指定的星期获取预订信息

如果起始日期改变，将当前选定的预订信息设置为 null

移除 WeekPicker 的 prop

将 week 对象传给 BookingsGrid 组件

如果用户在网格中已经选择了一条预订信息，那么当他切换到另一个可预订对象或星期时，代码中的 effect 会将选中的预订信息设置为 null。它使用简单的日期字符串 weekStart 作为 effect 的依赖项，而不是赋值给 week.start 的 Date 对象。这是因为在每次渲染时，week.start 都会被赋给一个全新的 Date 对象，即便这个对象代表的日期可能是相同的，effect 在对比依赖项时仍会将其视为一个新的对象。而我们并不希望在每次渲染后都将选定的预订信息设置为 null！你可以尝试在依赖列表中把 weekStart 改为 week.start 来重现这个问题。

现在 Bookings 和 BookingsPage 组件从 URL 中获取状态，它们又能工作了。如果你尝试切换一个可预订对象或者手动地更新 URL 中的日期，就能看到页面加载相应的预订信息。不过，在 UI 中切换日期的状态由 WeekPicker 组件管理。WeekPicker 组件之前使用 reducer 管理该状态。让我们看看如何更新这个组件，以便当用户单击其中的按钮时，使用查询字符串的方式管理状态。

10.2.2　设置查询字符串

WeekPicker 组件允许用户切换到上个星期、下个星期、包含特定日期的星期或者是包含当天的星期。图 10.5 展示了 WeekPicker 组件的 UI，它有四个按钮和一个文本框。

图 10.5　WeekPicker 组件包含若干个按钮，它们可以切换至不同的星期

当前选定的日期状态保存在查询字符串中。假设现在是 2020 年，某个用户跳转到 Bookings 页面，页面显示包含 7 月 20 日那个星期的预订信息。那么 URL 应该如下所示：

```
/bookings?bookableId=1&date=2020-07-20
```

假设今天是 9 月 1 日，WeekPicker 文本框中显示的日期是 6 月 24 日，我们希望 WeekPicker 中的按钮参照表 10.4 设置 URL。

表 10.4　单击不同按钮对应的 URL

按钮	URL
Prev	/bookings?bookableId=1&date=2020-07-13
Next	/bookings?bookableId=1&date=2020-07-27
Today	/bookings?bookableId=1&date=2020-09-01
Go	/bookings?bookableId=1&date=2020-06-24

可以将 WeekPicker 组件中的按钮转换为指向表中 URL 的链接。但是直到用户在文本框中输入时，我们才知道 Go 按钮要跳转的日期。因此作为链接的替代方案，当用户单击按钮时，我们可以保留所有的按钮，通过调用一个函数设置查询字符串。在 10.1.4 节中，你已经学习了如何使用 React Router 的 useNavigate hook 返回的函数设置整段 URL。不过 useSearchParams hook 提供了一种只设置查询字符串的方式。它返回一个数组，数组的第二个元素即是能够实现该功能的函数。例如，这里将 setter 函数赋值给一个名为 setSearchParams 的变量：

```
const [searchParams, setSearchParams] = useSearchParams();
```

为了将 URL 中的查询字符串更新为新的查询参数，我们向 setSearchParams 函数传递一个对象，该对象具有组成查询参数的多个属性。例如要生成以下 URL：

```
/bookings?bookableId=3&date=2020-06-24
```

可以将此对象传给 setSearchParams：

```
{
  bookableId: 3,
  date: "2020-06-24"
}
```

10.2.1 节的开头创建 useBookingsParams hook 以获取 date 和 bookableId 参数(同时还加入了一些简单的验证)。现在要设置 date 参数，因此需要更新这个 hook。代码清单 10.8 为该 hook 添加一个 setBookingsDate 函数，并将该新函数作为 hook 返回对象的一个属性返回。

分支：1003-set-querystring，文件：/src/components/Bookings/bookingsHooks.js
代码清单 10.8   使用 useBookingsParams 设置查询参数

```
export function useBookingsParams () {
  const [searchParams, setSearchParams] = useSearchParams();
  const searchDate = searchParams.get("date");
  const bookableId = searchParams.get("bookableId");

  const date = isDate(searchDate)
    ? new Date(searchDate)
    : new Date();

  const idInt = parseInt(bookableId, 10);      ← 创建一个函数，它可以使用
  const hasId = !isNaN(idInt);                      新的日期更新参数

  function setBookingsDate (date) {       ←
    const params = {};                    ←  创建一个空对象来保存参数

    if (hasId) {params.bookableId = bookableId}    仅当参数值有效时
    if (isDate(date)) {params.date = date}         添加参数

    if (params.date || params.bookableId !== undefined) {
      setSearchParams(params, {replace: true});  ← 使用新的参数更新
    }                                                URL
  }

  return {
    date,
    bookableId: hasId ? idInt : undefined,
    setBookingsDate   ← 在 hook 的返回值中
  };                     添加这个新函数
}
```

新的 setBookingsDate 函数会创建一个包含指定日期和当前 bookableId 值的对象(假设它们的值都是有效的)。如果需要设置至少一个属性，那么该函数会将参数对象传给 setSearchParams，使用相应的新参数更新 URL 中的查询字符串：

```
setSearchParams(params, {replace: true});
```

消费此查询参数的组件会重新渲染，使用新值作为最新的状态。选项{replace: true}告诉浏览器使用新的 URL 替换当前历史中的 URL。这可以阻止所有访问过的日期出现在浏览器的历史中。因此单击后退按钮时，浏览器不会回到之前 WeekPicker 中选择过的日期。当然如果你认为用户返回到之前选中的日期是必要的，则可以忽略这个选项。

代码清单 10.9 展示了 WeekPicker 组件，它调用 useBookingsParams 获取 date 参数和 setter

函数——setBookingsDate。当用户单击其中任意一个按钮时，它会使用 setter 函数(被重命名为
goToDate)更新查询字符串。

分支：1003-set-querystring，文件：/src/components/Bookings/WeekPicker.js
代码清单 10.9　WeekPicker 组件获取和设置查询参数

```
import {useRef} from "react";
import {
  FaChevronLeft,
  FaCalendarDay,
  FaChevronRight,
  FaCalendarCheck
} from "react-icons/fa";
import {addDays, shortISO} from "../../utils/date-wrangler";
import {useBookingsParams} from "./bookingsHooks";        ← 导入自定义 hook——
                                                             useBookingsParams
export default function WeekPicker () {
  const textboxRef = useRef();

  const {date, setBookingsDate : goToDate} = useBookingsParams();  ←
                                                             调用该 hook 获取
  const dates = {                                            date 和 setter 函数
    prev: shortISO(addDays(date, -7)),
    next: shortISO(addDays(date, 7)),
    today: shortISO(new Date())
  };

  return (
    <div>
      <p className="date-picker">
        <button
          className="btn"
          onClick={() => goToDate(dates.prev)}   ←
        >                                          调用 setter 函数，
          <FaChevronLeft/>                         传入合适的日期
          <span>Prev</span>
        </button>

        <button
          className="btn"
          onClick={() => goToDate(dates.today)}
        >
          <FaCalendarDay/>
          <span>Today</span>
        </button>

        <span>
          <input
            type="text"
            ref={textboxRef}
            placeholder="e.g. 2020-09-02"
            id="wpDate"
            defaultValue="2020-06-24"
          />
```

创建一个日期查询
对象，用来保存上
个星期、下个星期
和当前这个星期的
具体日期

```
                    <button
                      onClick={() => goToDate(textboxRef.current.value)}
                      className="go btn"
                    >
                      <FaCalendarCheck/>
                      <span>Go</span>
                    </button>
                  </span>

                  <button
                    className="btn"
                    onClick={() => goToDate(dates.next)}
                  >
                    <span>Next</span>
                    <FaChevronRight/>
                  </button>
                </p>
              </div>
            );
          }
```

调用 setter 函数，传入从文本框获取的日期

现在，Bookables 和 Bookings 页面状态由 URL 管理。其中，Bookables 页面为创建可预订对象和编辑可预订对象使用了不同的 URL，而 Bookings 页面没有这样区分。这是因为预订信息、可预订对象和日期之间的关系有一点复杂，并且用户可能并不需要直接跳转到单个预订信息的编辑表单。如果你认为有必要让用户直接跳转到应用程序特定状态视图，就可以使用上述的方法来实现该功能。

无论采用什么样路径指定可预订对象、日期和预订信息，都需要加载相关的数据。到目前为止，我们一直在使用自己的较简单的 useFetch hook 获取数据。是时候让更多的第三方 hook 登场了。

10.3　使用 React Query 让数据获取过程更流畅

预订应用程序对数据的需求不太多。数据最集中的组件是预订网格组件，即使是这样它每次也只加载一次预订的网格。但这并不妨碍我们对它进行一些优化——在网络不佳时使应用程序在使用感受上更流畅一些。并且如果你的应用程序对数据的需求增加，那么这种优化能够提升用户对应用程序性能的主观感受——没人愿意在每次进行交互时，屏幕上都出现加载进度条！

预订应用程序是一个单页应用程序——尽管我们在应用程序中调用了三个主要页面 (Bookings、Bookables 和 Users 页面)。它使用 React Router 为不同的 URL 显示不同的组件。其中一些组件使用相同的数据；BookablesList 从 Bookings 页面和 Bookables 页面的数据库获取所有可预订对象，而用户选择器和 Users 页面会获取所有的用户。如果 Bookables 页面已经加载过可预订对象，在切换到 Bookings 页面时，就不再需要等待该数据重新加载。本节将介绍 React

Query 并应用 useQuery hook 和 useMutation hook，该部分共分四个小节：

- React Query 简介——React Query 是什么？为什么要使用它？如何获取它？
- 使组件能够访问 React Query 的 client——创建 client 实例并将它设置为包装组件树的 provider 组件的 prop。
- 使用 useQuery 获取数据——如何定义查询、指定查询字段以及使用 status 和 error 属性。同时包含后台数据重取和请求去重。
- 使用useMutation更新服务端状态——如何定义mutations、当mutations完成时如何执行action 以及如何使用查询缓存。

10.3.1　React Query 简介

React Query 是一个管理 React 应用程序服务端状态的工具库。它是开箱即用的。图 10.6 展示了 React Query 站点的首页 https://react-query.tanstack.com/，你可以在此站点上找到文档、示例以及更多的学习资源。(React Query 的作者 Tanner Linsley 创建了许多开源的 React 包协助开发者更好地开发表单、表格、图表等组件，你可以查看他的 GitHub 主页了解更多的信息：https://github.com/tannerlinsley。)

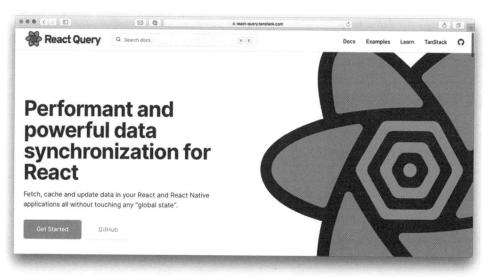

图 10.6　React Query 的主页：Performant and powerful data synchronization for React

React Query 的文档给出了一些增强 useFetch hook 的方法，包括：

- 缓存数据。
- 同类数据请求的去重。
- 在后台更新过期的数据。
- 获知数据何时过期。
- 及时响应数据的更新。

从我们的 useFetch 切换到 React Query 的 useQuery 比较简单。首先需要找到 React Query 包。你可以通过 npm 包管理器安装它，如下所示：

```
npm install react-query
```

对于预订应用程序，React Query 将提供数据缓存、合并多个请求、后台获取最新数据的能力，以及提供一些有用的状态码和标识来通知用户当前状态。当你需要这些能力时，它可提供一整套配置选项帮你创建强大且精简的数据驱动的应用程序。但是我们为什么需要在预订应用程序中使用 React Query 这类的工具呢？

如果在运行 json-server 时没有设置延迟，就可能不会发现任何问题。页面间的跳转、可预订对象间的切换灵敏、快捷——真棒！但是你可以尝试增加一点延迟，然后重启 json-server，例如：

```
json-server db.json --port 3001 --delay 3000
```

有了延迟后，单击 Bookables 页面的链接，会看到正在加载中的提示，如图 10.7 所示。

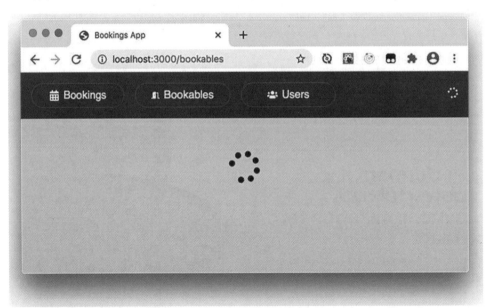

图 10.7　当跳转到 Bookables 页面时，在可预订对象的数据加载时会显示一个正在加载中的提示

三秒后，可预订对象加载完毕，页面呈现出预期中的 BookablesList 和 BookableDetails 组件。网络缓慢时，显示加载中的提示没有问题；我们只需要耐心等待。但是从 Bookables 跳转到 Bookings 页面时，由于可预订对象数据会重新加载，因此还需要再次等待。实际上每个页面都会重新加载已经存在的数据。

以下是在用户交互时，三种主要类型的数据重新加载的情况。

● 可预订对象数据：Bookings 和 Bookables 会获取所有的可预订对象列表。

● 预订信息数据：Bookings 和 BookingsGrid 组件会加载相同的预订信息列表。在 Bookings 页面从一个可预订对象切换到另一个，然后再回到之前的可预订对象会重新加载第一个可预订对象的预订信息。同样，从某一个星期切换到另一个星期，然后再回到之前的那个星期会重新加载第一个星期的预订信息。

- 用户数据：即便 UserPicker 组件已经加载了用户列表，切换到 Users 页面还是会重新加载它们。

为了避免重复地获取数据，是否应当将数据获取的代码放在一个中心化的仓库中，然后让需要这些数据的组件通过单一的源进行访问呢？有了 React Query 的帮助，我们不需要创建类似的仓库。它让我们将代码保存在需要这些数据的组件中，而在这背后，React Query 通过缓存管理这些数据，当组件需要这些数据时，它将已经获取过的缓存数据直接传给组件。接下来看看我们的组件如何访问这些缓存数据。

10.3.2　组件可访问 React Query 的 client 实例

为了访问共享的 React Query 缓存的组件，我们将整个应用程序的 JSX 包装在 provider 组件中以使缓存在整个应用程序中可用。React Query 使用一个 client 对象持有缓存和配置信息，并通过它提供更多的功能。代码清单10.10展示了如何创建一个 client 对象并将其传给包装了应用程序组件树的 provider 组件。

分支：1004-use-query，文件：/src/components/App.js

代码清单 10.10　将应用程序包装在 QueryClientProvider 组件中

```
import {QueryClient, QueryClientProvider} from "react-query";   ◀ ── 从 React Query 导入 client
                                                                      构造函数和 provider 组件
// other imports

const queryClient = new QueryClient();   ◀── 创建一个 client 实例

export default function App () {
  return (
    <QueryClientProvider client={queryClient}>   ◀─┐
      <UserProvider>                                │ 将应用程序包装在 provider 中，
        <Router>                                    │ 将 client 作为 prop 传入
          {/* unchanged JSX */}                     │
        </Router>                                   │
      </UserProvider>                               │
    </QueryClientProvider>   ◀────────────────────┘
  );
}
```

将组件树包装在 provider 中可以确保从子代组件中调用 React Query 的 hook 时，client 对象是可用的。首先让我们使用 useQuery hook 获取数据。

10.3.3　使用 useQuery 获取数据

当网络速度较快时，自定义 hook——useFetch 是一个简单有效的数据获取方案。但是当引入延迟后，它存在一定局限性。为了创建响应性一致的应用程序并避免不必要状态的加载，我们希望组件在向服务器获取数据时不用等待之前已经获取过的数据。React Query 将为我们管理缓存并提供 useQuery hook 获取数据。

React Query 的 useQuery hook 类似我们的 useFetch hook，它会返回一个包含 data、status、和 error 属性的对象。但是在将 URL 传给 useFetch 的地方，我们还会向 useQuery 传入一个 key 和一个返回查询数据的异步函数：

```
const {data, status, error} = useQuery(key, () => fetch(url));
```

useQuery 使用 key 定位缓存中的数据；它可以直接返回已经存在的 key 对应的缓存数据，然后在后台获取最新的数据。key 可以是字符串或可序列化的对象或数组。

使用字符串作为查询的 key

useQuery 接受的最简单的 key 是基本类型，如字符串。例如在预订应用程序中，可以按照如下方式获取可预订对象列表：

```
const {data: bookables = [], status, error} = useQuery(          ← 指定查询
  "bookables",                                                       的 key
  () => getData("http://localhost:3001/bookables")  ← 提供一个异步的
);                                                       数据获取函数
```

我们使用"bookables"作为查询的 key。接下来无论哪个组件使用"bookables"作为 key 调用 useQuery，React Query 都会返回之前已获取并缓存过的数据，然后再在后台获取最新的数据。这种行为方式可以使 UI 看起来响应非常迅速。在同时更新 BookablesView 和 BookingsPage 组件调用 useQuery(而不是调用 useFetch)，从服务端查询可预订对象列表后，就能看到实际效果了。代码清单 10.11 更新了 BookablesView 组件。

分支：1004-use-query，文件：/src/components/Bookables/BookablesView.js

代码清单 10.11　使用 useQuery 的 BookablesView 组件

```
import {Link, useParams} from "react-router-dom";
import {FaPlus} from "react-icons/fa";

import {useQuery} from "react-query";          ← 导入 useQuery hook
import getData from "../../utils/api";          ← 

import BookablesList from "./BookablesList";    导入数据获取的
import BookableDetails from "./BookableDetails"; 工具函数
import PageSpinner from "../UI/PageSpinner";

export default function BookablesView () {                    调用 useQuery
  const {data: bookables = [], status, error} = useQuery(  ← hook
    "bookables",  ←
      () => getData("http://localhost:3001/bookables")  ← 为该查询指定一
  );                                                        个 key

  const {id} = useParams();                    提供一个异步的
                                               数据获取函数
```

```
const bookable = bookables.find(
  b => b.id === parseInt(id, 10)
) || bookables[0];

/* unchanged UI */
}
```

代码清单 10.11 中 BookablesView 唯一的改动是使用 useQuery 替换原有的 useFetch。

练习 10.1

这个练习很简单！修改 BookingsPage 组件使它调用 useQuery 加载可预订对象数据。请使用 "bookables" 作为查询的 key。此修改已经在分支 1004-use-query 中完成。

由于 Bookables 和 Bookings 页面使用相同的查询 key，因此在第二次加载数据时能够从缓存中获取。当 BookablesView 和 BookingsPage 组件使用相同的 key 调用 useQuery 时，可以通过下面的步骤查看缓存的实际运行情况：

(1) 开启 json-server，并设置 2 秒或 3 秒的延迟。

(2) 使用/bookables 导航到 Bookables 页面。你应该能够看到页面级别的加载中提示，然后可预订对象列表中第一条记录被选中。

(3) 单击页面左上的 Bookings 链接。Bookings 页面会直接渲染，不会出现加载中的提示。这是因为 React Query 使用了缓存中的可预订对象数据。

(4) 单击页面左上的 Bookables 链接。Bookables 页面会直接渲染出来。同样也是因为 React Query 从缓存中提供了可预订对象数据。

由于 Bookings 和 Bookables 页面使用了相同的查询 key——bookables，因此当调用 useQuery hook 时，React Query 能够立即返回该 key 对应的已经存在的数据。然后它会重新在后台获取最新数据并在数据抵达后重新渲染组件。useQuery hook 还可以接受更加复杂的 key。例如 Bookings 和 BookingsGrid 组件在获取预订信息数据时会依赖许多变量。让我们看看如何将多个变量组合在一起作为 key 提供给 useQuery。

使用数组作为查询的 key

Bookings 页面会获取某一起始日期和结束日期之间的可预订对象的数据。React Query 需要根据可预订对象、起始日期和结束日期的各种不同的组合来定位缓存数据，因此当获取预订信息时，需要指定一个数组作为查询的 key，如下所示：

```
["bookings", bookableId, start, end]
```

如果指定的 key 在之前被使用过(例如单击一个可预订对象)，那么当切换到第二个可预订对象，然后再切回第一个时，React Query 会返回缓存中匹配该 key 的数据。

代码清单 10.12 展示了更新后的自定义 hook——useBookings，Bookings 和 BookingsGrid 都使用它获取预订信息数据。

分支：1004-use-query，文件：/src/components/Bookings/bookingsHooks.js

代码清单 10.12　useBookings 调用 useQuery

```js
import {useQuery} from "react-query";

export function useBookings (bookableId, startDate, endDate) {
  const start = shortISO(startDate);
  const end = shortISO(endDate);

  const urlRoot = "http://localhost:3001/bookings";

  const queryString = `bookableId=${bookableId}` +
    `&date_gte=${start}&date_lte=${end}`;

  const query = useQuery(                              // 调用 useQuery hook
    ["bookings", bookableId, start, end],              // 指定一个数组作
    () => getData(`${urlRoot}?${queryString}`)         // 为查询 key
  );                                                   // 提供一个异步的
                                                       // 数据获取函数
  return {
    bookings: query.data ? transformBookings(query.data) : {},
    ...query
  };
}
```

Bookings 和 BookingsGrid 组件使用相同的参数调用 useBookings，因此它们的 key 是相同的。现在我们已经从调用 useFetch 切换至调用 useQuery，React Query 发现它们的 key 是相同的，于是它会将多个请求合并成一个。

跳转到 Bookings 页面，然后尝试从一个可预订对象切换到另一个再返回，或者从一个星期切换到另一个星期再返回。由于查询缓存中已经包含了请求的数据，因此当返回之前选中的可预订对象或星期时，页面应当立即渲染出选中的预订信息。如此顺滑的 UI 会给用户带来愉悦的使用体验！

练习 10.2

UserPicker 和 UsersList 组件都需要从数据库中获取用户列表信息。更新它们的代码，使用 useQuery 替代 useFetch。可以通过跳转至 Bookables 页面并单击该页面上的 Users 链接进行测试。你可以在 1005-query-users 分支上查看修改后的 User 页面，它会立即渲染，不会出现加载中的提示。

10.3.4　访问查询缓存中的数据

现在，Bookables 页面通过 bookables 的查询 key 调用 useQuery hook 来获取全部的可预订对象列表。在一段时间内，React Query 中的相关 key 会与缓存中的可预订对象数据相关联(可以查看详细文档了解缓存数据如何以及何时会被标记为过期数据)。如果你希望直接访问这些获取过的数据或者以某种方式操作它们，那么便可以使用 React Query 启用这些缓存数据。在

本节中，我们会在服务端状态改变时更新缓存数据，通过访问这些缓存以改善 Edit Bookable 表单的响应性。

在 10.1 节中，我们使用 React Router 为 Bookables 页面设置嵌套的路由。这些路由可以让用户查看可预订对象、创建新的可预订对象以及编辑现有的可预订对象。例如要编辑 ID 为 3 的可预订对象，用户可以跳转到地址/bookables/3/edit。这里有两种方式可以实现地址的跳转：

- 在 Bookables 页面上，选择一个可预订对象，然后单击 Edit 按钮。
- 在浏览器地址栏直接输入 URL。

两种方法都可以显示 BookableEdit 组件，该组件包括指定的可预订对象的详细信息以及 Delete、Cancel 和 Save 按钮，如图 10.8 所示。第二种方法需要从服务端加载可预订对象数据，在数据加载期间会显示加载中的提示。而第一种方法，Bookables 页面已经加载过可预订对象列表，那能不能从缓存中获取这些数据，避免显示加载中的提示呢？

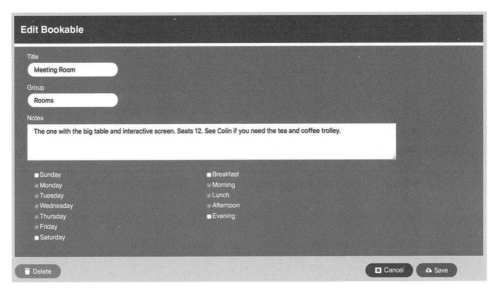

图 10.8　Edit Bookable 表单填充了选中的可预订对象的数据

在 10.3.2 节中，我们将 React Query 的 client 对象赋值给 provider，这使得它的缓存能够被所有的组件使用。我们通过调用 React Query 的 useQueryClient hook 获取 client 对象：

```
const queryClient = useQueryClient();
```

可以使用相关的查询 key 和 getQueryData 方法访问已经获取过的数据。例如获取缓存中的可预订对象列表：

```
const bookables = queryClient.getQueryData("bookables");
```

如果希望通过 ID 查找指定的可预订对象，就可以调用数组的 find 方法，如下所示：

```
const bookable = bookables?.find(b => b.id === id);
```

这样，便可以从缓存中查询特定的预订信息数据，但是该如何告知useQuery 返回已有的预订数据而不要从服务端获取呢？代码清单 10.13 中，BookableEdit 在调用 useQuery 时使用了第三个参数，它是一个包含 initialData 属性的配置对象。稍后会说明。

分支：1006-query-cache，文件：/src/components/Bookables/BookableEdit.js

代码清单 10.13   BookableEdit 组件访问缓存数据

```
import {useParams} from "react-router-dom";
import {useQueryClient, useQuery} from "react-query";    ← 导入 useQueryClient hook

import useFormState from "./useFormState";
import getData from "../../utils/api";

import BookableForm from "./BookableForm";
import PageSpinner from "../UI/PageSpinner";

export default function BookableEdit () {                    调用 hook，将返回的 client
  const {id} = useParams();                                 赋值给一个局部变量
  const queryClient = useQueryClient();    ←

                                                            分配初始值，将获取后的
  const {data, isLoading} = useQuery(     ←                 数据赋值给 data 变量
    ["bookable", id],
    () => getData(`http://localhost:3001/bookables/${id}`),   使用 initialData
    {                                                         属性为 data 分配
      initialData:                                            一个初始值
      queryClient.getQueryData("bookables")   ←
      ?.find(b => b.id === parseInt(id, 10))  ←               通过 key 获取指
    }                                                         定的缓存数据
  );
                                                            根据指定的 ID 查
                                                            找可预订对象
  const formState = useFormState(data);   ←
                                            使用可预订数据
  function handleDelete() {}                作为表单的状态
  function handleSubmit() {}

  if (isLoading) {                        ←
    return <PageSpinner/>                   使用从 useQuery 返回的
  }                                         布尔值 isLoading

  return (
    <BookableForm
      formState={formState}
      handleSubmit={handleSubmit}
      handleDelete={handleDelete}
    />
  );
}
```

React Query 的 useQuery hook 的第三个参数可以接受一个配置对象：

```
const {data, isLoading} = useQuery(key, asyncFunction, config);
```

该配置能够让调用代码控制所有与查询相关的功能，例如设置缓存过期时间、数据获取出

错时的重试机制、回调函数、是否使用 Suspense 和错误边界(见第 11 章)以及设置初始数据等。
BookableEdit 设置了 initialData 属性，这样当首次调用时如果初始值存在，useQuery 就不会从
服务端获取数据：

```
const {data, isLoading} = useQuery(
  ["bookable", id],
  () => getData(`http://localhost:3001/bookables/${id}`),
  {
    initialData:
      queryClient.getQueryData("bookables")
      ?.find(b => b.id === parseInt(id, 10))
  }
);
```

当初始值为 undefined 时(例如加载预订应用程序时，用户直接跳转到 Edit Bookable 表单)
或是在随后的渲染中，useQuery 都会继续执行并获取数据。useQuery 会更新返回对象的属性，
包括那些表示不同状态的布尔值。例如 BookableEdit 组件使用 isLoading 的布尔值来检查是否
处于正在加载中的状态：status === "loading"。

Edit Bookable 和 New Bookable 表单使用自定义 hook——useFormState 和 BookableForm 组
件管理和显示表单的字段。完善这些表单不会教会我们更多关于 hook 的新知识，因此建议你在
仓库中查看相关的代码，了解它们的工作方式即可。还需注意的是，目前 BookableDetails 组件
引入了 Edit 按钮，用来打开 Edit Bookable 表单。你可以将这些更改作为一次练习，在查看代
码前尝试实现这些表单。

我们已经实现了一个显示现有可预订对象数据的编辑表单。但是如何将数据的更改保存到数
据库呢？我们将使用 useMutation 调用来替代 useQuery 调用，在新增可预订对象中运用该功能。

10.3.5　使用 useMutation 更新服务端状态

React Query 可同步 React 应用程序 UI 和服务端状态。我们已经了解了 useQuery 如何简化获
取状态的过程以及如何在浏览器中临时缓存它们。不过我们还希望更新服务端的状态，为此
React Query 提供了 useMutation hook。

在 Bookables 页面，我们可以打开 New Bookable 表单，在字段区域输入相应的信息，但是
无法保存创建的数据。我们希望改变这些状态数据！我们需要一个函数能够将新的可预订对象
数据发送到服务端，如下所示：

```
createBookable(newBookableFields);
```

代码清单 10.14 展示了 BookableNew 组件在 handleSubmit 函数中调用 createBookable 的过
程。它通过调用 useMutation 获得 mutation 函数 createBookable，稍后将对一些语法进行必要的
说明。

分支：1007-use-mutation，文件：/src/components/Bookables/BookableNew.js

代码清单 10.14　BookableNew 组件使用 useMutation 将数据保存至服务器

将一个异步函数传给 useMutation

```
import {useNavigate} from "react-router-dom";
import {useQueryClient, useMutation} from "react-query";        ← 导入 React Query hook

import useFormState from "./useFormState";
import {createItem} from "../../utils/api";        ← 导入 createItem API 函数

import BookableForm from "./BookableForm";
import PageSpinner from "../UI/PageSpinner";

export default function BookableNew () {
  const navigate = useNavigate();
  const formState = useFormState();
  const queryClient = useQueryClient();        调用 useMutation，将
                                               mutation 函数赋值给
                                               createBookable 变量

  const {mutate: createBookable, status, error} = useMutation(        ←

    item => createItem("http://localhost:3001/bookables", item),
                                            设置 onSuccess 回调函数
    {
      onSuccess: bookable => {        ←
        queryClient.setQueryData(        ←        将新的可预订对象添加至 key 为
          "bookables",                            "bookables" 的查询缓存中
          old => [...(old || []), bookable]
        );
                                                跳转到新创建
        navigate(`/bookables/${bookable.id}`);        ←        的可预订对象
      }
    }
  );

  function handleSubmit() {
    createBookable(formState.state);        ←        调用拥有新可预订对象所有字段值的
  }                                                   mutation 函数：createBookable

  if (status === "error") {
    return <p>{error.message}</p>
  }

  if (status === "loading") {
    return <PageSpinner/>
  }

  return (
    <BookableForm
      formState={formState}
      handleSubmit={handleSubmit}
    />
  );
}
```

useMutation hook 的返回值包含 mutate 函数和一些状态值：

```
const {mutate, status, error} = useMutation(asyncFunction, config);
```

当调用 mutate 函数时，React Query 会运行 asyncFunction 并更新一些状态属性(如 status、error、data 和 isLoading)。当调用 useMutation 时，BookableNew 组件会将 mutation 函数赋值给变量 createBookable：

```
const {mutate: createBookable, status, error} = useMutation(…);
```

BookableNew 将一个异步函数传递给 useMutation，用于将新可预订对象的所有字段值发送给服务器。BookableNew 使用/src/utils/api.js 文件中的 createItem 函数完成此功能：

```
const {mutate: createBookable, status, error} = useMutation(

  item => createItem("http://localhost:3001/bookables", item),

  { /* config */ }
);
```

配置(config)对象包含一个 onSuccess 属性(一个函数，会在服务器的状态成功修改后运行)。该函数会将新可预订对象添加至 bookable 缓存并跳转到新可预订对象的页面：

```
onSuccess: bookable => {              ◄── 接收来自服务端的新创建的
  queryClient.setQueryData(               可预订对象
    "bookables",
    old => [...(old || []), bookable]  ◄── 将新的可预订对象添加至 key 为
  );                                       "bookables" 的缓存中
  navigate(`/bookables/${bookable.id}`); ◄── 跳转到新的可预订对象页面
}
```

练习 10.3

在 BookableEdit 组件上应用 useMutation hook，使它可以更新和删除可预订对象。为每种操作创建单独的 mutation，并分别从 handleSave 和 handleDelete 函数中调用它们。(可以将 editItem 和 deleteItem 方法添加到 api.js，然后在 mutation 中调用它们)你可以在分支 1008-edit-bookable 找到对应的代码，代码中已经附上了许多注释说明。

练习 10.4

这是一项大工程！实现一个 BookingForm 组件，以便用户可以创建、编辑和删除 Bookings 页面上的预订信息。BookingDetails 组件需要显示一个负责显示选定预订信息详情(不可修改)的 Booking 组件，或在用户修改或创建预订信息时显示 BookingForm 组件。可以在 1009- booking-form 分支找到对应的代码，该代码在 bookingsHooks.js 文件中分别为三个 mutation(useCreateBooking、useUpdateBooking 和 useDeleteBooking)创建了自定义的 hook。

注意　我还没有在预订应用程序中实现任何的表单验证功能。在真实的应用程序中，应当同时在客户端和服务端添加验证逻辑。

注意　本章的代码仓库中还有两个分支：1010-react-spring 和 1011-spring-challenge，它们使用 React Spring 库为 Bookings 页面添加过渡动画，将预订网格向下滑动可切换可预订对象，横向滑动可切换日期。这是另一个有趣的第三方 hook 的使用案例。

10.4　本章小结

- 可以使用 React Router 为以特定路径开始的多个路由渲染相同的组件。例如，渲染所有以/bookables/开头的 BookablesPage 组件：

```
<Route path="/bookables/*" element={<BookablesPage/>}/>
```

- 作为 element prop 的替代方案，可以将 JSX 包装在 Route 标签对中：

```
<Route path="/bookables/*">
  <BookablesPage/>
</Route>
```

- 要实现嵌套路由，可以在上层组件树某个已与 Route 匹配的组件中添加 Routes 组件。例如，BookablesPage 可以添加它自己的嵌套路由，通过访问 URL/bookables 和/bookables/new 返回其 UI，如下所示：

```
<Routes>
  <Route path="/">
    <BookablesView/>
  </Route>
  <Route path="/new">
    <BookableNew/>
  </Route>
</Routes>
```

- 若要在路由中使用参数，请在参数名前加上冒号：

```
<Route path="/:id" element={<BookablesView/>}/>
```

- 可以通过调用 React Router 的 useParams hook 读取组件中的参数。useParams 会返回一个包含参数名和参数值的对象。使用解构语法可以获得参数值：

```
const {id} = useParams();
```

- 可以使用 React Router 的 useNavigate hook 进行页面跳转：

```
const navigate = useNavigate();
navigate("/url/of/page");
```

- 可以使用 React Router 的 useSearchParams hook 读取 URL 查询字符串中的查询参数：

```
const [searchParams, setSearchParams] = useSearchParams();
```

对于/bookings?bookableId=1&date=2020-08-20URL，通过以下方式读取其参数：

```
searchParams.get("date");
searchParams.get("bookableId");
```

● 可以通过为 setSearchParams 传入一个对象的方式设置查询字符串：

```
setSearchParams({
  date: "2020-06-26",
  bookableId: 3
});
```

● 可使用 React Query 在浏览器端高效地获取和缓存服务端状态。将 app JSX 包装在一个 provider 中，并将 client 对象传给 provider：

```
export default function App () {
  return (
    <QueryClientProvider client={queryClient}>
      {/* app JSX */}
    </QueryClientProvider>
  );
}
```

● 要获取数据，可向 useQuery hook 传入一个 key 和一个 fetch 函数：

```
const {data, status, error} = useQuery(key, () => fetch(url));
```

● useQuery 的第三个参数可以接受一个配置对象：

```
const {data, isLoading} = useQuery(key, asyncFunction, config);
```

● 可使用 config 对象设置初始值：

```
const {data, isLoading} = useQuery(key, asyncFn, {initialData: […]});
```

● 可使用 getQueryData 方法和 key 从 queryClient 对象处读取之前已经获取过的数据：

```
const queryClient = useQueryClient();
const {data, isLoading} = useQuery(
  currentKey,
  asyncFunction,
  {
    initialData: queryClient.getQueryData(otherKey)
  }
);
```

● 可通过调用React Query 的 useMutation 函数的方式创建一个更新服务端状态的mutation 函数：

```
const {mutate, status, error} = useMutation(asyncFunction, config);
```

● 可使用 mutation 函数更新服务端状态：

```
mutate(updatedData);
```

第 II 部分
揭秘React Concurrent特性

除 hooks 外，React 还在其他方面做出了诸多改进。React 团队一直致力于改善开发体验，通过灵活、强大的 API 以及安全、合理的默认设置，令我们可以更直观、更愉快地使用 React。React 团队的主要目标是服务于 Facebook 旗下的应用程序，但也会认真倾听社区的意见，并乐于花费精力吸取新兴技术的精华。

React 团队在 Concurrent 模式上投入了许多时间，第 II 部分将介绍这种新的模式。Concurrent 模式能够令 React 同时作用于 UI 的多个版本——暂停、重启和取消渲染任务，这能使应用程序的响应更快速，行为更具可预测性。

第 11 章展示如何使用 Suspense 组件和错误边界从组件中解耦回退 UI，以方便实现懒加载、上报异常以及恢复操作。第 12 章和第 13 章将介绍一些实验版的特性，包括探索如何将数据请求、图片加载与 Suspense 整合；两个最新的 hook——useTransition 和 useDeferredValue 的用法，利用这两个 hook，我们能在应用程序状态变化时将体验最优的 UI 展示给用户。

第 *11* 章

利用**Suspense**进行代码分割

对于应用程序来说，存在一个很普遍的规律：用户访问每个组件的频率是有差异的。在我们的预订应用程序中，用户可能会经常访问 Bookings 页面，但并不会访问 Bookables 页面或者 Users 页面。抑或当访问 Bookables 页面时，也从不打开 New 或者 Edit 表单。我们可以使用代码分割，优化浏览器每次加载代码的体积；不需要在每次访问时一次性地加载应用程序的所有代码，而可以仅在使用某个功能时，加载该功能的 chunk。

截至本章，本书中的所有示例都采用了静态导入。在每个 JavaScript 文件的顶部，我们会首先声明 import 语句，指定需要的依赖，也就是那些在当前文件中用到的，但是定义在其他文件中的代码。在构建时，打包工具(如webpack)会检查代码，根据依赖路径找到导入的文件，之后将它们合并生成为一个 bundle，这个 bundle 文件中包括了应用程序真正使用的所有代码。Web 页面将会请求这个 bundle。

tree-shaking 功能可以帮助我们避免冗余代码，剔除无用代码，保证 bundle 具备良好的组织性，且体积尽可能小。对于大型应用程序或者弱网络环境下，虽然我们已经"尽可能地压缩" bundle 的体积，但仍然可能要花费不少时间去加载 bundle。这么看来，在最开始一次性加载所有代码可能并不是一个最好的选择。如果应用程序中的某个功能很少被用到，或者其中包含了一个特别巨大的组件，就可以减少初始 bundle 的体积，只有当用户访问特定路由或者触发特定交互时才加载更多的 bundle。

在 React 中，一切皆是组件。我们希望能够在应用程序中动态按需导入某些组件。然后 React 会在需要渲染这些组件时调用它们。如果此时组件没有被加载，那么 React 应该要如何处理呢？我们当然不想暂停运行应用程序，等待加载组件。对于那些体积较大，或者在初始交互中没有被用到的组件，我们可以按照下面这四步操作：

- 只在需要渲染时才加载组件。
- 当加载组件时展示一个占位元素。
- 继续渲染应用程序的其他部分。
- 当组件加载完毕后，替换掉占位元素。

在本章中，我们将使用 React 的 lazy 方法和 Suspense 组件实现上述四步操作。在介绍占位元素时，我们将引入 React 中的错误边界。利用错误边界，我们可以在发生异常时渲染另外一些组件。首先，让我们了解 JavaScript 是如何动态导入代码的，这对你后面的学习非常有帮助。

11.1　利用 import 函数动态导入代码

在本节中，我们将会学习如何在模块之间动态导入 JavaScript。本节并不涉及 React，但是这个概念对于在 React 应用程序中动态加载组件非常重要。本节划分为四个子小节：

- 新建一个 Web 页面，并在单击按钮时加载 JavaScript。
- JavaScript 代码中采用命名导出和默认导出两种导出方式。
- 使用静态导入加载 JavaScript。
- 调用 import 函数动态加载 JavaScript。

11.1.1　新建 Web 页面并在单击按钮时加载 JavaScript

假设应用程序中有一个按钮，单击按钮时，可显示两条信息，如图 11.1 所示。

图 11.1　单击按钮可显示两条信息

为了展示导入模块的过程，我们将应用程序拆分为三个文件：index.html、index.js 和 helloModule.js。代码清单 11.1 展示了 HTML 片段，其中包括了按钮，两个展示信息的段落(p 元素)，一个用于加载 index.js 的 script 元素，在 index.js 中会为按钮添加显示信息的单击事件。

线上示例：https://vg0ke.csb.app，代码：https://codesandbox.io/s/jsstaticimport-vg0ke

代码清单 11.1　一个用来展示两条信息的页面(index.html)

```
<!DOCTYPE html>
<html>
  <head>
    <title>Dynamic Imports</title>
    <meta charset="UTF-8" />
  </head>

  <body>
    <button id="btnMessages">Show Messages</button>
    <hr />
    <p id="messagePara"></p>
    <p id="hiPara"></p>

    <script src="src/index.js"></script>
  </body>
</html>
```

添加一个按钮，单击后显示两条信息

添加两个 p 元素用于显示消息

加载代码，为按钮添加单击事件

到现在我们还没有开发 index.js，但能够预计到 index.js 中会需要一些便利的工具函数，以便将文本插入已有的 HTML 元素。这些工具函数都定义在各自的模块中。接下来将介绍这些模块是如何运行的。

11.1.2　默认导出和命名导出

helloModule.js 是一个 JavaScript 模块，我们在其中定义一些便利的工具函数。如代码清单 11.2 所示，helloModule.js 中使用 export 和 default 这两个关键字导出指定的变量，以便其他文件可以导入。其中一个与消息相关的函数采用了默认导出，而另一个则采用了命名导出。

线上示例：https://vg0ke.csb.app，代码：https://codesandbox.io/s/jsstaticimport-vg0ke

代码清单 11.2　创建一个包含默认导出和命名导出的模块(helloModule.js)

```
export default function sayMessage (id, msg) {
  document.getElementById(id).innerHTML = msg;
}

export function sayHi (id) {
  sayMessage(id, "Hi");
}
```

默认导出 sayMessage 函数

命名导出 sayHi 函数

文件中可以定义一个默认导出和多个命名导出。我们只需要导出其他文件需要的那些值(在本例中，导出的是函数)，而不要导出所有东西。我们已经导出了将文本插入 HTML 元素的函数，这个函数非常好用，接下来介绍如何导入它。

11.1.3　使用静态导入加载 JavaScript

我们要实现的关键功能是：在用户单击按钮时显示信息。为此，需要开发一个 index.js 文件，在其中为按钮添加一个事件处理程序，响应用户单击，显示信息。我们并不需要从零开始开发，毕竟前面已经定义了一些便利的工具函数。因此，可以在 index.js 中从 helloModule.js 模块中导入这些函数，并从事件处理程序中调用它们。从其他模块中导入变量的标准过程是：在文件顶部静态地执行导入操作，如代码清单 11.3 所示。

线上示例：https://vg0ke.csb.app，代码：https://codesandbox.io/s/jsstaticimport-vg0ke

代码清单 11.3　静态导入(index.js)

```
import showMessage, {sayHi} from "./helloModule";        ← 导入两个消息函数
function handleClick () {
  showMessage("messagePara", "Hello World!");
  sayHi("hiPara");                                        调用导入的函数
}

Document
  .getElementById("btnMessages")                          单击按钮时，调用事件
  .addEventListener("click", handleClick);        ←      处理程序
```

我们将 helloModule 的默认导出赋值给局部变量 showMessage(可以随意命名这个变量)，使用大括号将命名导出 sayHi 赋值给同名的局部变量——在helloModule.js 中将导出的名称命名为 sayHi，因此在 index.js 中，局部变量也要以 sayHi 命名。

代码可以按照预期正常运行。这个示例非常简单，但是假如我们希望导入的模块是一个非常大的文件(至少假设是这种情况)，并且大部分用户并不会经常单击这个按钮。是否可以只在需要时才加载这个巨大的模块呢？如果可行，这会令我们能够更快地加载应用程序。

11.1.4　调用 import 函数动态加载 JavaScript

只在单击按钮时才加载代码，这个主意怎么样？代码清单 11.4 展示了如何在 index.js 中利用 import 方法动态加载代码。

线上示例：https://n41cc.csb.app/，代码：https://codesandbox.io/s/jsdynamicimport-n41cc

代码清单 11.4　利用 import 函数动态加载代码(index.js)

```
function handleClick() {                     调用 import 函数动态    将模块赋值给一个
  import("./helloModule")         ←          加载一个模块          局部变量
    .then((module) => {                              ←
      module.default("messagePara", "Hello World!");     模块的属性即是被导出的
      module.sayHi("hiPara");                            函数，可以直接调用
    });
}

document
  .getElementById("btnMessages")
  .addEventListener("click", handleClick);
```

未使用大文件时，完全不需要加载它，因此可以在单击按钮时才加载模块。在 handleClick 函数中使用 import 函数加载模块：

```
import("./helloModule")
```

import 函数返回一个用于解析导出模块的 promise。在模块被加载后，调用 promise 的 then 方法获取模块内容：

```
import("./helloModule").then((module) => { /* use module */ });
```

或者，也可以使用 async/await 语法：

```
async function handleClick() {
  const module = await import("./helloModule");
  // 使用模块
}
```

可以通过 module 对象的属性获取导出的值(在示例中导出了两个函数)。默认导出将会被赋值给 default 属性，命名导出被赋值给同名的属性。helloModule.js 文件中声明了一个默认导出，一个名为 sayHi 的命名导出，因此可以通过 module.default 和 module.sayHi 调用导出的两个函数。

```
module.default("messagePara", "Hello World!");
module.sayHi("hiPara");
```

除了将这两个函数作为 module 对象的方法调用外，还可以参照代码清单 11.5 中的方式解构 module 对象。

代码清单 11.5　从一个动态导入中解构模块的属性

```
function handleClick() {
  import("./helloModule")
    .then(({default: showMessage, sayHi}) => {        ◄── 解构模块，将导出的
      showMessage("messagePara", "Hello World!");          函数赋值给局部变量
      sayHi("hiPara");                                  使用局部变量
    });                                                 调用导出的函数
}

document
  .getElementById("btnMessages")
  .addEventListener("click", handleClick);
```

通过解构，我们将默认导出赋值给一个名副其实的变量：showMessage。同样地，如果使用 async/await，代码就会很简洁：

```
async function handleClick() {
  const {default: showMessage, sayHi} = await import("./helloModule");
  showMessage("messagePara", "Hello World!");
  sayHi("hiPara");
}
```

上面内容快速介绍了动态导入。但是我们的目的是：动态导入 React 组件；如何在不破坏 React 渲染流程的同时延迟导入组件？为了解决这个问题，接下来将学习懒加载。

11.2   利用 lazy 和 Suspense 动态导入组件

在前面一节中，我们使用 import 函数动态加载 JavaScript 代码，只在用户单击按钮时加载代码。但与此同时，我们还控制了整个渲染过程，命令式地添加事件处理程序，通过调用 addEventListener 和 getElementById 以及设置 innerHTML 属性操作 DOM。

使用 React 时，我们应该更专注于更新状态，让 React 管理 DOM。如何将懒加载组件与 React 控制渲染的需求结合起来呢？我们需要通过一系列声明式的方式让 React 知晓如何处理一个要被渲染但未准备好的组件。本节将学习解决该问题的两大要素，首先单独讲解每个要素，之后将它们整合在一起，最后再将解决方案应用到我们的示例中。这四个小节的内容如下：

- 利用 lazy 函数将组件包装成懒加载组件。
- 利用 Suspense 组件声明回退内容。
- 了解如何整合 lazy 和 Suspense。
- 根据路由进行代码分割。

首先我们有一款新闻应用程序，其中包括了一个大型的日历组件。这个例子非常适合使用懒加载。

11.2.1   利用 lazy 函数将组件包装成懒加载组件

假设在公司内部有一款应用程序，能够显示公司的最新公告和通知。所有同事可以随时查看应用程序中的最新消息。该应用程序还包括一个功能丰富的日历组件，既能够在主页中与其他内容混排在一起，又可以在单独页面中打开。

然而，公司的员工只是时不时地查看一下日历。那么在应用程序首次启动时就加载日历组件，不如只在用户单击 Show Calendar 按钮时才加载 Calendar 组件。图 11.2 大致说明了这种设计，分为 Main App 区域以及两个打开日历的按钮。

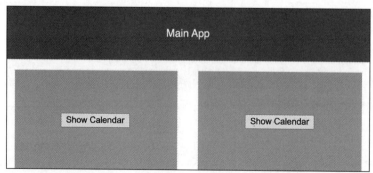

图 11.2   只有当用户单击其中一个 Show Calendar 按钮时，应用程序才会加载 Calendar 组件

在 Main App 区域下方，两个日历区域使用同一个组件 CalendarWrapper，区别是，一个在当前页面中打开，一个使用一个新的日历页面替换当前页面。代码清单 11.6 展示了应用程序中 UI 部分的 JSX 代码，包括了 Main App 区域以及两个日历区域。

代码清单 11.6　包括了一个主区域和两个日历区域的应用程序

```
<div className="App">
  <main>Main App</main>
  <aside>
    <CalendarWrapper />
    <CalendarWrapper />
  </aside>
</div>
```

代码清单 11.7 展示了 CalendarWrapper 组件的代码。组件中包括一个 Show Calendar 按钮。当用户单击这个按钮时，CalendarWrapper 组件将会展示 LazyCalendar 组件。

代码清单 11.7　包含一个按钮的组件，用于显示日历

```
function CalendarWrapper() {
  const [isOn, setIsOn] = useState(false);
  return isOn ? (
    <LazyCalendar />          ◄─── 包含了一个
                                    懒加载组件
  ) : (
    <div>
      <button onClick={() => setIsOn(true)}>Show Calendar</button>
    </div>
  );
}
```

代码清单 11.7 使用了 LazyCalendar 组件。这是一个特殊的组件，只有在首次被渲染时才会导入。但是，这个组件究竟是怎么来的呢？假设我们已经开发了一个名为 Calendar.js 的模块，其中包括一个名为 Calendar 的组件，可以利用动态 import 函数以及 React 的 lazy 函数，将 Calendar 组件包装为 LazyCalendar 组件：

```
const LazyCalendar = lazy(() => import("./Calendar.js"));
```

lazy 函数的参数是一个返回了 promise 的函数。一般来说，这个调用过程如下所示：

```
const getPromise = () => import(modulePath);     ◄─── 声明一个返回 promise 的函数

const LazyComponent = lazy(getPromise);          ◄─── 将这个函数传递给 React.lazy
```

我们将 getPromise 函数传递给 lazy 函数，当首次渲染这个组件时，React 会调用 getPromise 函数。getPromise 函数返回一个 promise，该 promise 将会解析一个模块，模块的默认导出必须是一个组件。

然而，到目前为止，我们并没有一个名为 Calendar 的模块(虽然我们一直假设它是存在的，并且是一个很大的文件)。因此，为了完成示例，也为了加深大家对于模块是一个拥有默认属性和命名属性的对象这一概念的印象，我们将模拟一个组件，并且实现它的懒加载，如代码清单 11.8 所示。

代码清单 11.8   创建一个模拟的模块并且实现其组件的懒加载

```
const module = {
  default: () => <div>Big Calendar</div>  ◄──── 将一个函数式组件赋值给默认属性
};

function getPromise() {
  return new Promise(
    (resolve) => setTimeout(() => resolve(module), 3000)
  );
}

const LazyCalendar = lazy(getPromise);  ◄──────
```

返回一个 promise，该
promise 将会解析模块

通过将 getPromise 传递给 lazy 函数来
创建一个懒加载组件

太好了！当以下要素就绪后就。可以开始试用我们第一个懒加载组件了：

- 一个"巨型"的日历组件(()=><div>BigCalendar</div>)。
- 一个包含日历组件的模块——该日历组件被赋值给模块的默认属性。
- 一个 resolve 给模块的 promise(3 秒延迟)。
- 一个创建并返回 promise 的 getPromise 函数。
- 一个通过将 getPromise 传递给 lazy 函数创建的懒加载组件：lazyCalendar。
- CalendarWrapper 是一个"只在用户单击按钮后才显示 LazyCalendar 组件的"包装组件。
- 一个包括两个 CalendarWrapper 组件的 App 组件。

代码清单 11.9 是一个部署在 CodeSandbox 中的 React 应用程序的部分代码，用到了所有上述元素。创建并使用懒加载组件的代码采用粗体标注。

线上示例: https://9qj5f.csb.app, 代码: https://codesandbox.io/s/lazycalendarnosuspense-9qj5f

代码清单 11.9   运行带懒加载组件的应用程序

```
import React, { lazy, useState } from "react";
import "./styles.css";

const module = {
  default: () => <div>Big Calendar</div>  ◄──────
};

function getPromise() {
  return new Promise(
    (resolve) => setTimeout(() => resolve(module), 3000)  ◄──────
  );
}

const LazyCalendar = lazy(getPromise);  ◄──────
```

声明一个模块，并将一个组件
设置为该模块的默认属性

利用 promise，将
module 解构出来

将上面的 promise 包装为
一个懒加载组件

```
function CalendarWrapper() {
  const [isOn, setIsOn] = useState(false);
  return isOn ? (
    <LazyCalendar />        ◀──── 使用懒加载组件,用法与
  ) : (                            正常组件相同
    <div>
      <button onClick={() => setIsOn(true)}>Show Calendar</button>
    </div>
  );
}

export default function App() {
  return (
    <div className="App">
      <main>Main App</main>
        <aside>
          <CalendarWrapper />
          <CalendarWrapper />
        </aside>
    </div>
  );
}
```

请牢记,对真实模块使用动态导入,需要声明一个返回 import 调用结果的函数。因此,如果 Calendar 组件是 Calendar.js 模块的默认导出,那么可以如下面的代码所示创建懒加载组件:

```
const LazyCalendar = lazy(() => import("./Calendar.js"));
```

不过,请等一下,现在打开 CodeSandbox 中的示例,单击 Show Calendar 按钮,你会发现页面上显示了一个异常提示(实际上,与大多数 React 异常一样,提示内容非常友好;它准确地告诉我们应该如何处理这个异常)。图 11.3 显示了这个异常提示的内容,指导我们应该在组件树的更高层级添加一个<Suspense fallback=...>组件。这个组件能为我们提供一个加载状态提示,或者一个占位元素。我们应该遵循这条建议。

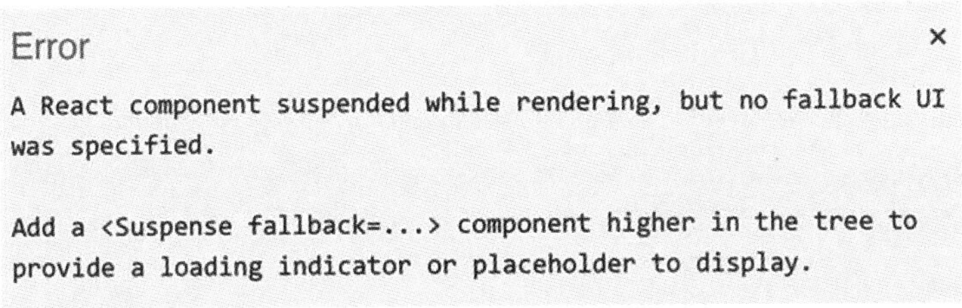

Error   ✕

A React component suspended while rendering, but no fallback UI
was specified.

Add a <Suspense fallback=...> component higher in the tree to
provide a loading indicator or placeholder to display.

图 11.3　应用程序刚开始运行正常,但单击 Show Calendar 按钮时触发了一个异常,提示:一个 React 组件在渲染时暂停了,但没有为其指定回退 UI

11.2.2　利用 Suspense 组件声明回退内容

加载组件需要时间,而我们假想的 Calendar 组件又是一个代码很多的大文件。那么组件未完全加载时,应用程序应该如何显示日历呢?此时我们就需要一个加载提示,让用户知晓日历正在加载中。加载提示可以很简单,如图 11.4 所示,仅展示"Loading..."即可。

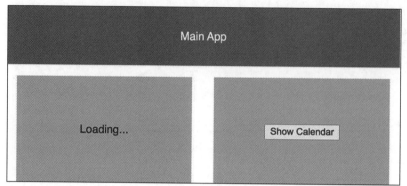

图 11.4   当用户首次单击 Show Calendar 按钮时，应用程序会显示加载提示，直到组件被完全加载

如图 11.3 所示，React 已经提示了异常，并提供了一种简单的指定回退 UI 的方法：Suspense 组件。可以在组件树中用 Suspense 组件包装包含一个或者多个懒加载组件的 UI：

```
<Suspense fallback={<div>Loading...</div>}>
  <CalendarWrapper />
</Suspense>
```

我们使用 fallback prop 指定在 Suspense 组件的所有子代懒加载组件均已返回 UI 前，Suspense 组件需要渲染显示的内容。在代码清单 11.10 中，使用 Suspense 包装了两个 CalendarWrapper 组件，这样当 LazyCalendar 组件在加载过程中时，应用程序就知道应该如何显示了。

线上示例：https://h0hgg.csb.app，代码：https://codesandbox.io/s/lazycalendar-h0hgg

代码清单 11.10   使用 Suspense 组件包装两个日历组件

```
<div className="App">
  <main>Main App</main>
  <aside>
    <Suspense fallback={<div>Loading...</div>}>          ←  用 Suspense 组件包装
      <CalendarWrapper />                                   包含懒加载组件的 UI
    </Suspense>
    <Suspense fallback={<div>Loading...</div>}>          ←  使用 fallback prop
      <CalendarWrapper />                                   指定占位 UI
    </Suspense>
  </aside>
</div>
```

点击链接，访问改进后的 CodeSandbox 线上示例。单击 Show Calendar 按钮，如图 11.4 所示，首先将会显示"Loading..."的提示，持续 3 秒后，Calendar 组件将会被渲染出来，如图 11.5 所示，显示"Big Calendar"字样。

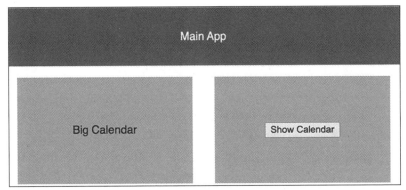

图 11.5　Calendar 组件被加载后，会替换回退内容

　　Calendar 组件只会被加载一次，不会被重复加载，因此单击另外一个 Show Calendar 按钮将会立刻渲染出第二个 Calendar 组件。在代码清单 11.10 中，每个 CalendarWrapper 组件都被包装在各自独立的 Suspense 组件中。不过，我们可能只需要一个 Suspense 组件就够了。下面的代码片段展示了如何使用一个 Suspense 组件包装两个 CalendarWrapper 组件。

```
<Suspense fallback={<div>Loading...</div>}>
  <CalendarWrapper />
  <CalendarWrapper />
</Suspense>
```

　　如果采用上述方式包装两个 CalendarWrapper 组件，那么第一次单击任何一个 ShowCalendar 按钮，都将显示共享的"Loading..."回退提示，如图 11.6 所示。

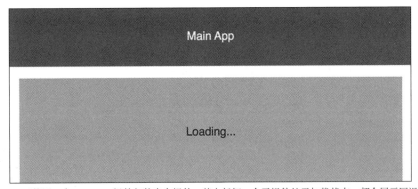

图 11.6　可使用一个 Suspense 组件包装多个组件。其中任何一个子组件处于加载状态，都会展示回退内容

　　当一个懒加载组件首次被渲染时，React 将会向上查找组件树，直到找到第一个 Suspense 组件。这个 Suspense 组件将使用回退 UI 代替它的子组件进行渲染。如果没有找到 Suspense 组件，那么 React 将抛出异常，如图 11.3 所示。

　　将回退 UI 与正在加载中的组件解耦，能为我们改善用户体验提供更大的灵活性。但是，如何令这些解耦后的组件协同工作？React 究竟是如何为 Suspense 组件查找组件树的？懒加载组件按照怎样的机制渲染已加载的组件？React 如何将渲染过程传递给懒加载组件的父组件？好吧，接下来我将为你解释这一切，告诉你这些是如何实现的，相信我。

11.2.3　理解 lazy 和 Suspense 组件协同工作的方式

我们可以认为懒加载组件有一个内部状态，状态枚举分别是 uninitialized、pending、resolved 和 rejected。当 React 首次尝试渲染一个懒加载组件时，这个组件的状态是 uninitialized，但是 React 会调用一个返回 promise 的函数，该函数用于加载对应的模块。如下面的示例所示，getPromise 就是一个 promise-returning 函数。

```
const getPromise = () => import("./Calendar");
const LazyCalendar = lazy(getPromise);
```

返回的 promise 将会解析一个模块，其默认属性就是对应的组件。一旦 promise 被解析，React 会将懒加载组件的状态设置为 resolved，随后返回组件，准备开始渲染这个组件，如下面的代码所示：

```
if (status === "resolved") {
  return component;
} else {
  throw promise;
}
```

上面代码中条件分支中的 else 语句中包含了与上层组件树中 Suspense 组件通信的关键代码：如果 promise 还没有被解析，那么 React 会直接抛出这个 promise，与平时我们抛出异常是一样的。Suspense 组件内部可以捕获 promise，当 promise 仍然处于 pending 状态时，则渲染回退 UI。

让我们回顾一下，表 11.1 中列出了当 React 在组件树中检查到懒加载组件时的执行步骤。根据不同的情况，从每种情况对应步骤的第一步开始执行。

表 11.1　React 处理懒加载组件的步骤

如果懒加载组件中包含	步骤
一个组件	渲染组件
一个尚未解析的 promise	抛出这个 promise
一个返回 promise 的函数	调用该函数获取 promise； 在 LazyComponent 对象中保存这个 promise； 当这个 promise 被解析时，调用它的 then 方法，将组件存储在 LazyComponent 对象中； 抛出这个 promise

如果你熟悉 promise，就可能会产生这样的疑问，当 promise 处于 rejected 状态时，例如网

络异常等原因，将会发生什么呢？Suspense 组件并不会为该异常显示相应的 UI；这属于错误边界的范畴，我们会在 11.3 节讨论这种情况。在此之前，我们将学习如何将预订应用程序更改为懒加载路由的模式。

11.2.4　根据路由进行代码分割

你已经了解了如何通过懒加载一些组件将应用程序分割成几个单独的 bundle。我们并不需要加载过多的用不到的代码，而应该按需加载代码，并且在加载时显示回退 UI。

我们的预订应用程序示例已经按 bookings、bookables 以及 users 分成了不同的路由。根据路由分割代码看起来是一个合理的方案。代码清单 11.11 显示了修改后的 App 组件，懒加载了每个页面组件，并使用 Suspense 组件包装 Routes 组件。

分支：1101-lazy-suspense，文件：/src/components/App.js

代码清单 11.11　App 组件中懒加载的页面组件

```
import {lazy, Suspense} from "react";          ←── 导入 lazy 函数和
                                                    Suspense 组件
// previous imports with the three pages removed

import PageSpinner from "./UI/PageSpinner";

const BookablesPage = lazy(() => import("./Bookables/BookablesPage"));   ┐懒加载
const BookingsPage = lazy(() => import("./Bookings/BookingsPage"));      │三个页
const UsersPage = lazy(() => import("./Users/UsersPage"));              ┘面组件

const queryClient = new QueryClient();

export default function App () {
  return (
    <QueryClientProvider client={queryClient}>
      <UserProvider>
        <Router>
          <div className="App">
            <header>
              <nav>
                {/* unchanged */}
              </nav>

              <UserPicker/>
            </header>
                                                          使用带 PageSpinner 回退的
            <Suspense fallback={<PageSpinner/>}>  ←──     Suspense 组件包装页面路由
              <Routes>
                <Route path="/bookings" element={<BookingsPage/>}/>
                <Route path="/bookables/*" element={<BookablesPage/>}/>
                <Route path="/users" element={<UsersPage/>}/>
              </Routes>
            </Suspense>
          </div>
        </Router>
```

与正常组件一样使用懒加载页面组件

```
    </UserProvider>
  </QueryClientProvider>
  );
}
```

现在，如果一个用户首次访问 Users 页面，那么只会加载 App 组件、UsersPage 组件以及它们的依赖。BookingsPage 和 BookablesPage 组件的代码并不会被加载。组件加载的过程中，React 将会在顶部菜单栏的下方渲染 PageSpinner 组件。

BookablesPage组件中包含了很多嵌套路由，用户可以直接跳转到其中任何一个路由，而有些路由用户可能根本不会选择访问。这样看来并不需要一次性加载 BookablesPage 组件的所有代码，因此可以再进行一次懒加载，如代码清单 11.12 所示。

分支：1101-lazy-suspense，文件：/src/components/Bookables/BookablesPage.js

代码清单 11.12　在 BookablesPage 组件中懒加载嵌套组件

```
import {lazy} from "react";
import {Routes, Route} from "react-router-dom";

const BookablesView = lazy(() => import("./BookablesView"));    ┐
const BookableEdit = lazy(() => import("./BookableEdit"));      ├ 懒加载组件
const BookableNew = lazy(() => import("./BookableNew"));        ┘

export default function BookablesPage () {
  return (
    <Routes>
      <Route path="/:id">
        <BookablesView/>         ◄──┐
      </Route>
      <Route path="/">              │
        <BookablesView/>         ◄──┤
      </Route>                      ├ 使用组件的方式与
      <Route path="/:id/edit">      │ 之前完全一样
        <BookableEdit/>          ◄──┤
      </Route>                      │
      <Route path="/new">           │
        <BookableNew/>           ◄──┘
      </Route>
    </Routes>
  );
}
```

这次，我们不再使用 Suspense 组件包装路由了。在 App 组件中定义的回退组件能够处理其子组件中任何的 suspending 组件——这些组件都抛出了 pending 状态的 promise。对于 BookablesView、BookablesEdit 和 BookablesNew 这三个页面级的组件来说，它们都将重新渲染页面上的所有内容(不包括一直存在的顶部菜单栏)，因此 PageSpinner 可以作为它们三个公用的回退组件。你可以随意地尝试为嵌套路由添加 Suspense 组件；"Loading Edit Form…"这类的提示信息是个不错的选择。

Suspense组件能够处理 pending 状态的 promise。当组件抛出了一个 rejected 状态的 promise，

或者更常见的情况是在渲染时发生了异常，应当如何处理呢？如果 Suspense 组件不想处理这些异常，那么该由谁来处理呢。接下来就要为这些讨厌的异常设置一些边界了。

11.3　利用错误边界捕获异常

在 React 中，组件并不能捕获其子组件中的异常，但是可以在类组件的特定生命周期函数中捕获并上报这些异常。如果你在类组件中已经实现了捕获异常的方法，那么可以考虑使用错误边界。

如果我们使用错误边界包装了全部组件树，或者组件树中的一部分，那么当其中的组件抛出异常时，错误边界将会渲染回退 UI。图 11.7 显示了在预订应用程序中所使用的回退 UI，如果页面组件或者其子组件抛出了异常，那么将会渲染这个回退 UI。

图 11.7　发生异常时，错误边界会显示回退 UI，而不是使整个应用程序崩溃

首先，假设有这样一个错误边界组件，ErrorBoundary，利用它可以捕获应用程序中任何路由抛出的异常。我们希望能够明确错误边界的作用范围，当异常被抛出时，哪些组件应该被回退 UI 覆盖。我们希望按照下面的方式使用 ErrorBoundary：

```
    </div>
  </Router>
</UserProvider>
```

只有页面组件被回退 UI 覆盖；应用程序始终显示 header 元素中的菜单，如图 11.7 顶部所示。图 11.7 中还显示了回退 UI 的样式，当其中某一个子组件发生异常后，应用程序会显示错误提示信息："Something went wrong！"。

但是这些 UI 是如何被渲染的？对于具备错误边界功能的类组件，我们究竟要实现哪些生命周期函数呢？我们可以在 React 文档中找到答案。

11.3.1   在 React 文档中查看错误边界的示例

当子组件渲染时，如果想要捕获任何在此期间抛出的异常，则需要使用类组件，并至少实现 getDerivedStateFromError 和 componentDidCatch 这两个生命周期函数中的一个。代码清单 11.13 摘自 reactjs.org 中的 React 文档，其中包含一个实现这些方法的错误边界组件。图 11.7 显示了一个硬编码的回退 UI。

React 文档：https://reactjs.org/docs/error-boundaries.html

代码清单 11.13   在 reactjs.org 中实现的 ErrorBoundary 组件

```
class ErrorBoundary extends React.Component {      ◄──  错误边界继承自
  constructor(props) {                                   React 类组件
    super(props);
    this.state = { hasError: false };      ◄──  在 state 变量中声明
  }                                              一个 hasError 属性

  static getDerivedStateFromError(error) {
    // Update state so the next render will show the fallback UI.
    return { hasError: true };
  }

  componentDidCatch(error, errorInfo) {      ◄──  当捕获到异常时，
    // You can also log the error to an error reporting service   记录这些异常
    logErrorToMyService(error, errorInfo);
  }
  render() {
    if (this.state.hasError) {
      // You can render any custom fallback UI      ◄──  如果有异常，则
      return <h1>Something went wrong.</h1>;              渲染回退 UI
    }

    return this.props.children;      ◄──  如果未发生异常，则
  }                                       正常渲染子组件
}
```
当捕获到异常时，返回新的 state 变量

组件状态中的 hasError 属性标识组件是否捕获异常。componentDidCatch 方法会将捕获到的任何异常记录到外部的日志服务中。最终，render 方法要么返回子组件，要么在 getDerivedStateFromError 方法将异常标识设置为 true 时通过硬编码的方式渲染回退 UI。

```
<h1>Something went wrong.</h1>
```

代码清单 11.13 只是一个错误边界的示例，接下来，将开发一个自定义错误边界。

11.3.2　开发一个自定义错误边界

React 文档中给出的错误边界示例为我们展示了其中一种用法。对于我们的应用程序来说，需要更多定制化的功能。例如，类似于图 11.8 所示的回退 UI，提示用户可以 "Try reloading the page.(尝试重新加载页面)"。

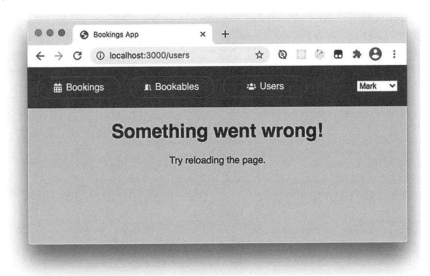

图 11.8　当发生异常时，自定义的 ErrorBoundary 组件可以将自定义 UI 设置为回退 UI

与其每次都采取硬编码的方式开发错误提示，还不如实现一个能够指定不同回退 UI 的错误边界。代码清单 11.14 展示了这类组件的代码。在这个组件中我们不再记录异常，因此移除了 componentDidCatch 方法，使用时可以通过 fallback prop 属性指定回退 UI。

> 分支：1102-error-boundary，文件：/src/components/UI/ErrorBoundary.js
> 代码清单 11.14　一个简单且可定制的 ErrorBoundary 组件

```
import {Component} from "react";

export default class ErrorBoundary extends Component {、
  constructor (props) {
    super(props);
    this.state = {hasError: false};
  }
```

```
static getDerivedStateFromError () {
  return {hasError: true};
}

render() {
  const {                      ←── 从 prop 处获取
    children,  ←──                  子组件
    fallback = <h1>Something went wrong.</h1>  ←──  从 prop 中获取回退 UI，或者
  } = this.props;                                    使用默认的回退 UI

  return this.state.hasError ? fallback : children;  ←──  渲染回退 UI
}                                                          或者子组件
}
```

可以直接在预订应用程序中使用新的错误边界，捕获三个页面中抛出的所有异常。在代码
清单 11.15 中，我们在 App 组件中使用 ErrorBoundary 包装 Suspense 组件和 Routes 组件。

分支：1102-error-boundary，文件：/src/components/App.js

代码清单 11.15　为 App 组件添加错误边界

```
// other imports, including Fragment
                                                  ┌── 导入自定义
import ErrorBoundary from "./UI/ErrorBoundary";  ←──  错误边界

const BookablesPage = lazy(() => import("./Bookables/BookablesPage"));
const BookingsPage = lazy(() => import("./Bookings/BookingsPage"));
const UsersPage = lazy(() => import("./Users/UsersPage"));

const queryClient = new QueryClient();

export default function App () {
  return (
    <QueryClientProvider client={queryClient}>
      <UserProvider>
使用错误   <Router>
边界包装    <div className="App">
主路由      <header>{/* unchanged */}</header>

          <ErrorBoundary
            fallback={
提供一些       <Fragment>
回退 UI          <h1>Something went wrong!</h1>        ┌── 在回退 UI 中可以给
                <p>Try reloading the page.</p>  ←──      用户一些操作建议
              </Fragment>
            }
          >
            <Suspense fallback={<PageSpinner/>}>
              <Routes>
                <Route path="/bookings" element={<BookingsPage/>}/>
                <Route path="/bookables/*" element={<BookablesPage/>}/>
                <Route path="/users" element={<UsersPage/>}/>
              </Routes>
            </Suspense>
```

```
    </ErrorBoundary>
  </div>
 </Router>
 </UserProvider>
 </QueryClientProvider>
 );
}
```

使用错误边界包
装主路由

我们将应用程序的主路由包装在错误边界中。为了验证是否生效，可以从子组件中抛出一个异常。修改 BookableForm 组件，在返回正常 UI 之前，添加下面这样一行代码：

```
throw new Error("Noooo!");
```

现在，重新加载应用程序，导航到可预订对象页面，单击可预订对象列表下方的 New 按钮或者详情信息右上角的 Edit 按钮。如图 11.9 所示，页面中展示了一个异常信息的浮层，可以直接关闭。这个浮层是 Create React App 内置的，并不会出现在真实的应用场景中。关闭后，将看到如图 11.8 所示的回退 UI。

如果一个单页面应用程序包括了多个组件，就可以将每个组件都包装在自定义错误边界中。这样，每个组件出现问题都不会影响其他组件，用户可以继续使用其他功能。既然错误边界可以帮我们安全地隔离那些不稳定的功能，那么没有必要限制用户访问其他正常的功能。然而，我们更应该做的是修复这些不稳定的功能。可以进一步改进这些自定义错误边界组件，帮助组件更快地从异常中恢复。

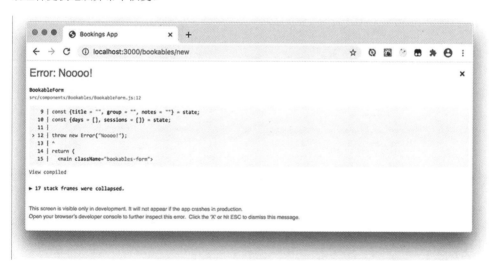

图 11.9　在开发模式下，Create React App 会在页面上弹出一个提示异常信息的浮层。单击 Esc 或者×可以关闭这个浮层，关闭后页面将会显示错误边界中定义的回退 UI

11.3.3　从异常中恢复

当组件树中的异常没有被捕获时，引导用户刷新页面是一种解决方案。然而，对于应用程序中那些采用错误边界包装的指定组件来说，例如聊天窗口、股票行情或者社交流媒体，你可能希望为用户提供一个按钮，单击后能够重置或者重新加载指定的组件。在第 12 章中，我们将学习使用 React 内置的错误边界 npm 包(react-error-boundary)。这个包提供了额外的便利功能，能够令错误边界更具灵活性和可复用性。具体信息可以在 GitHub 中查看：https://github.com/bvaughn/react-error-boundary。

第 12 章将会延续本章的主题：在等待 UI 完成渲染时，React 可以渲染一些其他内容。我们将不再仅仅局限于等待组件的加载，还包括了遇到等待数据或者图片加载的场景。让我们一起探索 React 的实验特性吧。

11.4　本章小结

- 在 JavaScript 文件的顶部静态导入依赖。类似 webpack 这类的打包工具可以执行 tree shaking 并创建一个 bundle，单个 bundle 文件中包括了应用程序使用的全部代码。
- 如果希望只有通过用户动作或者某个事件才触发某些 JavaScript 依赖的下载，那么可以使用 import 函数动态加载这些模块：

```
function handleClick() {
 import("./helloModule")
 .then(module => {/* use module */});
}
```

- 动态 import 函数将返回一个 promise，这个 promise 最终将返回一个模块。可在该模块对象中获取默认导出和命名导出。

```
function handleClick() {
  import("./helloModule")
    .then(module => {
      module.default("messagePara", "Hello World!");
      module.sayHi("hiPara");
    });
}
```

- 可使用 React.lazy 实现仅在组件第一次渲染时加载组件。可以为 lazy 传递一个可返回来自动态导入的 promise 的函数。该 promise 必须 resolve 给一个默认属性是组件的模块。

```
const LazyComponent = React.lazy(() => import("./MyComponent"));
```

- 可利用 Suspense 组件告知 React 在等待懒加载组件加载时渲染什么。Suspense 组件能够捕获尚未完成加载的组件抛出的处于 pending 状态的 promise。

```
<Suspense fallback={<p>Just one moment...</p>}>
  { /* UI that could contain a lazy component */ }
</Suspense>
```

- 可利用错误边界组件告知 React 在渲染子组件遇到异常时渲染什么。错误边界是可实现生命周期函数 getDerivedStateFromError 和 componentDidCatch 中的一个或两个的类组件。

```
<ErrorBoundary>
  { /* App or subtree */ }
</ErrorBoundary>
```

- 自定义错误边界可提供定制的回退 UI 和异常恢复策略。

第 *12* 章

整合数据请求和Suspense

本章内容

- 封装 promise 以获取其状态
- 在请求数据时抛出 promise 和异常
- 在加载数据和图片时，利用 Suspense 组件显示回退 UI
- 尽可能早地请求数据和资源
- 利用错误边界从异常中恢复

React 团队有一个使命：维护并开发一款能够帮助开发者尽可能轻松创造完美用户体验的产品。为此，React 团队编写了详细的文档，提供了直观且具有指导性的开发者工具，给出了详细的、易操作的异常信息，并且确保了可执行增量更新。此外，React 团队还希望开发者可以通过 React 轻松实现能被快速加载、响应的可扩展应用程序。Concurrent 模式和 Suspense 能够提升用户体验，通过对代码和资源加载过程的编排，实现更简单但更明确的加载状态，并且还可以为渲染更新设置优先级，这样用户就可以随时继续工作或娱乐了。

然而，React 团队并不想让 Concurrent 模式成为开发者的负担。他们希望这些优点尽可能做到自动化，所有的新 API 都直观易懂且符合现有的开发心智。因此，尽管 API 经过了测试和调试，Concurrent 模式仍然被标记为实验性 API。希望我们不会等待太久！

我们将在第 13 章中讨论更多与 Concurrent 模式理念和能力相关的内容。在第 11 章中，我们已经了解了稳定的、可用于生产环境的懒加载组件和 Suspense。在第 13 章中，将介绍一些实验性 API，包括延迟渲染、transition 和 SuspenseList 组件。而本章则是第 11 章和第 13 章之间的过渡。在本章中，我们会将 promise 抛出来，并以此为基础探究如何使用 Suspense 请求数据。代码示例不能直接在生产环境中使用，但是可以帮助我们了解 React 库作者的一些想法，以便能够更好地使用 Concurrent 模式和 Suspense。

12.1　使用 Suspense 请求数据

在第 11 章中，我们了解到 Suspense 组件在捕获到抛出的 promise 后，会显示回退 UI。此处，我们正在懒加载一个组件，React 会处理由 lazy 函数和动态导入抛出的 promise。

```
const LazyCalendar = lazy(() => import("./Calendar"));
```

当尝试渲染懒加载的组件时，React 首先会检查组件的状态；如果动态导入的组件已经加载完毕，React 就直接渲染该组件。如果组件还处于 pending 状态，React 就会抛出动态导入的 promise。如果这个 promise 被 rejected，就需要添加错误边界以便捕获异常，并显示合适的回退 UI：

```
<ErrorBoundary>
  <Suspense fallback="Loading...">
    <LazyCalendar/>
  </Suspense>
</ErrorBoundary>
```

当需要渲染 LazyCalendar 组件时，React 可以使用已经加载完成的组件，或者抛出一个正处于 pending 状态的 promise，或者执行动态导入并抛出一个新的处于 pending 状态的 promise。

我们想要一些与"从服务端加载数据的组件"类似的元素。例如有一个 Message 组件，能够加载并显示一条信息。如图 12.1 所示，Message 组件加载"Hello Data!"这条信息，并将其显示出来。

图 12.1　Message 组件会加载一条信息，并将其显示出来

在加载数据时，我们希望能够利用 Suspense 组件显示回退 UI "Loading message..."，如图 12.2 所示。

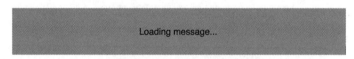

图 12.2　加载数据时，Suspense 组件显示回退信息

如果发生了异常，那么我们希望能够利用 ErrorBoundary 组件显示回退 UI "Oops!"，如图 12.3 所示。

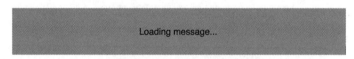

图 12.3　发生异常时利用 ErrorBoundary 组件显示异常提示信息

实现上述功能的 JSX 应该这样编写:

```
<ErrorBoundary fallback="Oops!">
  <Suspense fallback="Loading message...">
   <Message/>
  </Suspense>
</ErrorBoundary>
```

然而，在 React 中有专门的懒加载组件 lazy 函数，但组件并没有内置的稳定机制用于请求数据(有一个名为 react-cache 的包可以处理，但是这个包是实验性的，并不稳定)。

或许我们可以开发一个用于加载数据的方法，能够在恰当的时候抛出 promise 或者异常。在这个过程中，我们将涉猎如何逐步实现一个用于数据请求的库。但仅仅是了解而已，请不要在生产环境中使用(一旦 React 最终敲定了 Concurrent 模式和数据请求策略，并且所有生产环境的问题以及边缘测试用例都已得到了充分测试，就可以期待类似 Relay、Apollo 和 React Query 这样的库为我们提供高效、灵活、集成度高的数据请求了)。代码清单 12.1 就是一个 Message 组件，其中包括一个 getMessageOrThrow 函数。

代码清单 12.1　在 Message 组件中调用检索数据的函数

```
function Message () {
  const data = getMessageOrThrow(); ◄———  调用一个函数，该函数返回数据，
  return <p className="message">{data.message}</p>; ◄———  或抛出 promise，或抛出异常
}                                                         在 UI 中显示数据
```

我们希望 getMessageOrThrow 函数在数据可用时返回数据；在 promise 还没有 resolved 给我们的数据时，抛出 promise；在 promise 被 rejected 时，抛出一个异常。

目前的问题是，我们无法检查数据的 promise(例如，浏览器的 fetch API 返回的一个 promise)的状态。到底是处于 pending 状态？或处于 resolved 状态？还是处于 rejected 状态？我们需要在代码中封装 promise，上报其状态。

12.1.1　封装 promise 并上报其状态

为了整合 Suspense 和 ErrorBoundary 组件，需要根据 promise 的状态执行不同的操作。表 12.1 列出了 promise 各种状态对应的需要执行的操作。

表 12.1　promise 各种状态对应的需要执行的操作

promise 的状态	操作
pending	抛出 promise
resolved	返回结果——我们的数据
rejected	抛出拒绝异常

promise 并不会上报自己的状态，因此需要开发一类能够返回 promise 当前状态和结果或者

抛出异常的函数：checkStatus。对于 checkStatus 的调用如下面的代码所示：

```
const {promise, status, data, error} = checkStatus();
```

因为 data 变量和 error 变量，同一时间只会返回一个，所以也可以将代码写成如下形式：

```
const {promise, status, result} = checkStatus();
```

通过诸如 if(status === "pending")的条件句可以确定 checkStatus 函数究竟是抛出了 promise 还是异常，还是返回数据。

代码清单 12.2 中展示了 getStatusChecker 函数的实现，getStatusChecker 函数的参数是一个 promise，返回值是一个函数，通过这个返回的函数，可以获取作为函数参数的 promise 的状态。

代码清单 12.2　一个能够返回 promise 状态的函数

```
export function getStatusChecker (promiseIn) {        ◀── 传入我们想追踪
  let status = "pending";        ◀───                      其状态的 promise
  let result;        ◀───                  设置一个变量 result，存
                                           储请求结果或者异常        设置一个存储 promise
  const promise = promiseIn                                        状态的变量
    .then((response) => {        ◀──── 成功时，将 resolved
      status = "success";              值赋值给 result 变量
      result = response;
    })
    .catch((error) => {        ◀──── 异常时，将拒绝 resolved
      status = "error";               值赋值给 result 变量
      result = error;
    });
                                                  返 回 一 个 读 取
  return () => ({promise, status, result});     ◀── promise 当前状态
}                                                  和结果的函数
```

利用 getStatusChecker 函数，可以获得追踪 promise 状态并执行对应操作的 checkStatus 函数。例如，如果有一个返回了一个 promise 并加载了信息数据的函数 fetchMessage，就可以为其开发一个状态追踪函数，如下面的代码所示：

```
const checkStatus = getStatusChecker(fetchMessage());
```

到目前为止，一切都很顺利。我们开发了一个能够追踪 promise 状态的函数。为了与 Suspense 整合，需要在请求数据的函数中根据 promise 的状态决定是返回数据还是抛出 promise 或者异常。

12.1.2　利用 promise 状态整合 Suspense

接下来再回到我们的 Message 组件：

```
function Message () {
  const data = getMessageOrThrow();
  return <p className="message">{data.message}</p>;
}
```

我们想要在 Message 中调用数据请求函数：getMessageOrThrow。为了与 Suspense 自动整合，getMessageOrThrow 函数只能抛出 promise 或者异常，或者返回加载好的数据。代码清单 12.3 显示了 makeThrower 函数的内容，其参数是一个 promise，返回值是一个函数，这个返回函数根据 promise 不同的状态执行不同的操作。

代码清单 12.3　返回数据请求函数，该函数可以根据情况执行抛出操作

```
                                          传入执行数据请
返回一个能够执行抛出操作的函数              求的 promise
  export function makeThrower (promiseIn) {  ◄
    const checkStatus = getStatusChecker(promiseIn);  ◄
                                                    为这个 promise 构造
                                                    一个状态跟踪函数
  ► return function () {
  ►   const {promise, status, result} = checkStatus();

      if (status === "pending") throw promise;     根据 status 变量判断到
      if (status === "error") throw result;        底是执行抛出操作还是
      return result;                               执行返回操作
    };
  }

无论函数何时被调用，都能
够获得 promise 的最新状态
```

对于 Message 组件，我们需要利用 makeThrower 函数处理 fetchMessage 函数返回的 promise，最终会得到一个能够抛出 promise 或者异常的数据请求函数：

```
const getMessageOrThrow = makeThrower(fetchMessage());
```

然而，应该什么时候开始请求数据呢？我们应该把上面这行代码放在何处呢？

12.1.3　尽可能早地开始请求数据

我们并不非要在组件被渲染后才加载它需要的数据。可以在组件外部请求数据，通过获取 promise 创建一个"该组件可使用的已准备好抛出的"数据请求函数。代码清单 12.4 显示了如何在 App 示例中使用 Message 组件。当代码被加载后，浏览器就开始执行代码并请求数据。一旦 React 渲染了 App 组件及其嵌套的 Message 组件，Message 就会调用 getMessageOrThrow 方法，得到对应的 promise。

线上示例：https://t1lsy.csb.app，代码：https://codesandbox.io/s/suspensefordata-t1lsy

代码清单 12.4　使用 Message 组件

```
import React, {Suspense} from "react";
import {ErrorBoundary} from "react-error-boundary";
import fetchMessage from "./api";
import {makeThrower} from "./utils";
import "./styles.css";
```

```
function ErrorFallback ({error}) {
  return <p className="error">{error}</p>;
}

const getMessageOrThrow = makeThrower(fetchMessage());    ← 尽可能早地开始
                                                             请求数据
function Message () {
  const data = getMessageOrThrow();    ← 读取数据，或者抛出异常或
                                          promise
  return <p className="message">{data.message}</p>;    ← 如数据可用，则
}                                                          使用数据

export default function App () {
  return (
    <div className="App">                              捕获抛出的异常
      <ErrorBoundary FallbackComponent={ErrorFallback}>    ←
        <Suspense
        fallback={<p className="loading">Loading message...</p>}
        >
捕获抛出    <Message />
的 promise  </Suspense>
      </ErrorBoundary>
    </div>
  );
}
```

我们的错误边界采用了第 11 章介绍的 react-error-boundary 包中的 ErrorBoundary 组件。可以利用 ErrorBoundary 组件的 FallbackComponent prop 设置回退 UI。fetchMessage 函数有两个参数，能够帮助我们测试 Suspense 组件和 ErrorBoundary 组件的回退功能。一个参数是 delay，单位是毫秒(ms)；另一个是布尔类型的参数 canError，能够随机触发异常。如果想产生一个带 3 秒延迟、并且有一定失败概率的请求，就可以依照下面的内容修改代码：

```
const getMessageOrThrow = makeThrower(fetchMessage(3000, true));
```

在代码清单 12.4 中，Message 组件之所以可以调用 getMessageOrThrow，是因为它们两个在同一个作用域内。但我们并不能保证 Message 组件永远与 getMessageOrThrow 在一个作用域内，因此可以将数据请求函数声明为 Message 组件的一个 prop。可能你还希望用户在执行某种操作后才加载新的数据。接下来，让我们看看如何通过 prop 和事件更加灵活地请求数据。

12.1.4   请求新的数据

假设我们想要在 Message 组件中添加一个 Next 按钮。如图 12.4 所示。

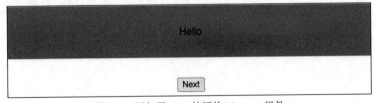

图 12.4   添加了 Next 按钮的 Message 组件

单击 Next 按钮将会加载并显示一条新的信息。在加载新的信息时，Message 组件将会处于"挂起"状态(getMessageOrThrow 函数或者其他类似函数将会抛出 promise)，Suspense 组件会显示"Loading message . . ."的回退 UI，如图 12.2 所示。一旦 promise 执行 resolve 操作，Message 组件将会显示新加载的信息"Bonjour"，如图 12.5 所示。

图 12.5　单击 Next 按钮加载新信息

每条加载的新信息，都需要对应一个新的 promise 和一个可以将其返回的数据请求函数，如代码清单 12.6 所示，修改 Message 组件，将数据请求函数设置为 Message 组件的一个 prop。首先，代码清单 12.5 中展示了 App 组件如何利用状态管理当前的数据请求函数，并将其传递给 Message 组件。

线上示例：https://xue0l.csb.app，代码：https://codesandbox.io/s/suspensefordata2-xue0l
代码清单 12.5　在 App 组件的状态中存储 getMessage 函数

```
const getFirstMessage = makeThrower(fetchMessage());          直接获取首条
                                                              信息
export default function App () {
  const [getMessage, setGetMessage] = useState(() => getFirstMessage);
                                                              在状态中存储当前
                                                              的数据请求函数
  function next () {
    const nextPromise = fetchNextMessage();
    const getNextMessage = makeThrower(nextPromise);          返回一个可抛出
    setGetMessage(() => getNextMessage);                      promise 或者异常
  }                                                           的数据请求函数
                                          在状态中存
                                          储最新的数
  return (                                据请求函数
    <div className="App">
      <ErrorBoundary FallbackComponent={ErrorFallback}>
        <Suspense
开始请求下   fallback={<p className="loading">Loading message...</p>}
一条信息    >
          <Message                        将状态中最新的数据请求
                                          函数传递给 Message 组件
          getMessage={getMessage}
          next={next}                     Message 组件获得了请
          />                              求下一条信息的方法
        </Suspense>
      </ErrorBoundary>
    </div>
  );
}
```

将一个初始化函数作为参数传递给 useState，这个初始化函数会返回用于请求首条信息的函数,即 getFirstMessage 函数。注意,并没有调用 getFirstMessage,只是返回了 getFirstMessage,并将其设置为初始状态。

App 组件中还定义了一个 next 函数,用于请求下一条信息,并更新状态中最新的数据请求函数。next 函数中执行的第一个操作就是请求下一条信息:

```
const nextPromise = fetchNextMessage();
```

在 CodeSandbox 中,API 中的 fetchNextMessage 函数可请求下一条信息并返回一个 promise。为了与 Suspense 整合,需要抛出一个正处于 pending 状态的 promise。为此,在 next 函数中,用一个可以抛出 promise 的函数来封装请求数据的 promise:

```
const getNextMessage = makeThrower(nextPromise);
```

最后一步是更新状态;该状态保存了当前的 promise-throwing 函数。在 React 中,无论是 useState 函数还是 updater 函数(在本例中,updater 函数是 setGetMessage),都可以接受一个函数作为参数。如果向 useState 函数或者 updater 函数传递一个函数,那么它们会调用 useState 获得初始状态,调用 setGetMessage 获得最新状态。因为我们希望保存的状态值本身就是一个函数,所以不能直接将它传入状态设置函数。不能编写如下代码:

useState(getFirstMessage);//不行

也不能编写如下代码:

setGetMessage(**getNextMessage**);//不行

而应向 useState 和 setGetMessage 分别传入一个函数,以返回要设置为状态的函数。

useState(() => **getFirstMessage**); // 返回初始状态,一个函数

之后,这样使用:

setGetMessage(() => **getNextMessage**); // 返回最新状态,一个函数

在此,并不希望调用 getNextMessage,仅希望将它设置为新的状态值。设置新的状态值将触发 App 组件重新渲染,这样就可以将最新的数据请求函数作为 get Message prop 传给 Message。

代码清单 12.6 显示了修改后的 Message 组件。如代码所示,Message 组件接受 getMessage 和 next 作为自己的 prop,UI 中还添加了 Next 按钮。

线上示例:https://xue0l.csb.app,代码:https://codesandbox.io/s/suspensefordata2-xue0l

代码清单 12.6　通过 Message 组件的 prop 向其内部传递数据请求函数

```
function Message ({getMessage, next}) {        ◄── 接受数据请求函数和按钮
  const data = getMessage();                         的事件处理程序作为 prop
  return (
    <>
      <p className="message">{data.message}</p>
      <button onClick={next}>Next</button>   ◄── UI 中添加了
    </>                                                Next 按钮
```

```
  );
}
```

Message 组件中调用的 getMessage 函数可返回新的消息数据，或者执行抛出动作。当用户单击 Next 按钮时，Message 组件会调用 next 函数，直接开始请求下一条信息，并重新渲染。我们遵从 render-as-you-fetch 的模式，利用 Suspense 和 ErrorBoundary 的回退特性，指导 React 在组件抛出 promise 或者异常时渲染。

说到异常，我们的 App 组件使用了 react-error-boundary 包中的 ErrorBoundary 组件。ErrorBoundary 组件有几个绝活，其中之一就是从异常中快速恢复的功能，接下来让我们深入了解这一特性。

12.1.5　从异常中恢复

如图 12.6 所示，当有异常发生时，我们希望能够为用户提供一个 Try Again 按钮，重置异常状态，重新渲染应用程序。

图 12.6　为 ErrorBoundary 组件添加 Try Again 按钮，重置错误边界并加载下一条信息

在代码清单 12.5，我们将 ErrorFallback 组件赋值给 ErrorBoundary 组件的 FallbackComponent prop：

```
<ErrorBoundary FallbackComponent={ErrorFallback}>
  {/* app UI */}
</ErrorBoundary>
```

代码清单 12.7 展示了 ErrorFallback 组件的最新版本。每当 ErrorBoundary 组件捕获一个异常并渲染回退 UI 时，它将自动把 resetErrorBoundary 函数传递给 ErrorFallback 组件。

线上示例：https://7i89e.csb.app，代码：https://codesandbox.io/s/errorrecovery-7i89e

代码清单 12.7　在 ErrorFallback 组件中添加一个按钮

从 ErrorBoundary 中获取 resetErrorBoundary 函数作为 prop

```
function ErrorFallback ({error, resetErrorBoundary}) {
  return (
    <>
      <p className="error">{error}</p>
      <button onClick={resetErrorBoundary}>Try Again</button>
    </>
  );
}
```

在 UI 中添加一个调用 resetErrorBoundary 函数的按钮

此时，ErrorFallback 组件的 UI 中新添加了一个 Try Again 按钮，单击该按钮将会调用 resetErrorBoundary 函数，移除异常状态，重新渲染错误边界的子组件，而非异常回退 UI。除了可以重置错误边界的异常状态外，resetErrorBoundary 还将会调用我们赋值给错误边界的 onReset prop 的所有重置函数。在代码清单 12.8 中，我们告诉 ErrorBoundary 组件在执行重置操作时，调用 next 函数，加载下一条信息。

线上示例：https://7i89e.csb.app，代码：https://codesandbox.io/s/errorrecovery-7i89e

代码清单 12.8　为 ErrorBoundary 组件添加一个 onReset prop

```
export default function App () {
  const [getMessage, setGetMessage] = useState(() => getFirstMessage);

  function next () {/* unchanged */}

  return (
    <div className="App">
      <ErrorBoundary
        FallbackComponent={ErrorFallback}
        onReset={next}          ←── 添加一个在重置时 ErrorBoundary
      >                              组件会调用的 onReset 函数
        <Suspense
          fallback={<p className="loading">Loading message...</p>}
        >
          <Message getMessage={getMessage} next={next} />
        </Suspense>
      </ErrorBoundary>
    </div>
  );
}
```

现在，错误边界组件可以尝试执行一些操作去改变应用程序的异常状态：尝试加载下一条信息。下面的步骤展示了 Message 组件加载信息时，抛出异常的过程。

(1) Message 组件抛出一个异常。

(2) ErrorBoundary 组件捕获这个异常，并渲染包括了 Try Again 按钮的 ErrorFallback 组件。

(3) 用户单击 Try Again 按钮。

(4) 单击 Try Again 按钮后，会调用 resetErrorBoundary 函数，清除错误边界中的异常状态。

(5) 错误边界重新渲染子组件，并调用 next 函数加载下一条信息。

可以访问 GitHub 中 react-error-boundary 仓库，了解其他更多与异常相关的实用技巧，网址为 https://github.com/bvaughn/react-error-boundary。

12.1.6　阅读 React 文档

在上文中，我们简单地尝试将数据请求和 Suspense 整合在一起，在此过程中有两个关键的函数：

● getStatusChecker——提供了一个获取 promise 状态的途径。

- makeThrower——将一个 promise 升级为返回数据，或者抛出异常或 promise 的 promise。

使用 makeThrower 创建诸如 getMessageOrThrow 的函数，Message 组件调用 getMessageOrThrow 函数获取最新的信息，或者抛出异常，或者抛出一个 promise(Suspend)。我们将数据请求函数存储在状态中，并通过 prop 将函数传递给子组件。

React 文档中也给出了一个将 promise 与 Suspense 整合的示例。但这只是一个实验性的、仅供开发者参考的示例。我们要非常小心这个示例。代码清单 12.9 中给出了这个示例的代码，其中 wrapPromise 函数的作用与 getStatusChecker 和 makeThrower 函数的作用相同。代码的详细解读可以查阅相关文档：http://mng.bz/JDBK。

代码：https://codesandbox.io/s/frosty-hermann-bztrp?file=/src/fakeApi.js

代码清单 12.9　React 文档示例中定义的 wrapPromise 函数

```
// Suspense integrations like Relay implement  ◄────    这段代码仅出于个
// a contract like this to integrate with React.        人兴趣编写，请不
// Real implementations can be significantly more complex.   要应用到生产中
// Don't copy-paste this into your project!
function wrapPromise(promise) {
  let status = "pending";
  let result;
  let suspender = promise.then(  ◄────    此段代码将包装的 promise
    r => {                                命名为 suspender
      status = "success";
      result = r;
    },
    e => {
      status = "error";
      result = e;
    }
  );
  return {                         函数返回一个带 read 方法
    read() {        ◄────          的对象
      if (status === "pending") {
        throw suspender;
      } else if (status === "error") {
        throw result;
      } else if (status === "success") {
        return result;
      }
    }
  };
}
```

wrapPromise 函数并没有直接返回一个函数，而是返回了一个带 read 方法的对象。因此，我们并不会像下面的代码这样，将函数赋值给局部变量 getMessage。

```
const getMessage = makeThrower(fetchMessage());  ◄────    将数据请求函数赋值
                                                          给 getMessage 变量
function Message () {                调用 getMessage 获取数据，
  const data = getMessage();  ◄──── 或者执行抛出操作
```

```
  // return UI that shows data
}
```

我们会将 wrapPromise 函数返回的对象赋值给局部变量 messageResource，代码如下所示：

```
const messageResource = wrapPromise(fetchMessage());    ◀——— 将包含数据请求
                                                              方法的对象赋值给
function Message () {                                          messageResource
  const data = messageResource.read();    ◀———               变量

  // return UI that shows data                   调用 read 方法获取数据，
}                                                或者执行抛出操作
```

那么，上述两种方式，哪种更好呢？好吧，我打赌 React 团队一定仔细思考过这样的示例和更多的场景。在这些场景中，与直接存储、传递和调用一个未经包装的数据请求函数相比，人们更容易理解和操作一个包含了 read 方法的“资源”。说到这里，我认为我们这样逐步探索如何整合数据请求与 Suspense 的方式是非常有效的。

最后，上面这些内容仍然处于理论和实验阶段，未来极有可能会发生变化。除非你自己就是一位数据请求库的作者，否则你将发现，很多库都能帮你处理上述这些琐碎的细节。我们一直在使用 React Query 作为数据工具。那么，React Query 是否可以与 Suspense 整合呢？

12.2　整合 React Query、Suspense 和错误边界

React Query 的配置中有一个实验选项，能够为查询启用 Suspense 功能。当启用该功能后，查询并不会返回状态或者异常信息，而是会抛出 promise 和异常。如果想了解更多有关如何整合 Suspense 的信息，可以查看 React Query 的官方文档(http://mng.bz/w9A2)。

对于预订应用程序来说，我们使用 useQuery 返回的 status 变量来决定究竟是渲染加载提示还是异常信息。我们所有的数据加载组件中，都有如下代码：

```
const {data, status, error} = useQuery(    ◀——— 数据加载时，将 status
  "key",                                          值赋值给局部变量
    () => getData(url)
);

if (status === "error") {    ◀———
  return <p>{error.message}</p>               根据变量 status 不同的
}                                            值，返回相应的 UI

if (status === "loading") {    ◀———
  return <PageSpinner/>
}

return ({/* UI with data */});
```

接下来，看看如何使用 Suspense 和 ErrorBoundary 组件将加载 UI 以及异常 UI 从单个组件

中解耦出来。预订应用程序中已存在页面级别的 Suspense 组件以及 ErrorBoundary 组件。现在修改现有组件中正在使用的查询。

分支：1201-suspense-data，文件：/src/components/Bookables/BookablesView.js

代码清单 12.10　整合 bookablesView 组件和 Suspense

```
import {Link, useParams} from "react-router-dom";
import {FaPlus} from "react-icons/fa";

import {useQuery} from "react-query";
import getData from "../../utils/api";

import BookablesList from "./BookablesList";
import BookableDetails from "./BookableDetails";
// no need to import PageSpinner

export default function BookablesView () {
  const {data: bookables = []} = useQuery(
    "bookables",
    () => getData("http://localhost:3001/bookables"),
    {
      suspense: true         将配置中的 suspense
    }                        设置为 true
  );

  const {id} = useParams();
  const bookable = bookables.find(
    b => b.id === parseInt(id, 10)
  ) || bookables[0];

  // no status checks or loading/error UI      移除检查加载状态以及异
                                               常状态的相关代码
  return ({/* unchanged UI */});
}
```

修改后的 BookablesView 组件在加载可预订对象的数据时，向 useQuery 传递了一个配置项。

```
const {data: bookables = []} = useQuery(
  "bookables",
  () => getData("http://localhost:3001/bookables"),
  {
    suspense: true
  }
);
```

这个配置项告诉 useQuery 在加载初始数据时"挂起"(抛出一个 promise)，当发生异常时，对外抛出一个异常。

练习 12.1

修改 BookingsPage 和 UserList 组件，当加载数据时使用 Suspense，并移除组件中不必要的加载状态 UI 以及异常状态的 UI。1201-suspense-data 这个分支中包含了这部分代码的改动。

12.3　使用 Suspense 加载图片

Suspense 能够很好地处理懒加载组件，暂且可以与加载数据的 promise 整合在一起。那其他资源呢？如脚本或者图片？关键在于 promise：如果能使用 promise 包装请求，就可以使用至少是实验性使用 Suspense 和错误边界，为用户显示回退 UI。接下来将介绍在下面的场景中，如何整合 Suspense 和图片加载。

你的老板希望你能改进用户页面，在其中添加用户的头像图片，然后还想要显示每位用户的预订详情和任务详情。在第 13 章中，我们将讨论预订和任务。这里，我们的目标是添加头像图片，如图 12.7 中所示的日本城堡图片那样。

图 12.7　在 UserDetail 组件中为每位用户添加头像图片

在 GitHub 仓库的 1202-user-avatar 分支中，用户列表和选中用户的详情分别是单独的两个组件：UserList 和 UserDetails，而 UsersPage 组件则提供选中用户的管理功能。仓库中的 /public/img 文件夹中已经上传了头像图片。UsersPage 组件向 UserDetails 组件传递的数据仅有选中用户的 ID，UserDetails 组件利用选中用户的 ID 加载该用户的详情，并使用标准 img 元素渲染头像：

```
<div className="user-avatar">
  <img src={`http://localhost:3001/img/${user.img}`} alt={user.name}/>
</div>
```

遗憾的是，在弱网环境中，如果头像图片过大，那么加载时间会非常长，导致用户体验极差，如图 12.8 所示，图片(内容是一只蝴蝶落在一朵花上)只能逐位显示。你可以使用浏览器的开发者工具对网络速度限流。

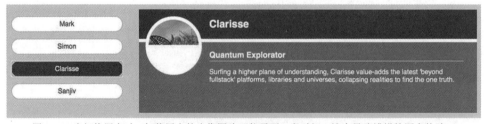

图 12.8　当切换用户时，加载用户的头像图片可能需要一段时间，这会导致糟糕的用户体验。
如图所示，到目前为止仅有一半的图片被加载

本节将探索几种方案，用于改善用户界面中图片慢加载的用户体验。

- 使用 React Query 和 Suspense 为图片加载提供一个回退 UI。
- 利用 React Query 预加载图片和数据。

上述两种方式结合在一起使用，可为用户提供一种更加可预测的用户界面。通过这种方式，可降低用户对加载时间较长的资源的关注程度，以免用户在使用应用程序时体验不佳。

12.3.1　使用 React Query 和 Suspense 提供图片加载回退 UI

加载图片时，我们希望显示回退 UI(例如一个共用的体积较小的头像占位图片)，如图 12.9 所示的头像剪影图片。

图 12.9　当加载头像图片时，可以显示一个体积较小的占位图片，这个占位图片可以更快地加载

为了与 Suspense 整合，需要创建一个在图片完成加载之前抛出一个 promise 的加载过程。我们可以手动创建这个 promise，在其中声明一个 HTMLImageElement Image 构造函数，如下面的代码所示：

```
const imagePromise = new Promise((resolve) => {
  const img = new Image();             ←──── 新建一个图片对象
  img.onload = () => resolve(img);     ←──── 当图片加载完毕后，解析
  img.src = "path/to/image/image.png"  ←──── promise
});
                                            设置图片的资源链
                                            接，开始加载图片
```

接下来，需要创建一个能够在 pending 状态抛出 promise 的图片加载函数。

```
const getImageOrThrow = makeThrower(imagePromise);
```

最后，创建一个能够调用这个图片加载函数、在图片完成加载后渲染图片的 React 组件：

```
                                            获得一个图片对象,或
                                            者抛出一个 promise
function Img () {
  const imgObject = getImageOrThrow();     ←────

  return <img src={imgObject.src} alt="avatar" />   ←────  一旦图片加载完毕,
}                                                          立刻渲染一个标准
                                                           的图片元素
```

然而，我们并不希望每次渲染都重复加载图片，因此需要设置一些缓存。React Query 中已经帮我们内置了这样的缓存。因此，与其我们自己构建缓存，手动抛出 promise，不如直接使用 React Query 的 Suspense 特性(记住，这个特性目前还是实验性的)。代码清单 12.11 中显示了一个 Img 组件，在图片完成加载之前，Img 组件会抛出 pending 状态下的 promise。

分支：1203-suspense-images，文件：/src/components/Users/Avatar.js

代码清单 12.11　使用 React Query 的 Img 组件

利用 React Query 实现缓存、解耦，和抛出

```
function Img ({src, alt, ...props}) {
  const {data: imgObject} = useQuery(
    src,
    () => new Promise((resolve) => {
      const img = new Image();
      img.onload = () => resolve(img);
      img.src = src;
    }),
    {suspense: true}
  );
  return <img src={imgObject.src} alt={alt} {...props}/>
}
```

将图片的资源链接作为查询键

向 useQuery 传递一个创建加载图片 promise 的函数

抛出 pending 状态的 promise 或者异常

图片加载完毕后，返回一个标准的 img 元素

如果使用了多个 Img 组件，且每个 Img 组件的资源链接都是一样的，那么图片并不会被反复加载多次。React Query 将会返回缓存的 Image 对象(这样，浏览器将会缓存这张图片)。

在预订应用程序中，我们希望在图片加载时，使用 Suspense 的 Avatar 组件显示一个回退 UI。代码清单 12.12 展示了如何使用 Img 组件和 Suspense 组件以达到我们的目的。

分支：1203-suspense-images，文件：/src/components/Users/Avatar.js

代码清单 12.12　使用 Img 组件和 Suspense 组件的 Avatar 组件

```
import {Suspense} from "react";
import {useQuery} from "react-query";

export default function Avatar ({src, alt, fallbackSrc, ...props}) {
  return (
    <div className="user-avatar">
      <Suspense
        fallback={<img src={fallbackSrc} alt="Fallback Avatar"/>}
      >
        <Img src={src} alt={alt} {...props}/>
      </Suspense>
    </div>
  );
}
```

将 src 和 fallbackSrc 指定为 prop

使用 fallbackSrc 属性选择作为 Suspense 回退 UI 显示的图片

整合 Img 组件与 Suspense 组件

现在，UserDetails 组件可以使用 Avatar 组件在理想图片加载完毕前，显示一个回退图片，

具体实现如代码清单 12.13 所示。

> 分支：1203-suspense-images，文件：/src/components/Users/UserDetails.js
>
> 代码清单 12.13　在 UserDetails 组件中使用 Avatar 组件

```
import {useQuery} from "react-query";
import getData from '../../utils/api';
import Avatar from "./Avatar";                          传入用户的 ID
                                                         用于展示
export default function UserDetails ({userID}) {  ◄
  const {data: user} = useQuery(
    ["user", userID],
    () => getData(`http://localhost:3001/users/${userID}`),  ◄  加载指定用户
    {suspense: true}                                             的数据
  );

  return (
    <div className="item user">
      <div className="item-header">
        <h2>{user.name}</h2>
      </div>
                                  显示头像，并指定图片
                                  和回退资源链接
      <Avatar  ◄
      src={`http://localhost:3001/img/${user.img}`}
      fallbackSrc="http://localhost:3001/img/avatar.gif"
      alt={user.name}
      />

      <div className="user-details">
        <h3>{user.title}</h3>
        <p>{user.notes}</p>
      </div>
    </div>
  )
}
```

如果在页面的 head 元素中添加一个 rel="prefetch"的 link 元素，或者在父组件中预加载图片，甚至可以实现回退图片的预加载。接下来让我们看看如何预加载数据和图片。

12.3.2　利用 React Query 提前请求图片和数据

到目前为止，在用户数据加载完毕之前，UserDetails 组件都不会渲染 Avatar。在请求所需的图片前，我们静候用户数据，生成如图 12.10 所示的瀑布(waterfall)流。

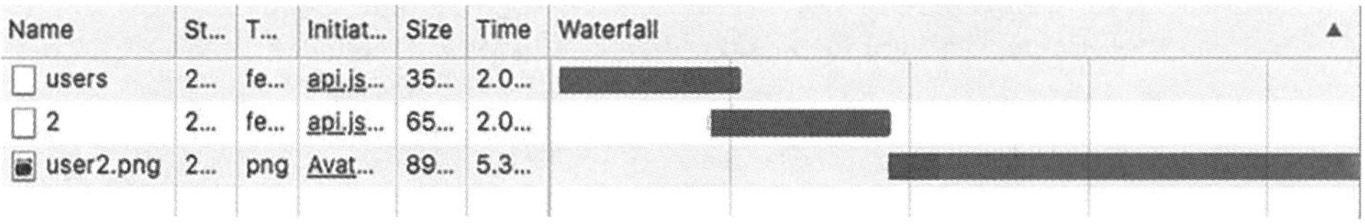

Name	St...	T...	Initiat...	Size	Time	Waterfall	▲
☐ users	2...	fe...	api.js...	35...	2.0...		
☐ 2	2...	fe...	api.js...	65...	2.0...		
☑ user2.png	2...	png	Avat...	89...	5.3...		

图 12.10　瀑布流面板展示了只有当 user 2 的数据完成加载后，才会请求该用户的头像图片(user2.png)

图 12.10 中的第二行是 user 2 的数据加载情形。而第三行则是该用户的头像(user2.png)的加载情形。当我们在用户列表中选中一个用户后，从单击行为到图片显示所经过的步骤如下：

(1) 选中一个用户。

(2) UserDetails 加载用户信息，在数据加载完毕前一直处于"挂起"状态。

(3) 一旦数据加载完毕，UserDetails 就开始渲染它的 UI，其中也包括了 Avatar 组件。

(4) Avatar 组件渲染"请求图片且在图片加载完毕前一直处于挂起状态的"Img 组件。

(5) 一旦图片加载完毕，Img 组件将会渲染它的 UI(一个 img 元素)。

在用户数据完成加载前，图片不会开始加载。然而图片的文件名是可以预知的，那么是否可以在加载用户信息的同时加载图片呢？如图 12.11 中的最后两行所示。

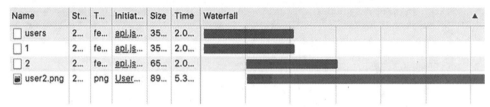

Name	St...	T...	Initiat...	Size	Time	Waterfall
☐ users	2...	fe...	api.js...	35...	2.0...	
☐ 1	2...	fe...	api.js...	35...	2.0...	
☐ 2	2...	fe...	api.js...	65...	2.0...	
▣ user2.png	2...	png	User...	89...	5.3...	

图 12.11　我们希望同时加载 user 2 的数据和头像图片，如图中最后两行所示

UsersPage 组件中的 switchUser 函数用于处理用户选择。为了能够得到图 12.11 中的并行加载效果，需要使用 React Query 同时获取用户数据和头像图片。代码清单 12.14 中包括了两个新的 prefetchQuery 调用。

分支：1204-prefetch-query，文件：/src/components/Users/UsersPage.js

代码清单 12.14　在用户页面中提前加载图片和数据

```
// other imports
import {useQueryClient} from "react-query";
import getData from "../../utils/api";
export default function UsersPage () {
  const [loggedInUser] = useUser();
  const [selectedUser, setSelectedUser] = useState(null);
  const user = selectedUser || loggedInUser;
  const queryClient = useQueryClient();

  function switchUser (nextUser) {
    setSelectedUser(nextUser);

    queryClient.prefetchQuery(        ←── 提前请求用户信息
      ["user", nextUser.id],
      () => getData(`http://localhost:3001/users/${nextUser.id}`)
    );

    queryClient.prefetchQuery(        ←── 提前请求用户头像图片
      `http://localhost:3001/img/${nextUser.img}`,
      () => new Promise((resolve) => {
        const img = new Image();
```

```
      img.onload = () => resolve(img);
      img.src = `http://localhost:3001/img/${nextUser.img}`;
    })
  );
}

return user ? (
  <main className="users-page">
    <UsersList user={user} setUser={switchUser}/>

    <Suspense fallback={<PageSpinner/>}>
      <UserDetails userID={user.id}/>          ←── 渲染包括头像在
    </Suspense>                                      内的用户详情
  </main>
) : null;
}
```

应该尽可能早地请求数据和图片，这样用户就不会等待很久，也减少了显示回退图片的概率。但是在选中一个新用户的过程中，如果访问者之前没有查看过这个用户，那么仍然能够看到加载中提示(如图12.12 所示)。从详情面板切换到加载中提示再切换到下一个详情面板，这种体验并不是最顺畅的。

如果可以做到推迟 UI 变化，直接从当前选中用户的详情面板切换到下一个选中用户的详情面板，从而阻止加载状态退化，避免为用户带来回退到加载中提示的错觉，那么这种方式要比上面那种糟糕的体验好得多。React 的 Concurrent 模式能够帮助我们更轻松地实现类似的延迟过渡。第 13 章将介绍两个新的 hook——useTransition 和 useDeferredValue，利用这两个 hook 可以实现延迟过渡。

图 12.12　切换到另一个用户时，连接变慢，屏幕中会显示一个加载中提示

12.4　本章小结

- 将数据请求和 Suspense 整合在一起，这种做法尚处于实验阶段，不要在生产环境代码中使用。Suspense 仍然不稳定，在后续版本中可能会被修改。
- 待时机成熟后，可以使用已经过完整测试的、可靠的数据请求库整合 Suspense。
- 如果你想尝试将数据请求和 Suspense 整合在一起，就可使用检查 promise 状态的函数包装 promise 的状态：

```
const checkStatus = getStatusChecker(promise);
```

- 为了整合 Suspense，数据请求函数需要对外抛出 pending 状态的 promise 或异常，或者返回已加载的数据。可以开发一个包装数据请求 promise 的函数，并按需执行抛出操作：

```
const getMessageOrThrow = makeThrower(promise);
```

- 在组件中调用前面的数据请求函数，获取 UI 需要的数据，或者抛出相应的结果：

```
function Message () {
  const data = getMessageOrThrow();
  return <p>{data.message}</p>
}
```

- 应尽可能早地开始加载数据，例如，在事件处理程序中。
- 类似 react-error-boundary 这样的库会为用户提供从异常中恢复的方法。
- 阅读 React 文档以及其中的示例，进一步了解这些技术，关注示例中的 read 方法 (http://mng.bz/q9AJ)。
- 可以在加载其他资源(如图片或者脚本文件等)时，使用类似的 promise 技巧。
- React Query 等库(开启 Suspense 模式)可实现缓存功能，并管理请求数据或图像时的多个请求。
- 可调用 React Query 的 queryClient.prefetchQuery 方法提前加载资源。
- 尽可能避免瀑布流现象，即后面的数据请求需要等待前一个请求完成后才能开始。

第13章

实验特性：useTransition、useDeferredValue和SuspenseList

Concurrent 模式支持 React 同时处理多个版本的 UI，在新版本 UI 完全准备好之前，依旧显示老版本 UI，并且可以继续操作老版本的 UI。这意味着，在一段很短的时间内，浏览器中显示的 UI 与最新的状态并不一致，而 React 为我们提供了一些 hook 和组件来管理呈现给用户的回退 UI。这样做能够改善应用程序的用户体验，帮助用户感受应用程序的快速响应和精心安排的更新。用户能够即时感知到页面中的哪些内容是陈旧的，哪些内容正在更新，以及哪些内容已经更新完毕。

Concurrent 模式仍然处于实验阶段，因此本章介绍的两个新 hook——useTransition 和 useDeferredValue——同样仍处于实验阶段。当组件加载新的数据，或者计算新的状态时，利用 useTransition 和 useDeferredValue 这两个 hook，React 能够继续显示旧的 UI 或者旧的状态。这能够帮助我们避免状态退化(receded states)，即 UI 从一个可用的、可交互的组件回退到之前的加载中状态。

在前面两章中，我们花费了大量的时间将可以被挂起的组件包装到 Suspense 组件中，并为其指定合适的回退 UI。随着页面中 Suspense 组件数量的增多，这很容易让用户感受到页面中的一切都处于加载中。SuspenseList 组件可以帮助我们解决这个问题。SuspenseList 组件能够控制加载，将恶性加载转化为良性加载。

接下来，我们将尝试在预订应用程序的用户页面中使用这些实验阶段的解决方案。

13.1 在不同状态间更顺滑地过渡

当首次加载用户页面时，由于当前用户的数据正在加载，因此我们看到的是一个加载中提示，这种体验是没有问题的；当首次加载某个页面时，我们可能会希望显示这样的加载提示。但是，当接下来切换选中的用户时，页面再次显示之前的加载中提示，如图 13.1 所示(如果有必要，就可以启动 json-server 设定延迟，模拟慢网速观察这种现象)。

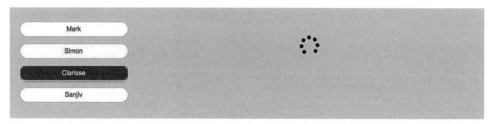

图 13.1 在用户列表中切换选中的用户时(新选中的用户为 Clarisse)，之前的用户详情面板将会被一个加载
         中提示所取代。这种体验并不好，感觉 UI 好像回到了之前的状态，我们称这个过程为状态退化

等待数据加载是无法避免的，但是我们可以避免显示加载中提示，在加载新的数据时仍然显示旧的数据，这样能够改善用户对页面响应的感知。

本节将探索 React 中两个最新的内置 hook——useTransition 和 useDeferredValue。这两个 hook 能够在数据加载时，延迟更新 UI，从而提升用户体验。这两个 hook 必须在 Concurrent 模式下运行，因此需要安装实验版 React。安装命令如下：

```
npm install react@experimental react-dom@experimental
```

如果遇到了 React Query 只能与稳定版本 React 搭配使用的问题，可以在安装实验版 React 前，卸载 React Query，之后在重新安装 React Query 时添加-force 参数，如下面的命令所示：

```
npm install react-query -force
```

接下来，修改渲染应用程序的 index.js，如代码清单 13.1 所示。

分支：1301-use-transition，文件：/src/index.js

代码清单 13.1　开启 Concurrent 模式

```
import ReactDOM from 'react-dom';
import App from './components/App.js';

const root = document.getElementById('root');
ReactDOM
  .unstable_createRoot(root)
  .render(<App />);
```

将 ID 是 root 的元素作为整个
应用程序的根节点

将 App 组件渲染到根节点元素中

13.1.1　利用 useTransition 避免状态退化

当在 Users 页面选中一个新用户时，改善后的 UI 体验如图 13.2 所示。我们正在浏览 Mark 的详情，之后在用户列表中单击了 Clarisse，此时右侧的用户详情面板依旧显示 Mark 的信息，而不是加载中提示。

图 13.2　选中了一个新的用户(Clarisse)，页面并没有立刻显示加载中提示，而是仍然显示之前
　　　　用户(Mark)的 UI

代码清单 13.2 显示了如何使用 useTransition hook 在状态改变(如切换选中的用户)时触发子组件挂起，令 React 继续显示原有的 UI。

分支：1301-use-transition，文件：/src/components/Users/UsersPage.js

代码清单 13.2　在 UsersPage 组件中使用 useTransition hook 提升 UX

```
import {
  useState,
  unstable_useTransition as useTransition,
  Suspense
} from "react";

// unchanged imports

export default function UsersPage () {
  const [loggedInUser] = useUser();
  const [selectedUser, setSelectedUser] = useState(null);
  const user = selectedUser || loggedInUser;
```

导入 useTransition hook

```
const queryClient = useQueryClient();                    ← 解构出一个名为 startTransition
                                                            的过渡函数
const [startTransition] = useTransition()  ◄

function switchUser (nextUser) {                          ← 使用 startTransition
  startTransition(() => setSelectedUser(nextUser));  ◄      过渡函数包装用户
                                                            状态的更改
  queryClient.prefetchQuery(/* prefetch user details */);
  queryClient.prefetchQuery(/* prefetch user image */);
}

return user ? (
  <main className="users-page">
    <UsersList user={user} setUser={switchUser}/>

    <Suspense fallback={<PageSpinner/>}>   ◄              当首次加载用户时,
    <UserDetails userID={user.id}/>                        显示加载中提示
    </Suspense>
  </main>
) : <PageSpinner/>;
}
```

为了强调上述特性仍然处于实验阶段，hook 会以 unstable 作为开头，为此当从 react 包中导入 unstable_useTransition 时，应将其重命名为 useTransition。

useTransition hook 会返回一个数组，其中第一个元素是一个函数，可以使用这个函数包装一部分状态更改，这些状态的更改会导致组件挂起。将这个函数赋值给局部变量 startTransition：

```
const [startTransition] = useTransition();
```

状态更改发生在 switchUser 函数中。当 React Query 还没有完全加载用户数据时，切换到一个新的用户会导致 UserDetails 组件挂起。startTransition 包装的状态更改可告知 React，在数据完成加载之前继续显示旧的 UI，而不是切换到 Suspense 组件的回退 UI。如果在等待数据加载时，还没有显示任何 UI，即组件仍未被挂载，那么 React 将会显示 Suspense 的回退 UI：

```
startTransition(() => setSelectedUser(nextUser));
```

对于那些加载时长并不是很长的情况来说，在状态改变时不显示加载中提示会改善用户的体验。但这样做也会为用户带来一些困扰，他会一直盯着旧的 UI，猜测应用程序是否崩溃了。因此需要给用户一些反馈，告知其应用程序正在加载数据。

13.1.2　利用 isPending 为用户提供反馈

useTransition hook 能够在数据加载时令 React 仍然继续显示旧的 UI。但是，如果持续时间过长，就可能会导致用户混乱。更好的方式是，虽然在状态变更时仍然保持旧的 UI，但也需要给用户一些反馈。

我们希望如图 13.3 所示那样，当在用户列表中选中一个新的用户：Clarisse，开始加载 Clarisse 的数据后，页面中仍然显示之前选中用户的数据，也就是 Mark 这个用户的数据。同时降低用户详情面板的透明度，从而告知用户当前显示的是之前选中用户的数据。

图 13.3　当处于加载数据的过渡阶段时，可以使用 isPending 设置用户详情面板的样式，例如修改 CSS 减少面板的透明度。我们并没有将页面退化为加载中提示，而是提示用户当前正处于数据加载的过渡阶段

useTransition 在其返回的数组中包含了一个布尔类型的值，以提示目前正处于加载的过渡阶段，这对于我们来说非常有帮助。我们可以将这个布尔类型的值赋值给局部变量：isPending：

```
const [startTransition, isPending] = useTransition();
```

这样，就可以根据 isPending 变量设置用户详情面板的样式了，如代码清单 13.3 中 UsersPage 组件以及代码清单 13.4 中 UserDetails 组件所示。

分支：1302-is-pending，文件：/src/components/Users/UsersPage.js

代码清单 13.3　通过解构获得 isPending 变量，并根据 isPending 变量在过渡阶段设置属性

```
export default function UsersPage () {
  // set up state

  const [startTransition, isPending] = useTransition();    ◀── 将正在加载的标志位赋值给一个局部变量

  function switchUser (nextUser) {
    startTransition(() => setSelectedUser(nextUser));    ◀── 启动过渡

    // prefetch user details and image
  }

  return user ? (
    <main className="users-page">
      <UsersList user={user} setUser={switchUser}/>

      <Suspense fallback={<PageSpinner/>}>
        <UserDetails userID={user.id} isPending={isPending}/>    ◀── 将表示正在加载的标志位传递给 UserDetails 组件
      </Suspense>
    </main>
  ) : <PageSpinner/>;
}
```

分支：1302-is-pending，文件：/src/components/Users/UsersDetails.js

代码清单 13.4　根据 isPending 设置 UserDetails 组件的样式

```
export default function UserDetails ({userID, isPending}) {    ◀──
  const {data: user} = useQuery(/* fetch user details */);
                                                    从 prop 中获取 isPending 标志位
```

```
  return (
    <div
      className={isPending ? "item user user-pending" : "item user"}   ⟵
    >
      {/* unchanged UI */}
    </div>
  );
}
```

依据 isPending 标志设置相应的样式

当 userID 的值发生变化时，请求新的用户数据的 UserDetails 组件会被挂起。当开始执行过渡时，React 会继续显示之前选中用户的 UI，不过 React 将重新渲染组件，并将 isPending 设置为 true。此刻，React 在同时管理一个组件的两个版本。

13.1.3 为通用组件添加过渡特性

Concurrent 模式及其 API 变得稳定后，便可用于一些潜在的耗时更新操作，为用户提供更顺滑的状态切换体验。然而，我们并不想在代码中的各个地方都调用 useTransition，React 的官方文档给出了建议，应该将过渡特性整合到设计系统中。例如，可以包装按钮的响应事件，为其添加过渡特性。

让我们在 UsersList 组件中尝试使用已启用了过渡特性的按钮。我们可以从 UsersPage 以及 UserDetails 组件中删除与过渡特性以及 isPending 有关的代码。图 13.4 显示了当选中一个新的用户 Clarisse 时，页面将会如何显示。Clarisse 对应的按钮被单击后会触发过渡特性，利用 isPending 标志位为用户提供反馈：显示正在加载用户数据的提示符。当过渡正在执行时，前一个用户，即 Mark，仍然保持被选中的高亮效果，右侧也依旧显示 Mark 的详情。

图 13.4　当用户列表中的按钮触发过渡特性后，这个按钮会显示加载中提示

代码清单 13.5 显示了新的 UI 组件：ButtonPending。ButtonPending 组件将会渲染一个封装了过渡特性的按钮。单击按钮后会触发过渡特性，当加载数据时，按钮中会显示加载中提示。

分支：1303-button-pending，文件：/src/components/Users/ButtonPending.js

代码清单 13.5　具有过渡特性的 ButtonPending 组件

传入一个需要添加过渡特性的事件处理程序

```
import {unstable_useTransition as useTransition} from 'react';
import Spinner from "./Spinner";

export default function ButtonPending ({children, onClick, ...props}) {   ⟵
```

```
const [startTransition, isPending] = useTransition();

function handleClick () {
  startTransition(onClick);          为事件处理程序
}                                     添加过渡特性

return (
  <button onClick={handleClick} {...props}>
    {isPending && <Spinner/>}        根据 isPending 标志位标识
    {children}                        过渡是否在进行中
    {isPending && <Spinner/>}
  </button>
);
}
```

将 UsersList 组件中的 button 元素替换为 ButtonPending 组件(只需要将 button 元素的名字替换为 ButtonPending 即可)。单击这个特定的按钮就会触发过渡特性。修改加载中提示符的 CSS，将其设置为几百毫秒后才会自动变浅。这样一来，当数据加载得很快时，甚至不会看到加载中提示符。

13.1.4　利用 useDeferredValue 保存旧值

我们在前面介绍并行的用户交互时，还提到了另外一个工具：useDeferredValue hook。利用这个工具我们可以在 UI 中维护同一个值的新旧两个版本。图 13.5 显示了从 Mark 切换到 Clarisse 时，页面是如何显示的。在单击 Clarisse 后，用户列表立刻高亮显示了新的用户 Clarisse，并显示加载提示，而用户详情面板仍然显示之前选中的用户 Mark 的详情。

图 13.5　UsersList 组件中高亮显示了最新选中的用户(Clarisses)，并显示加载中提示。而用户详情面板依旧显示之前选中的用户(Mark)

当我们选中新的用户(Clarisse)时，会引起用户详情面板的延迟渲染，用户详情面板依旧会显示之前的值——Mark，新的值只有在准备好之后才会被 UI 渲染。这个新值被延迟(deferred)了。代码清单 13.6 再次修改了 UsersPage 组件，将用户的延迟数据传递给 UserDetails 组件。

分支：1304-deferred-value，文件：/src/components/Users/UsersPage.js

代码清单 13.6　将延迟数据传 UserDetails 组件

```
import {
  useState,
```

```
  unstable_useDeferredValue as useDeferredValue,
  Suspense
} from "react";

// other imports

export default function UsersPage () {
  const [loggedInUser] = useUser();
  const [selectedUser, setSelectedUser] = useState(null);
  const user = selectedUser || loggedInUser;
  const queryClient = useQueryClient();
  const deferredUser = useDeferredValue(user) || user;    ←

  const isPending = deferredUser !== user;    ←

  function switchUser(nextUser) {
    setSelectedUser(nextUser);

    queryClient.prefetchQuery(/* prefetch user details */);
    queryClient.prefetchQuery(/* prefetch user image */);
  }

  return user ? (
    <main className="users-page">
      <UsersList
        user={user}
        setUser={switchUser}
        isPending={isPending}    ←
      />

      <Suspense fallback={<PageSpinner/>}>
        <UserDetails
          userID={deferredUser.id}    ←
          isPending={isPending}    ←
        />
      </Suspense>
    </main>
  ) : <PageSpinner/>;
}
```

追踪 user 变量的值：如果新的值延迟渲染，则返回旧的值

创建一个表示加载中的标志位，如果 deferredUser 变量的值仍然是旧数据，那么将标志位设置为 true

更新 user 变量的值

将最新选中的用户传递给用户列表组件

通知用户列表其选中的用户与 UserDetails 组件显示的用户不一致

等待新值加载时，仍然显示之前的用户详情

通知 UserDetails 组件，其显示的用户是之前被选中的用户

　　UsersPage 组件使用 useDeferredValue hook 管理用户值的新旧版本。可以调用 useDeferredValue 追踪值的变化，如下面的代码所示：

```
const deferredValue = useDeferredValue(value);
```

　　useDeferredValue hook 将会追踪值。当值发生改变时，useDeferredValue hook 可以返回新值，或者旧值。如果 React 发现组件的子组件未被挂起或者延迟渲染，那么将会使用最新的值渲染 UI。如果最新的数据还在加载中，React 需要等待数据加载完成后才能渲染，那么 useDeferredValue hook 将会返回修改前的旧值，React 会使用旧值渲染UI(与此同时，在内存中处理最新数据需要渲染的UI)。deferredValue 的初始值是 undefined，因此我们在末尾添加||user 来确保当获得初始用户的数据后，deferredValue 的值不是 undefined：

```
const deferredUser = useDeferredValue(user) || user;
```

在代码清单 13.6 中，向 UsersList 组件传递最新的选中用户的值，向 UserDetails 组件传递(可能是)旧的 deferredUser 值：

```
<UsersList
  user={user}
  setUser={switchUser}
  isPending={isPending}
/>

<Suspense fallback={<PageSpinner/>}>
  <UserDetails
    userID={deferredUser.id}
    isPending={isPending}
  />
</Suspense>
```

当加载最新选中的用户时，UserDetails 组件会继续显示之前选中用户的详情。当两个用户的数据不一致时，我们将 isPending 标志位设置为 true；UsersList 将会显示加载中提示，而 UserDetails 将会显示额外的视觉反馈——降低其自身的透明度，令用户能够注意到不一致的 UI 状态。

13.2　使用 SuspenseList 管理多个回退 UI

当 UI 中存在多个 Suspense 组件时，管理这些 Suspense 组件的回退 UI 是否显示及何时显示非常有必要。我们不希望屏幕上到处都是跳动的加载中提示以及不稳定组件，这会令页面看起来像是杂乱无章的马戏团。而此时，我们需要有一个马戏团团长能够控制这些 UI，以一种有序的方式向用户显示它们。我们接下来要介绍的 SuspenseList 组件就是这个马戏团团长。

假设用户页面中显示了被选中用户的预订信息，以及他的待办事项。如图 13.6 所示，用户详情面板由用户信息、预订信息以及待办事项组成。

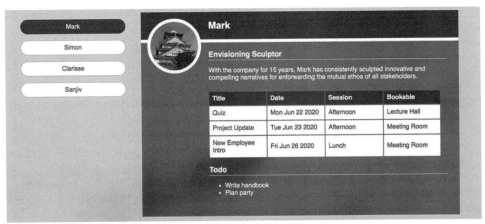

图 13.6　用户详情中额外显示了预订信息以及待办事项

在本节中，我们首先会修改 UserDetails 组件，在相互独立的 Suspense 组件中显示信息。接下来，我们会使用 SuspenseList 组件包装这些 Suspense 组件，以便能够更好地控制这些 Suspense 组件对应的回退 UI 的显示顺序。

13.2.1　显示多种来源的数据

我们希望 UserDetails 组件能够显示用户的预订信息以及待办事项。当加载数据时，我们看到的页面可能如图 13.7 所示，不同的 Suspense 组件分别显示不同的回退信息："Loading user bookings…" 以及 "Loading user todos…"。

图 13.7　加载预订信息以及待办事项时所显示的回退 UI

代码清单 13.7 中为 UserDetails 组件添加 UserBookings 组件以及 UserTodos 组件。这两个组件分别加载各自的数据，因此我们使用两个 Suspense 组件分别包装它们，并设置合适的回退信息。对于本节的内容来说，如何实现这两个新组件并不重要，你可以在代码仓库中找到它们的实现。

> 分支：1305-multi-suspense，文件：/src/components/Users/UserDetails.js
>
> 代码清单 13.7　在 UserDetails 中加入预订信息和待办事项

```
import {Suspense} from "react";
// other imports
import UserBookings from "./UserBookings";
import UserTodos from "./UserTodos";

export default function UserDetails ({userID, isPending}) {
  const {data: user} = useQuery(/* load user info */);

  return (
    <div className={isPending ? "item user user-pending" : "item user"}>
      <div className="item-header">
        <h2>{user.name}</h2>
      </div>

      <Avatar
        src={`http://localhost:3001/img/${user.img}`}
        fallbackSrc="http://localhost:3001/img/avatar.gif"
        alt={user.name}
      />
```

```
    <div className="user-details">
      <h3>{user.title}</h3>
      <p>{user.notes}</p>
    </div>

    <Suspense fallback={<p>Loading user bookings...</p>}>
      <UserBookings id={userID}/>
    </Suspense>

    <Suspense fallback={<p>Loading user todos...</p>}>
      <UserTodos id={userID}/>
    </Suspense>
  </div>
  );
}
```

为预订信息设置 Suspense 组件的回退 UI

为待办事项设置 Suspense 组件的回退 UI

显示待办事项

显示预订信息

我们并不能预测上述两个新组件各自加载数据的耗时是多少，这会让页面看起来很混乱。如图 13.8 所示，如果待办事项先完成加载，那么待办事项列表会先被渲染出来，然而预订信息仍然在加载，因此待办列表上方会显示预订信息对应的回退 UI。假设我们正在查看待办事项，而此时预订信息被加载完成了，那么待办事项会被插入的预订信息挤到页面下方。

图 13.8　页面显示了待办事项，而预订信息仍然在加载中。一旦预订信息完成加载，将会把待办信息挤到页面下方

如果可以同时显示这两个新的组件，或者确保预订信息能够首先显示出来，那么对于用户体验将会是一个提升。接下来看看 SuspenseList 组件如何帮助我们实现这一目标。

13.2.2　利用 SuspenseList 控制多个回退 UI

对于组件来说，如果它上方的组件渲染相对更慢，那么就可能会造成下方组件被挤下去的错觉。为了避免这种错觉，需要指定多个组件之间的显示顺序，即使下方的组件首先加载完成，也应该保持自上向下的顺序，依次呈现。对于用户页面来说，即使待办事项加载得更快，我们仍然希望能够首先显示用户的预订信息，如图 13.9 所示。

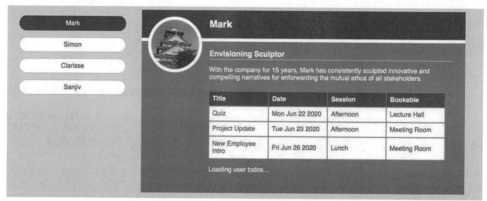

图 13.9   利用 SuspenseList 组件，我们可以指定组件显示顺序，强制首先显示预订信息

可以使用 SuspenseList 组件管理回退 UI。现阶段，只能导入 unstable_SuspenseList：

```
import {Suspense, unstable_SuspenseList as SuspenseList} from "react";
```

代码清单 13.8 显示了 UserBookings 组件和 UserTodos 组件，以及它们的回退 UI。其中，回退 UI 被包装在 SuspenseList 组件中，且 revealOrder 被设置为 forwards。

分支：1306-suspense-list，文件：/src/components/Users/UserDetails.js

代码清单 13.8   使用 SuspenseList 组件包装两个 Suspense 组件

```
<SuspenseList                    ←──┐  将多个 Suspense 组件包装在
  revealOrder="forwards"           └── 一个 SuspenseList 组件中
>
  <Suspense fallback={<p>Loading user bookings...</p>}>
    <UserBookings id={userID}/>
  </Suspense>

  <Suspense fallback={<p>Loading user todos...</p>}>
    <UserTodos id={userID}/>
  </Suspense>
</SuspenseList>
```
设置 revealOrder 属性的值

也可以将 revealOrder 属性设置为 backwards，这样页面将会首先显示待办事项。如果将 revealOrder 属性设置为 together，那么会同时显示预订信息和待办事项。

有时候并不希望同时显示多个回退 UI，SuspenseList 组件提供了一个 tail 属性，如果将其设置为 collapsed，那么同一时间仅显示一个回退 UI：

```
<SuspenseList revealOrder="forwards" tail="collapsed">
  {/* UI with Suspense components */}
</SuspenseList>
```

当我们为 SuspenseList 组件设置了 tail 属性后，用户详情面板如图 13.10 所示。在用户详情面板中仅显示"Loading user bookings ..."。前面图 13.9 中的"Loading user todos ..."只有在预订信息渲染之后才会显示。

图 13.10　同一时刻仅显示一个回退 UI：首先显示预订信息的回退 UI，之后才会显示待办事项的回退 UI

SuspenseList 组件能够帮助我们编排加载状态，但其仍然处于实验阶段，预计在未来几个月仍然会有修改。如果想要改进用户页面，就可以采用一些更谨慎的数据预加载技术，或者本章介绍的其他技术。不过上面的示例会让你对即将发布的 React 有更多的期待。

13.3　Concurrent 模式及未来

利用 Concurrent 模式，React 能够同时在内存中渲染 UI 的多个版本。例如，某一个状态可能处于变更的过程，而更新需要一定的时间，React 可以采用最适合该状态的 UI 版本更新 DOM。这种灵活性令 React 在有高优先级更新时，能够中断正在执行的渲染。例如用户在表单中输入，就可以认为是一种高优先级的更新。通过这种方式，能够令应用程序具有高响应性，并提升应用程序的交互性能。

在内存中准备更新的能力，令 React 可以只在某一个更新的 UI 准备充分之后，才显示这个 UI，这种能力适用于各种场景，无论是新页面、过滤列表，还是用户详情。旧的 UI 同样也可以被更新，显示加载中提示，这样用户可以感知到正在执行加载。减少状态退化和加载中提示能够令应用程序的交互更加顺畅，帮助用户更聚焦到任务，而不是对应用程序怨声载道。

Concurrent模式能够帮助我们更有目的性地，更可控地加载代码、数据和资源，更顺滑地将客户端组件"注水"整合到服务端渲染，当发生用户交互时，资源的及时注入使得组件能够快速响应。

图 13.11 显示了 Concurrent 模式的特性，摘自 React 文档(http://mng.bz/7VRe)。图中包括了额外的一种模式——Blocking 模式。Blocking 模式是切换到 Concurrent 模式之前的一个过渡步骤，你可以从 React 文档或者本书的第 II 部分了解与该模式有关的内容。

Feature Comparison

	Legacy Mode	Blocking Mode	Concurrent Mode
String Refs	✓	⊘ **	⊘ **
Legacy Context	✓	⊘ **	⊘ **
findDOMNode	✓	⊘ **	⊘ **
Suspense	✓	✓	✓
SuspenseList	⊘	✓	✓
Suspense SSR + Hydration	⊘	✓	✓
Progressive Hydration	⊘	✓	✓
Selective Hydration	⊘	⊘	✓
Cooperative Multitasking	⊘	⊘	✓
Automatic batching of multiple setStates	⊘ *	✓	✓
Priority-based Rendering	⊘	⊘	✓
Interruptible Prerendering	⊘	⊘	✓
useTransition	⊘	⊘	✓
useDeferredValue	⊘	⊘	✓
Suspense Reveal "Train"	⊘	⊘	✓

图 13.11　Concurrent 模式、Blocking 模式以及 Legacy 模式之间的功能对比，摘自 React
文档中 Concurret 模式的相关段落

13.4　本章小结

- 切记，本章介绍的 API 都处于实验阶段，极有可能会被修改。
- 如果要启用 Concurrent 模式，就需要修改应用程序初始化渲染到浏览器的方式。使用
  ReactDOM.unstable_createRoot 和 render，如下面的代码所示：

```
const root = document.getElementById('root');
ReactDOM.unstable_createRoot(root).render(<App />);
```

- 可以调用 useTransition hook 来延迟那些正在等待数据的新 UI 的渲染：

```
const [startTransition, isPending] = useTransition();
```

- 包装状态变更可能会导致组件在 startTransition 函数中挂起。这样 React 就可以继续渲
  染旧的 UI，直到新 UI 准备就绪：

```
startTransition(() => setSelectedUser(nextUser));
```

- useTransition 返回的数组中的第二个元素是一个布尔类型的标志位——isPending。可以
  使用 isPending 更新旧 UI，令用户感知正在更新状态。
- 可以改造设计系统中的组件(如自定义按钮)，使用 startTransition 包装事件处理程序，
  自动处理从一个状态过渡到另一个状态的过程。
- 当更新状态时，可以调用 useDeferredValue hook 追踪状态的变化，在新值延迟时继续

使用旧的状态：

```
const deferredValue = useDeferredValue(value);
```

- 可立即渲染的组件可以使用最新的状态立刻执行渲染，而那些可能被挂起的组件，则可以使用延迟的值渲染：

```
<QuickComponent value={value}/>

<Suspense fallback={<PageSpinner/>}>
  <UserDetails value={deferredValue}/>
</Suspense>
```

- SuspenseList 组件能够帮助我们管理 Suspense 组件显示回退 UI 的顺序。可选属性 revealOrder 的值可以被设置为 forwards、backwards 或者 together。此处还可以设置 tail 属性，在同一时刻仅显示一个回退 UI：

```
<SuspenseList revealOrder="forwards" tail="collapsed">
  <Suspense fallback={<p>Loading 1...</p>}><Component1/></Suspense>
  <Suspense fallback={<p>Loading 2...</p>}><Component2/></Suspense>
</SuspenseList>
```